# ÉTUDES
# DE LA NATURE.

---

**ÉDITION EN CINQ VOLUMES.**

---

## TOME III.

# ÉTUDES
# DE LA NATURE.

## NOUVELLE ÉDITION,
### revue et corrigée,

Par JACQUES-BERNARDIN-HENRI
DE SAINT-PIERRE.

AVEC DIX PLANCHES EN TAILLE-DOUCE.

...... Miseris succurrere disco. *Æn. lib.* **1**.

## TOME III.

DE L'IMPRIMERIE DE CRAPELET.

## A PARIS,

Chez Deterville, Libraire, rue du Battoir, n° 16,
quartier Saint-André-des-Arcs.

AN XII——1804.

# ÉTUDES
# DE LA NATURE.

## SUITE DE L'ÉTUDE XI.

### HARMONIES ANIMALES DES PLANTES.

La nature, après avoir établi sur un sol formé
de débris, insensible et mort, des végétaux doués
des principes de la vie, de l'accroissement et de la
génération, a ·ordonné à ceux-ci des êtres qui
avoient, avec ces mêmes facultés, la puissance de
se mouvoir, des convenances pour les habiter, des
passions pour s'en nourrir, et un instinct pour en
faire le choix : ce sont les animaux. Je ne parlerai
ici que des relations les plus communes qu'ils ont
avec les plantes ; mais si je m'occupois de celles que
leurs tribus innombrables ont avec les élémens,
entre elles-mêmes et avec l'homme, quelle que
soit mon ignorance, j'ouvrirois une multitude de
scènes encore plus dignes d'admiration.

La nature, dans un ordre tout nouveau, n'a point

changé ses loix ; elle a établi les mêmes harmonies
et les mêmes contrastes des animaux aux plantes,
que des plantes aux élémens. Il paroît très-naturel à
notre foible raison, et conséquent aux grands principes de nos sciences, qui donnent tant de puissance
aux analogies et aux causes physiques, que tant
d'êtres sensibles qui naissent au milieu de la verdure, en fussent à la longue affectés. Les impressions de leurs parens, jointes à celles de leur enfance,
qui servent à expliquer tant de choses dans le genre
humain, se fortifiant en eux de générations en générations par de nouvelles teintes, on devroit voir, à
la longue, des bœufs et des moutons verts comme
le pré qui les nourrit. Nous avons observé, dans
l'Étude précédente, que comme les végétaux étoient
détachés de la terre par leur couleur verte, les
animaux qui vivent sur la verdure s'en distinguent
à leur tour par des couleurs rembrunies, et que
ceux qui vivent sur les écorces sombres des arbres,
ou sur d'autres fonds obscurs, sont revêtus de
couleurs brillantes, et quelquefois vertes.

Nous remarquerons à ce sujet, que plusieurs
espèces d'oiseaux qui vivent aux Indes dans les feuillages des arbres, comme la plupart des perroquets,
beaucoup de colibris, et même des tourterelles,
sont du plus beau vert ; mais indépendamment des
taches et des marbrures blanches, bleues ou rouges
qui distinguent leurs différentes tribus, et qui les

font apercevoir de loin dans les arbres, la verdure brillante de leur plumage les détache très-avantageusement de la verdure sombre et rembrunie de ces forêts méridionales. Nous avons vu que la nature employoit ce moyen général pour affoiblir les reflets de la chaleur; mais pour ne pas confondre les objets de son tableau, si elle a rembruni le fond de la scène, elle a rendu les habits des acteurs plus éclatans.

Il paroît qu'elle a réparti les espèces d'animaux les plus agréablement colorés, aux espèces de végétaux dont les fleurs sont les moins apparentes, comme une compensation. Il y a bien moins de fleurs brillantes entre les tropiques que dans les zônes tempérées; et en récompense, les insectes, les oiseaux, et même des quadrupèdes, comme plusieurs espèces de singes et de lézards, y ont les couleurs les plus vives. Lorsqu'ils se posent sur les végétaux qui leur sont propres, ils y forment les plus beaux contrastes et les harmonies les plus aimables. Je me suis quelquefois arrêté, aux îles, à considérer de petits lézards qui vivent sur les écorces des arbres, où ils prennent des mouches. Ils sont au plus beau vert-pomme, et ils ont sur le dos des espèces de caractères du rouge le plus vif, qui ressemblent à des lettres arabes. Lorsqu'un cocotier en avoit plusieurs dispersés le long de sa tige, il n'y avoit point d'obélisque égyptien, de porphyre, avec ses hiéroglyphes, qui me parût'aussi mystérieux et aussi magnifique (1). J'y ai vu aussi des volées de petits oiseaux, appelés cardinaux parce qu'ils sont tout rouges, se reposer sur des buissons dont la verdure étoit noircie par le soleil, et les faire paroître comme des girandoles de lampions. Le Père du Tertre dit qu'il n'y a point aux Antilles de spectacle plus brillant que de voir des compagnies d'aras s'abattre au sommet d'un palmiste. Le bleu, le rouge et le jaune de leur plumage couvre les rameaux de l'arbre sans fleurs, du plus superbe émail. On voit des harmonies à-peu-près semblables dans nos climats. Le chardonneret à tête rouge et aux ailes bordées de jaune, paroît de loin sur un buisson, comme la fleur du chardon où il est né. Quelquefois on prend des bergeronettes couleur d'ardoise, qui se reposent aux extrémités des feuilles d'un roseau, pour des fleurs d'iris.

Il seroit fort curieux de rassembler un grand nombre de ces oppositions et de ces analogies. Elles nous mèneroient à trouver la plante qui convient le mieux à chaque animal. Les naturalistes ne se sont

---

(1) Ils m'ont servi quelquefois à expliquer le sens moral des hiéroglyphes, gravés sur les obélisques de l'Egypte à la gloire de ses rois conquérans. En voyant leurs caractères tracés à droite et à gauche, avec des têtes, des becs et des pattes, ils me rappeloient les petits preneurs de mouches de mes palmiers.

point occupés de ces convenances ; ceux qui ont écrit l'histoire des oiseaux, les ont classés par les pieds, les becs et les narines. Quelquefois ils parlent des saisons où ils paroissent, mais presque jamais des arbres où ils vivent. Il n'y a que ceux qui, faisant des collections de papillons, sont souvent obligés de les chercher dans l'état de nymphe ou de chenille, qui ont quelquefois distingué ces insectes par les noms des végétaux où ils les ont trouvés. Telles sont les chenilles du tithymale, du pin, de l'orme, &c. qu'ils ont reconnues pour être particulières à ces végétaux. Mais il n'y a point d'animal qu'on ne puisse rapporter à une plante qui lui est propre.

Nous avons divisé les plantes en aériennes, en aquatiques, en terrestres, comme les animaux le sont eux-mêmes, et nous avons trouvé dans les deux classes extrêmes, des concordances constantes avec leurs élémens. On peut encore les diviser en deux classes, en arbres et en herbes, comme les animaux le sont aussi en quadrupèdes et en volatiles. La nature ne rapproche pas les deux règnes en consonnances, c'est-à-dire, en attachant les grands animaux aux grands végétaux ; mais elle les réunit par des contrastes, en faisant accorder la classe des arbres avec celle des petits animaux, et celle des herbes avec les grands quadrupèdes ; et par ces oppositions, elle donne des convenances de protection aux foibles, et de commodité aux puissans.

Cette loi est si générale, que j'ai remarqué que par tout pays où les espèces de graminées sont peu variées, celles des quadrupèdes qui y vivent sont peu nombreuses; et que là où les espèces d'arbres sont multipliées, celles des volatiles le sont pareillement. C'est ce dont on peut s'assurer par les herbiers de plusieurs endroits de l'Amérique, entre autres, par ceux de la Guiane et du Brésil, qui présentent peu de variétés dans les graminées, et qui en offrent un grand nombre dans les arbres. On sait que ces pays ont en effet peu de quadrupèdes naturels, et qu'ils sont au contraire peuplés d'une infinité d'oiseaux et d'insectes.

Si nous jetons un coup-d'œil sur les rapports des graminées aux quadrupèdes, nous trouverons que malgré leur contraste apparent, il y a entre eux une multitude de convenances réelles. Le peu d'élévation des graminées les met à la portée des mâchoires des quadrupèdes, dont la tête est dans une situation horizontale, et souvent inclinée vers la terre. Leurs gerbes déliées semblent faites pour être saisies par des lèvres larges et charnues; leurs tendres tiges, facilement tranchées par des dents incisives; leurs semences farineuses, aisément broyées par des dents molaires. D'ailleurs, leurs touffes épaisses, et élastiques sans être ligneuses, présentent de molles litières à des corps pesans.

Si au contraire nous examinons les convenances
qu'il y a entre les arbres et les oiseaux, nous verrons
que les branches des arbres sont facilement em-
brassées par les pieds à quatre doigts de la plupart
des volatiles, que la nature a disposés de façon qu'il
y en a trois en avant et un en arrière, afin qu'ils
pussent les saisir comme avec des mains. De plus,
les oiseaux trouvent dans les divers étages des feuilles,
des abris contre la pluie, le soleil et le froid, à quoi
contribuent encore les épaisseurs des troncs. Les
trous qui se forment sur ceux-ci, et les mousses qui
y croissent, leur donnent des logemens pour faire
leurs nids, et des matelas pour les tapisser. Les
semences rondes ou alongées des arbres sont pro-
portionnées à la forme de leurs becs. Ceux qui
portent des fruits charnus, logent des oiseaux qui
ont des becs pointus ou courbés comme des pioches.
Dans les îles des pays situés entre les tropiques et le
long des grands fleuves de l'Amérique, la plupart des
arbres maritimes et fluviatiles, entre autres, plusieurs espèces de palmiers, portent des fruits revêtus de coques très-dures, afin qu'ils puissent flotter
sur les eaux qui les ressèment au loin; mais leur
enveloppe ne les met pas à couvert des oiseaux. Les
diverses tribus des perroquets qui les habitent, et
dont je crois qu'il y a une espèce répartie à chaque
espèce de palmier, trouvent bien le moyen d'ouvrir
leur graine avec des becs crochus, qui percent

comme des alènes et qui pincent comme des te-
nailles.

La nature a encore ordonné des animaux d'un
troisième ordre, qui trouvent dans l'écorce ou dans
la fleur d'une plante, autant de commodités qu'un
quadrupède en a dans une prairie, ou un oiseau dans
un arbre entier ; ce sont les insectes. Quelques
naturalistes les ont divisés en six grandes tribus,
qu'ils ont caractérisées suivant leur coutume, quoique assez inutilement, par des noms grecs. Ils les
classent en insectes coléoptères ou à étuis, comme
les scarabées, tels que nos hannetons ; en hémip-
tères ou à demi-étuis, comme les gallinsectes, tel
que le kermès ; en tétraptères ou à quatre ailes
farineuses, comme les papillons ; en tétraptères qui
ont quatre ailes nues, comme les abeilles ; en dip-
tères ou à deux ailes nues, comme les mouches
communes ; et en aptères ou sans ailes, comme les
fourmis. Mais ces six classes ont une multitude de
divisions et de subdivisions qui réunissent les espèces d'insectes de formes et d'instincts les plus
disparates, et qui en séparent beaucoup d'autres qui
ont d'ailleurs entre elles beaucoup d'analogie.

Quoi qu'il en soit, cet ordre d'animaux paroît
particulièrement affecté aux arbres. Pline observe
que les fourmis sont très-friandes des graines du
cyprès. Il dit qu'elles attaquent les cônes qui les
renferment, quand ils s'entr'ouvrent dans leur ma-

turité, sans y en laisser une seule; et il regarde
comme un miracle de la nature, qu'un si petit animal
détruise la semence d'un des plus grands arbres du
monde. Je crois qu'on ne pourra jamais établir dans
les diverses tribus d'insectes, un véritable ordre,
et dans leur étude, l'utilité et l'agrément dont elle
est suscepsible, qu'en les rapportant aux diverses
parties des végétaux. Ainsi on rapporteroit aux nectaires des fleurs, les papillons et les mouches qui
ont des trompes pour en recueillir les sucs ; à leurs
étamines, les mouches qui, comme les abeilles,
ont des cuillers creusées dans leurs cuisses garnies
de poils pour en serrer les poussières, et quatre
ailes pour emporter leur butin ; aux feuilles des
plantes, les mouches communes et les gallinsectes
qui ont des pieux pointus et creux, pour y faire des
incisions et en boire les liqueurs ; aux graines, les
scarabées, comme les charançons, qui devoient s'y
enfoncer pour vivre de leur farine, et qui ont leurs
ailes renfermées dans des étuis pour ne les pas
gâter, et des râpes pour y faire des ouvertures; aux
tiges, les vers qui sont tout nus, parce qu'ils n'avoient
pas besoin d'être vêtus dans la substance du bois,
qui les abrite de toutes parts ; mais ils ont des tarières
avec lesquelles ils viennent quelquefois à bout de
détruire des forêts : enfin, aux débris de toutes
espèces, les fourmis qui ont des pinces et l'instinct
de se réunir en corps pour dépecer et emporter

tout ce qui leur convient. La desserte de cette grande
table végétale est entraînée par les pluies aux rivières, et de là à la mer, où elle présente un nouvel
ordre de relation avec les poissons. Il est digne de
remarque que les plus puissans appâts qu'on puisse
leur présenter, sont tirés du règne végétal, et particulièrement des graines ou des substances des
plantes qui ont les caractères aquatiques que nous
avons indiqués : telles que la coque-du-levant, le
souchet de Smyrne, le suc de tithymale, le nard
celtique, le cumin, l'anis, l'ortie, la marjolaine, la
racine d'aristoloche et la graine de chénevis. Ainsi
les relations de ces plantes avec les poissons confirment ce que nous avons dit de celles de leurs
graines avec les eaux.

Ce seroit en rapportant les diverses tribus d'insectes aux diverses parties des plantes, que nous
verrions les raisons qui ont déterminé la nature à
donner à ces petits animaux des figures si extraordinaires. Nous connoîtrions les usages de leurs outils,
dont la plupart nous sont inconnus, et nous aurions
de nouveaux sujets d'admirer l'intelligence divine
et de perfectionner la nôtre. D'un autre côté, cette
lumière répandroit le plus grand jour sur beaucoup
de parties des plantes dont les botanistes ignorent
l'utilité, parce qu'elles n'ont de convenances qu'avec
les animaux. Je suis persuadé qu'il n'y a pas un
végétal qui n'ait au moins un individu de chacune

des six classes générales d'insectes, reconnues par les naturalistes. Comme la nature a divisé chaque genre de plantes en diverses espèces, pour les rendre capables de croître dans différens sites, elle a divisé de même chaque genre d'insectes en diverses espèces, pour les rendre propres à habiter différentes espèces de plantes. Elle a peint, pour cette raison, et numéroté de mille manières diverses, mais invariables, les divisions presque infinies de la même branche. Par exemple, on trouve constamment sur l'orme le beau papillon appelé brocatelle d'or, à cause de sa riche couleur. Celui qu'on nomme les quatre omicrons, et qui vit je ne sais où, produit toujours des descendans qui portent cette lettre grecque, imprimée quatre fois sur leurs ailes. Il y a une espèce d'abeille à cinq crochets, qui ne vit que sur les fleurs radiées ; sans ces crochets, elle ne pourroit se cramponner sur les miroirs plans de ces fleurs, et se charger de leurs étamines aussi aisément que l'abeille commune, qui travaille, pour l'ordinaire, au fond de celles dont la corolle est profonde.

Ce n'est pas que je pense qu'une plante nourrisse dans ses diverses variétés toutes les branches collatérales d'une famille d'insectes. Je crois que chaque genre parmi ceux-ci s'étend beaucoup plus loin que le genre de plantes qui lui sert principalement de base. En cela la nature manifeste une autre de ses loix, par laquelle elle a rendu ce qu'il y a de meilleur le plus commun. Comme l'animal est d'une nature supérieure au végétal, les espèces du premier sont plus multipliées et plus répandues que celles du second. Par exemple, il n'y a pas seize cents espèces de plantes dans les environs de Paris, et on y compte près de six mille espèces de mouches. Je présume donc que les diverses tribus de plantes se croisent avec celles des animaux, ce qui rend leurs espèces susceptibles de différentes harmonies. On en peut juger, par la variété des goûts, dans les oiseaux de la même famille. La fauvette à tête noire niche dans les lierres; la fauvette à tête rousse des murailles dans le voisinage des chenevières; la fauvette brune sur les arbres des grands chemins, où elle compose son nid de crins de cheval. On en compte de douze espèces dans nos climats, qui ont chacune leur département. Nos diverses sortes d'alouettes sont aussi réparties à différens sites, aux bois, aux prés, aux bruyères, aux terres labourées et aux rivages de la mer.

Il y a des observations bien intéressantes à faire sur les durées des végétaux qui sont inégales, quoique soumises aux influences des mêmes élémens. Le chêne sert de monument aux nations, et le nostoc, qui croît à ses pieds, ne vit qu'un jour. Tout ce que j'en peux dire en général, c'est que le temps de leur dépérissement n'est point réglé sur

celui de leur accroissement, ni celui de leur fécondité proportionné à leur foiblesse, aux climats ou
aux saisons, comme on l'a prétendu. Pline (1) cite
des yeuses, des planes et des cyprès qui existoient
de son temps, et qui étoient plus anciens que Rome,
c'est-à-dire qui avoient plus de sept cents ans. Il dit
qu'on voyoit encore auprès de Troie, autour du
tombeau d'Ilus, des chênes qui y étoient du temps
que Troie prit le nom d'Ilium, ce qui fait une antiquité bien plus reculée. J'ai vu en Basse-Normandie,
dans le cimetière d'une église de village, un vieux
if planté du temps de Guillaume-le-Conquérant;
il est encore chargé de verdure, quoique son tronc
caverneux et tout percé à jour, ressemble aux
douves d'un vieux tonneau. Il y a des buissons
même qui semblent immortels; on trouve en plusieurs endroits du royaume, des aubépines que la
dévotion des peuples a consacrées par des images
de la bonne Vierge, qui durent depuis plusieurs
siècles, comme on peut le vérifier par les titres
des chapelles qu'on a bâties auprès. Mais en général la nature a proportionné la durée et la fécondité
des plantes aux besoins des animaux. Beaucoup de
plantes périssent aussi-tôt qu'elles ont donné leurs
graines, qu'elles abandonnent aux vents; il y en a,
tels que les champignons, qui ne vivent que quel-

_____

(1) Histoire naturelle, liv. 16, chap. 44.

ques jours, comme les espèces de mouches qui s'en
nourrissent. D'autres conservent leur semence tout
l'hiver pour l'usage des oiseaux ; tels sont la plupart des buissons. La fécondité des plantes n'est pas
proportionnée à leur petitesse, mais à la fécondité
de l'espèce animale qui doit s'en nourrir : le panic,
le petit mil, et quelques autres graminées si utiles
aux bêtes et aux hommes, produisent incomparablement plus de grains que beaucoup de plantes
plus grandes et plus petites qu'elles. Il y a beaucoup d'herbes qui ne se reperpétuent par leurs
semences qu'une fois dans un an ; mais le mouron
se renouvelle par les siennes jusqu'à sept à huit
fois, sans être interrompu même par l'hiver. Il
donne des grains mûrs six semaines après qu'il a
été semé. La capsule qui les renferme se renverse
alors vers la terre, et s'entr'ouvre pour les laisser
emporter aux vents et aux pluies, qui les ressèment
par-tout. Cette plante assure toute l'année la subsistance des petits oiseaux dans nos climats. Ainsi la
Providence est d'autant plus grande que sa créature
est plus foible.

D'autres plantes ont des relations d'autant plus
touchantes avec les animaux, que les climats et les
saisons semblent exercer plus de rigueur enver
ceux-ci. Si ces convenances étoient approfondies,
elles expliqueroient toutes les variétés de la vegeta-
tion dans chaque latitude et dans chaque saison.

Pourquoi, par exemple, la plupart des arbres du
nord perdent-ils leurs feuilles en hiver, et pourquoi
ceux du midi les conservent-ils toute l'année? Pourquoi, malgré le froid des hivers du nord, les sapins
y restent-ils couverts de verdure? Il est difficile
d'en trouver la cause, mais il est aisé d'en reconnoître la fin. Si les bouleaux et les mélèzes du nord
laissent tomber leurs feuilles à l'entrée de l'hiver,
c'est pour donner des litières aux bêtes des forêts;
et si le sapin pyramidal y conserve les siennes, c'est
pour leur ménager des abris au milieu des neiges.
Cet arbre offre alors aux oiseaux les mousses qui
sont suspendues à ses branches, et ses cônes remplis de pignons mûrs. Souvent, dans son voisinage,
des bocages de sorbiers font briller pour eux leurs
grappes de baies écarlates. Dans les hivers de nos
climats, plusieurs arbrisseaux toujours verts, comme
le lierre, l'alaterne, et d'autres qui restent chargés
de baies noires ou rouges, qui tranchent avec les
neiges, comme les troènes, les épines et les églan-
tiers, présentent aux volatiles des habitations et des
alimens. Dans les pays de la zône torride, la terre
est tapissée de lianes fraîches, et ombragée d'arbres
au large feuillage, sous lesquels les animaux trouvent
de la fraîcheur. Les arbres même de ces climats
semblent craindre d'exposer leurs fruits aux brûlantes ardeurs du soleil; au lieu de les dresser en
cônes ou d'en couvrir la circonférence de leurs

têtes, ils les cachent souvent sous un feuillage épais, et les portent attachés à leurs troncs ou à la naissance de leurs branches : tels sont les jacquiers, les palmiers de toutes les espèces, les papayers et une multitude d'autres. Si leurs fruits n'invitent pas au-déhors les animaux par des couleurs apparentes, ils les appellent par des bruits. Les lourds cocos en tombant de la hauteur de l'arbre qui les porte, font retentir au loin la terre. Les siliques noires du caneficier, lorsqu'elles sont mûres et que le vent les agite, font en se choquant le bruit du tictac d'un moulin. Quand le fruit grisâtre du génipa des Antilles tombe dans sa maturité, il pète à terre comme un coup de pistolet (1). A ce signal sans doute plus d'un convive vient chercher sa réfection. Ce fruit semble particulièrement destiné aux crabes de terre, qui en sont très-friandes, et qui s'engraissent en très-peu de temps par cette nourriture. Il leur auroit été fort inutile de l'apercevoir dans l'arbre où elles ne peuvent grimper ; mais elles sont averties du moment où il est bon à manger, par le bruit de sa chute. D'autres fruits, comme les jacqs et les mangues, frappent l'odorat des animaux à une si grande distance, qu'on les sent de plus d'un quart de lieue, quand on est au-dessous du vent. Je crois que cette propriété d'être fort odorans, est commune aussi à

(1) *Voyez* le P. du Tertre, Histoire des Antilles.

ceux de nos fruits qui se cachent sous leurs feuillages, tels que les abricots. Il y a d'autres végétaux qui ne se manifestent, pour ainsi dire, aux animaux que pendant la nuit. Le jalap du Pérou, ou belle-de-nuit, n'ouvre ses fleurs très-parfumées que dans l'obscurité. La fleur de capucine, qui est du même pays, jette dans les ténèbres une lumière phosphorique, observée, dans l'espèce vivace, par la fille du célèbre Linnæus. Les propriétés de ces plantes donnent une heureuse idée de ces beaux climats, où les nuits sont assez calmes et assez éclairées pour ouvrir un nouvel ordre de société entre les animaux. Il y a même des insectes qui n'ont besoin d'aucun phare qui les guide dans leurs courses nocturnes. Ils portent avec eux leurs lanternes; telles sont les mouches lumineuses. Elles se répandent quelquefois dans des bosquets d'orangers, de papayers et d'autres arbres fruitiers, au milieu de la nuit la plus sombre. Elles lancent à la fois, par plusieurs battemens d'ailes réitérés, une douzaine de jets d'un feu qui éclaire les feuilles et les fruits des arbres où elles se reposent, d'une lumière dorée et bleuâtre (1) : puis, cessant tout-à-coup leurs mouvemens, elles les replongent dans l'obscurité. Elles recommencent alternativement ce jeu pendant toute la nuit. Quelquefois il s'en détache des essaims

_____

(1) *Voyez* le P. du Tertre, *ibid.*

tout brillans de lumière, qui s'élèvent en l'air comme les gerbes d'un feu d'artifice.

Si on étudioit les rapports que les plantes ont avec les animaux, on y reconnoîtroit l'usage de beaucoup de parties, que l'on regarde souvent comme des productions du caprice et du désordre de la nature. Ces rapports sont si étendus, qu'on peut dire qu'il n'y a pas un duvet de plante, un entrelacement de buisson, une cavité, une couleur de feuille, une épine, qui n'ait son utilité. On remarque sur-tout ces harmonies admirables avec les logemens et les nids des animaux. S'il y a dans les pays chauds des plantes chargées de duvet, c'est qu'il y a des teignes toutes nues qui en tondent les poils, et qui s'en font des habits. On trouve sur les bords de l'Amazone une espèce de roseau de vingt-cinq à trente pieds de hauteur, dont le sommet est terminé par une grosse boule de terre. Cette boule est l'ouvrage des fourmis qui s'y retirent dans le temps des pluies et des inondations périodiques de ce fleuve : elles montent et descendent par la cavité de ce roseau, et elles vivent des débris qui surnagent alors autour d'elles à la surface des eaux. Je présume que c'est pour offrir de semblables retraites à plusieurs petits insectes, que la nature a creusé les tiges de la plupart des plantes de nos rivages. La valisneria (1), qui croît dans les eaux du Rhône, et qui

(1) *Voyez*, sur la valisneria, le Voyage anonyme d'un

porte sa fleur sur une tige en spirale, qu'elle alonge
à proportion de la rapidité des crues subites de ce
fleuve, a des trous percés à la base de ses feuilles,
dont l'usage est bien plus extraordinaire. Si on déra-
cine cette plante, et qu'on la mette dans un grand
vase plein d'eau, on aperçoit à la base de ses feuilles
des masses d'une gelée bleuâtre, qui s'alongent
insensiblement en pyramides d'un beau rouge.
Bientôt ces pyramides se sillonnent de cannelures
qui se détachent du sommet, se renversent tout
autour, et présentent par leur épanouissement de
très-jolies fleurs formées de rayons pourpres, jaunes
et bleus. Peu à peu chacune de ces fleurs sort de
la cavité où elle est contenue en partie, et s'écarte
à quelque distance de la plante, en y restant cependant attachée par un filet. On voit alors chacun des
rayons dont ces fleurs sont composées, se mouvoir
d'un mouvement particulier, qui communique un
mouvement circulaire à l'eau, et précipite au centre de chacune d'elles tous les petits corps qui

---

Anglais, fait en 1750, en France, en Italie et aux îles de
l'Archipel, quatre petits vol. tome 1. Il est rempli d'observations judicieuses en tout genre. *Voyez* aussi, sur le génipa
et les divers fruits, plantes et animaux des pays méridionaux, le naïf P. du Tertre, le patriote P. Charlevoix,
l'historien Jean de Laet, et tous les Voyageurs qui ont écrit
sur la nature, sans esprit de système, avec les seules lumières
de la raison.

nagent aux environs. Si on trouble par quelque
secousse ces développemens merveilleux, sur le
champ chaque filet se retire, tous les rayons se ferment, et toutes les pyramides rentrent dans leurs
cavités; car ces prétendues fleurs sont des polypes.

Il y a dans certaines plantes des parties qu'on
regarde comme les caractères d'une nature agreste,
qui sont comme-tout le reste de ses ouvrages, des
preuves de la sagesse et de la providence de son
Auteur; telles sont les épines. Leurs formes sont
variées à l'infini, sur-tout dans les pays chauds. Il
y en a de faites en scies, en hameçons, en aiguilles,
en fers de hallebarde et en chausses – trapes. Il
y en a de rondes comme des alênes, de trian-
gulaires comme des carrelets, et d'applaties comme
des lancettes. Il n'y a pas moins de variété dans leurs
agrégations. Les unes sont rangées sur les feuilles
par pelotons, comme celles de la raquette, d'autres
par rubans, comme celles des cierges. Il y en a
qui sont invisibles, comme celles de l'arbrisseau
des îles Antilles, appelé bois de capitaine. Les feuilles
de ce redoutable végétal paroissent en dessus nettes
et luisantes; mais elles sont couvertes en dessous
d'épines très-fines qui y sont tellement couchées,
que pour peu qu'on y porte la main, elles entrent
dans les doigts. Il y a d'autres épines qui ne sont
posées que sur les tiges des plantes, d'autres sont
sur leurs branches. On n'en trouve guère dans nos

climats, que sur des buissons et sur quelques herbes; mais elles sont répandues aux Indes, sur beaucoup d'espèces d'arbres. Leurs formes et leurs dispositions très-variées ont des relations, dont la
plupart nous sont inconnues, avec les défenses des
oiseaux qui y vivent. Il étoit nécessaire que beaucoup d'arbres de ce pays portassent des épines,
parce qu'il y a beaucoup de quadrupèdes qui y grim-
pent pour manger les œufs et les petits des oiseaux;
tels que les singes, les civettes, les tigres, les chats
sauvages, les piloris, les opossums, les rats pal-
mistes, et même les rats communs. L'acacia (1)
de l'Asie offre aux oiseaux des retraites qui sont
impénétrables à leurs ennemis. Il ne porte point
d'épines sur son tronc et dans ses branches, mais
à dix ou douze pieds de hauteur, précisément à
l'endroit où les branches de l'arbre se divisent, il y
a une ceinture de plusieurs rangs de larges épines

---

(1) On peut voir un acacia de l'Asie dans ce beau jardin
situé près de la grille de Chaillot, qui appartenoit autrefois
au vertueux chevalier de Gensin. Quant au nom de faux
acacia donné à l'acacia de l'Amérique, j'observerai que la
nature ne fait rien de faux. Elle a varié toutes ses productions dans chaque pays, pour leur donner des relations convenables avec les élémens et les animaux; et quand nous n'y
trouvons pas les caractères que nous leur avons assignés, ce
ne sont pas ses ouvrages qu'il faut accuser de fausseté, ce
sont nos systêmes.

de dix à douze pouces de longueur, et hérissées à-
peu-près comme des fers de hallebarde. Le collet
de l'arbre en est environné, de manière qu'aucun
quadrupède n'y peut monter. L'acacia de l'Amérique, appelé improprement faux acacia, a les siennes
figurées en crochets et parsemées dans ses rameaux,
sans doute par quelque rapport inconnu d'opposition
avec l'espèce de quadrupède qui fait la guerre à
l'oiseau qui l'habite. Il y a aux îles Antilles des arbres
qui n'ont point d'épines, mais qui sont bien plus
ingénieusement protégés que s'ils en avoient. Une
plante qui est connue dans ces pays sous le nom de
chardon épineux, qui est une espèce de cierge
rampant, attache ses racines, semblables à des filamens, au tronc d'un de ces arbres, et elle court à
terre tout autour, bien loin de là, en croisant ses
branches l'une sur l'autre, et en formant une
enceinte dont aucun quadrupède n'ose approcher.
Elle porte d'ailleurs un fruit très-agréable à manger. En voyant un arbre dont le feuillage est innocent, rempli d'oiseaux qui y font leurs nids, entouré
à sa racine d'un de ces chardons épineux, on diroit
d'une de ces villes de commerce sans défenses où
tout paroît accessible, mais qui est protégée aux
environs par une citadelle qui l'entoure de ses longs
retranchemens. Ainsi l'arbre est d'un côté, et son
épine de l'autre.

Les quadrupèdes qui vivent des œufs des oiseaux,

seroient fort embarrassés, si quelquefois la nature
ne faisoit croître au haut de ces mêmes arbres un
végétal d'une forme très-extraordinaire, qui leur
en ouvre l'accès. Il est en tout l'opposé du chardon
épineux. C'est une racine de deux pieds de long,
grosse comme la jambe, picotée comme si on l'eût
piquée avec un poinçon, et liée à une branche de
l'arbre par une multitude de filamens, à-peu-près
comme le chardon épineux est attaché au bas de
son tronc. Elle en tire comme lui sa nourriture, et
jette dix à douze grandes feuilles en cœur, de
trois pieds de long et de deux pieds de large, semblables aux feuilles de nymphæa. Le Père du Tertre
l'appelle fausse racine de Chine. Ce qu'il y a encore
de plus étrange, c'est que du haut de l'arbre où elle
est placée, elle jette à-plomb des cordes très-fortes,
grosses comme des tuyaux de plume dans toute leur
longueur, qui viennent s'enraciner à terre. La plante
ne sent rien, et ses cordes sentent l'ail. Sans doute,
quand un singe ou tel autre animal grimpant aperçoit ce large étendard de verdure, l'arbre a beau
être entouré d'épines à son pied, ce signal lui
annonce qu'il a des correspondances dans la place :
l'odeur des cordons qui descendent jusqu'à terre,
lui indique son échelle même pendant la nuit ; et
pendant que les oiseaux dorment tranquillement sur
leurs nids, en se fiant à leurs fortifications, l'ennemi
s'empare de la ville par les faubourgs.

Dans ces pays , les épines des arbres défendent
jusqu'aux insectes. Les abeilles y font du miel dans
les vieux troncs d'arbres épineux creusés par le
temps. Il est bien remarquable que la nature , qui
a donné cette ressource aux abeilles de l'Amérique,
leur a refusé des aiguillons , comme si ceux des
arbres suffisoient à leur défense. Je crois que c'est
à cause de cette raison , à laquelle on n'a pas fait
attention , qu'on n'a jamais pu élever aux îles Antilles des mouches à miel du pays. Sans doute elles
refusoient d'habiter les ruches domestiques , parce
qu'elles ne s'y croyoient pas en sûreté ; mais elles
s'y seroient peut-être déterminées , si on avoit garni
d'épines les ruches qu'on leur a présentées.

Si la nature emploie les épines pour défendre
jusqu'aux mouches des insultes des quadrupèdes,
elle se sert quelquefois des mêmes moyens pour
délivrer les quadrupèdes de la persécution des
mouches communes. A la vérité , elle a donné à
ceux qui y sont le plus exposés , des crinières et
des queues garnies de longs crins pour les écarter ;
mais la multiplication de ces insectes est si rapide
dans les saisons et les pays chauds et humides ,
qu'elle pourroit devenir funeste à tous les animaux.
Une des barrières végétales que la nature leur
oppose , est la dionæa muscipula. Cette plante porte
sur une même branche des folioles opposées , en-
duites d'une liqueur sucrée semblable à la manne,

et hérissées de pointes très-aiguës. Lorsqu'une mouche se pose sur une de ces folioles, elles se rapprochent sur-le-champ comme les mâchoires d'un piége à loup, et la mouche se trouve embrochée de toutes parts. Il y a une autre dionæa qui prend ces insectes avec sa fleur. Quand une mouche en veut sucer les nectaires, la corolle, qui est tubulée, se ferme au collet, la saisit par la trompe et la fait mourir ainsi. Elle croît au Jardin des Plantes. Nous observerons que sa fleur en godet est blanche et rayée de rouge, et que ces deux couleurs attirent par-tout les mouches, qui sont très-avides de lait et de sang.

Il y a des plantes aquatiques qui portent des épines propres à prendre des poissons. On voit au Jardin des Plantes une plante de l'Amérique appelée martinia, dont la fleur a une odeur très-agréable, et qui, par la forme de ses feuilles arrondies, le lissé de leurs queues et de ses tiges, a tous les caractères aquatiques dont nous avons parlé. Elle a encore ceci de particulier, qu'elle transpire si fortement, qu'elle paroît au toucher comme si elle étoit mouillée. Je ne doute donc pas que cette plante ne croisse en Amérique sur le bord des eaux. Mais la gousse qui enveloppe ses graines, a un caractère nautique fort extraordinaire. Elle ressemble à un poisson à demi desséché, blanc et noir, avec une longue nageoire sur le dos. La queue de ce poisson est fort alongée, et finit en pointe très-aiguë, courbée en hameçon. Cette queue se partage ordinairement en deux, et présente ainsi deux hameçons. La configuration de ce poisson végétal, est tout-à-fait semblable en grandeur et en forme à l'hameçon dont on se sert sur mer pour prendre des dorades, et à la tête duquel on figure en linge un poisson volant, excepté que l'hameçon à dorade n'a qu'un crochet, et que la gousse de la martinia en a deux, ce qui doit rendre son effet plus sûr. Cette gousse renferme plusieurs graines noires, ridées, et semblables à des crottes de mouton applaties.

Comme j'ai peu de livres de botanique, j'ignorois d'où la martinia étoit originaire; mais, ayant consulté dernièrement l'ouvrage de Linnæus, j'ai trouvé qu'elle venoit de la Vera-Crux. Ce fameux naturaliste ne trouve à cette gousse que l'apparence d'une tête de bécasse; mais, s'il avoit vu des hameçons à dorade, il n'eût pas balancé à y reconnoître cette ressemblance, d'autant que le bout de ce prétendu bec se recourbe en deux crochets qui piquent comme des épingles, et sont, ainsi que toute la gousse et la queue qui la tient à la tige, d'une matière ligneuse et cornée, très-difficile à rompre. Jean de Laet (1) dit que le terrein de la Vera-Crux

_____

(1) Histoire des Indes occidentales, liv. 5, chap. 18.

est au niveau de la mer, et que son port appelé
Saint-Jean de Hulloa, est formé d'une petite île qui
est au ras de l'eau; en sorte, dit-il, que quand la
marée est fort grosse, elle en est toute couverte.
Ces inondations sont fort communes dans le fond
du golfe du Mexique, comme on peut le voir dans
la relation que Dampier nous a donnée de la baie
de Campêche, qui est dans le voisinage. Je présume
de là que la martinia, qui croît sur les rivages inondés de la Vera-Crux, a quelques relations qui nous
sont inconnues avec les poissons de la mer; d'autant que les semences de plusieurs arbres et plantes
de ces contrées, rapportées par Jean de Laet, ont
des formes nautiques très-curieuses. (*Voyez* la figure
de la martinia, dessinée d'après nature.

Il n'est pas besoin d'aller chercher dans les
plantes étrangères des relations végétales avec les
animaux. La ronce, qui donne dans nos champs
des abris à tant de petits oiseaux, a ses épines formées en crochets; de sorte que non-seulement
elle empêche les troupeaux de troubler les asyles
des oiseaux, mais elle leur accroche bien souvent
quelque flocon de laine ou de poil, propre à garnir
des nids, en représailles de leurs hostilités, et
comme une indemnité de leurs dommages. Pline
prétend que c'est à cette occasion qu'est née la
haine de la linotte et de l'âne. Ce quadrupède dont
le palais est à l'épreuve des épines, broute souvent

le buisson où la linotte fait son nid. Elle est si
effrayée de sa voix, qu'elle en jette, dit-il, ses œufs
à bas; et, quand ses petits sont nouvellement éclos,
ils en meurent de peur. Mais elle lui fait la guerre
à son tour, en se jetant sur les égratignures que
lui font les épines, et en becquetant sa chair jusqu'aux os. Ce doit être un spectacle curieux de voir
le combat de ce petit et mélodieux oiseau, contre
ce lourd et bruyant animal, d'ailleurs sans malice.

Si on connoissoit les relations animales des
plantes, nous aurions sur les instincts des bêtes
bien des lumières que nous n'avons pas. Nous saurions l'origine de leurs amitiés et de leurs inimitiés,
du moins quant à celles qui se forment dans la
société; car pour celles qui sont innées, je ne crois
pas que la cause en soit jamais révélée à aucun
homme. Celles-là sont d'un autre ordre et d'un autre
monde. Comment tant d'animaux sont-ils entrés
dans la vie avec des haines sans offense, des indus-
tries sans apprentissage, et des instincts plus sûrs
que l'expérience? Comment la puissance électrique
a-t-elle été donnée à la torpille, l'invisibilité au
caméléon, et la lumière même des astres à une
mouche? Qui a appris à la punaise aquatique à
glisser sur les eaux, et à une autre espèce de
punaise à y nager sur le dos; l'une et l'autre pour
attraper la proie qui voltige à leur surface? L'araignée d'eau est encore plus ingénieuse. Elle envi-

ronne une bulle d'air avec des fils, se met au milieu et se plonge au fond des ruisseaux, où sa bulle paroît comme un globule de vif-argent. Là, elle se promène à l'ombre des nymphæas, sans rien craindre d'aucun ennemi. Si, dans cette espèce, deux individus de sexe différent viennent à se rencontrer, et se conviennent, les deux globules rapprochés n'en font plus qu'un, et les deux insectes sont dans la même atmosphère. Les Romains, qui construisoient sur les rivages de Bayes, des salons sous les flots de la mer, pour jouir de la fraîcheur et du murmure des eaux dans les chaleurs de l'été, étoient moins adroits et moins voluptueux. Si un homme réunissoit en lui ces facultés merveilleuses qui sont le partage des insectes, il passeroit parmi ses semblables pour un dieu.

Il nous importe au moins de connoître les insectes qui détruisent ceux qui nous sont nuisibles. Nous pouvons profiter de leurs guerres pour vivre en repos. L'araignée attrape les mouches avec des filets ; le formicaléo surprend les fourmis dans un entonnoir de sable ; l'ichneumon à quatre ailes prend les papillons au vol. Il y a une autre espèce d'ichneumon, si petite et si rusée, qu'elle pond un œuf dans l'anus du puceron. L'homme peut multiplier à son gré les familles d'insectes qui lui sont utiles, et parvenir à diminuer le nombre de celles qui font tant de ravages dans ses cultures. Les petits oiseaux

de nos bosquets lui offrent pour ce service des
secours encore plus étendus et plus agréables. Ils
ont tous l'instinct de vivre dans son voisinage et
dans celui de ses troupeaux. Souvent une seule de
leurs espèces suffiroit pour écarter de ceux-ci les
insectes qui les désolent en été. Il y a dans le nord
un taon appelé Kourma par les Lapons, *œstrus ran-*
*giferinus* par les savans, qui tourmente les rennes
domestiques au point de les faire fuir dans les montagnes, et quelquefois de les faire mourir, en dépo-
sant ses œufs dans leur peau. On a fait à l'ordinaire
à ce sujet beaucoup de dissertations sans y apporter
de remède. Je suis persuadé qu'il doit y avoir en
Laponie des oiseaux qui délivreroient les rennes de
cet insecte dangereux, si les Lapons ne les effrayoient
par le bruit de leurs fusils. Ces armes des nations
civilisées ont rendu toutes les campagnes barbares. Les oiseaux destinés à embellir l'habitation de
l'homme, s'en éloignent ou ne s'en approchent
qu'avec méfiance. On devroit défendre au moins
de tirer autour des paisibles troupeaux. Quand les
oiseaux ne sont pas effrayés par les chasseurs, ils
se livrent à leurs instincts. J'ai vu souvent à l'île de
France une espèce de sansonnet, appelé martin,
qu'on y a apporté des Indes, se percher familière-
ment sur le dos et sur les cornes des bœufs pour
les nettoyer. C'est à cet oiseau que cette île est redevable aujourd'hui de la destruction des sauterelles,

qui y faisoient autrefois tant de ravages. Dans celles
de nos campagnes d'Europe, où l'homme exerce
encore quelque hospitalité envers les oiseaux innocens, il voit la cigogne bâtir son nid sur le faîte de
sa maison ; l'hirondelle voltiger dans ses appartemens ; et la bergeronnette, sur le bord des fleuves,
tourner autour de ses brebis pour les défendre des
moucherons.

Le fondement de toutes ces connoissances porte
sur l'étude des plantes. Chacune d'elles est le foyer
de la vie des animaux, dont les espèces viennent
y aboutir, comme les rayons d'un cercle à leur
centre.

Dès que le soleil, parvenu au signe du Bélier,
a donné le signal du printemps à notre hémisphère,
le vent pluvieux et chaud du sud part de l'Afrique,
soulève les mers, fait déborder les fleuves, qui engraissent de leur limon les champs voisins, et renverse dans les forêts les vieux arbres, les troncs
desséchés, et tout ce qui présente quelque obstacle
à la végétation future. Il fond les neiges qui couvrent
nos campagnes, et, s'avançant jusque sous le pôle,
il brise et dissout les masses énormes de glace que
l'hiver y avoit accumulées. Quand cette révolution,
connue par toute la terre sous le nom de coup de
vent de l'équinoxe, est arrivée au mois de mars,
le soleil tourne nuit et jour autour de notre pôle,
sans qu'il y ait un seul point dans tout l'hémisphère

septentrional, qui échappe à sa chaleur. A chaque
parallèle qu'il décrit dans les cieux, une ceinture
de plantes nouvelles éclôt autour du globe. Chacune
d'elles paroît successivement au poste et aux jours
qui lui sont assignés ; elle reçoit à la fois la lumière
dans ses fleurs et la rosée du ciel dans son feuillage. A
mesure qu'elle prend de l'accroissement, les diverses
tribus d'insectes qu'elle nourrit se développent aussi.
C'est à cette époque que chaque espèce d'oiseau
se rend à l'espèce de plante qui lui est connue,
pour y faire son nid et y nourrir ses petits de la
proie animale qu'elle lui présente, au défaut des
semences qu'elle n'a pas encore produites. On voit
bientôt accourir les oiseaux voyageurs qui viennent
en prendre aussi leur part. D'abord l'hirondelle vient
en-préserver nos maisons en bâtissant son nid à
l'entour. Les cailles quittent l'Afrique, et rasant
les flots de la Méditerranée, elles se répandent
par troupes innombrables dans les vastes prairies de
l'Ukraine. Les francolins remontent au nord jusque
dans la Laponie. Les canards, les oies sauvages,
les cignes argentés, formant dans les airs de longs
triangles, s'avancent jusque dans les îles voisines du
pôle. La cigogne, jadis adorée dans l'Egypte qu'elle
abandonne, traverse l'Europe, et s'arrête çà et là
jusque dans les villes, sur les toits de l'Allemagne
hospitalière. Tous ces oiseaux nourrissent leurs
petits des insectes et des reptiles que les herbes

nouvelles font éclore. C'est alors que les poissons
quittent en foule les abymes septentrionaux de
l'Océan, attirés aux embouchures des fleuves, par
des nuées d'insectes qui sont entraînés dans leurs
eaux, ou qui éclosent sur leurs rivages. Ils remontent en flotte contre leurs cours, et s'avancent en
bondissant jusqu'à leurs sources; d'autres, comme
les nord-capers, se laissent entraîner au courant
général de l'océan Atlantique, et apparoissent,
comme des carènes de vaisseaux, sur les côtes du
Brésil et sur celles de la Guinée. Les quadrupèdes
même entreprennent alors de longs voyages. Les
uns vont du midi au nord avec le soleil, d'autres
d'orient en occident. Il y en a qui côtoient les âpres
chaînes des montagnes; d'autres suivent le cours
des fleuves qui n'ont jamais été navigués; de longues
colonnes de bœufs pâturent en Amérique le long des
bords du Méchassipi, qu'ils font retentir de leurs
mugissemens. Des escadrons nombreux de chevaux
traversent les fleuves et les déserts de la Tartarie;
et des brebis sauvages errent en bêlant au milieu de
ces vastes solitudes. Ces troupeaux n'ont ni pâtres
ni bergers qui les guident dans les déserts au son
des chalumeaux; mais le développement des herbes
qui leur sont connues, détermine les momens de
leurs départs et les termes de leurs courses. C'est
alors que chaque animal habite son site naturel et se
repose à l'ombre du végétal de ses pères : c'est alors.

III.                                           C

que les chaînes de l'harmonie se resserrent, et que
tout étant animé par des consonnances ou par des
contrastes, les airs, les eaux, les forêts et les
rochers semblent avoir des voix, des passions et des
murmures.

Mais ce vaste concert ne peut être saisi que par
des intelligences célestes. Il suffit à l'homme, pour
étudier la nature avec fruit, de se borner à l'étude
d'un seul végétal. Il faudroit pour cet effet choisir
un vieux arbre antique dans quelque lieu solitaire.
On jugeroit aisément, aux caractères que j'ai indiqués, s'il est dans son site naturel, mais encore
mieux à sa beauté et aux accessoires dont la nature
l'accompagne toujours, quand la main de l'homme
n'en dérange point les opérations. On observeroit
d'abord ses relations élémentaires et les caractères
frappans qui distinguent les espèces du même genre,
dont les unes naissent aux sources des fleuves, et
les autres à leurs embouchures. On examineroit
ensuite ses convolvulus, ses mousses, ses guis, ses
scolopendres, les champignons de ses racines, et
jusqu'aux graminées qui croissent sous son ombre.
On apercevroit dans chacun de ses végétaux de nouveaux rapports élémentaires, convenables aux lieux
qu'ils occupent et à l'arbre qui les porte ou qui les
abrite. On donneroit ensuite son attention à toutes
les espèces d'animaux qui viennent y habiter, et on
seroit convaincu que, depuis le limaçon jusqu'à

l'écureuil, il n'y en a pas un qui n'ait des rapports déterminés et caractéristiques avec les dépendances de
sa végétation. Si cet arbre se trouvoit au milieu d'une
forêt bien ancienne elle-même, il est probable qu'il
auroit dans son voisinage l'arbre que la nature fait
contraster avec lui dans le même site, comme, par
exemple, le bouleau avec le sapin. Il est encore probable que les végétaux accessoires et les animaux
de celui-ci contrasteroient pareillement avec ceux
du premier. Ces deux sphères d'observations s'éclai-
reroient mutuellement, et répandroient le plus grand
jour sur les mœurs des animaux qui les fréquentent.
On auroit alors un chapitre entier de cette immense
et sublime histoire de la nature, dont nous ne connoissons pas encore l'alphabet.

Je suis sûr que, sans fatigue et presque sans
peine, on feroit les découvertes les plus curieuses;
quand on n'en étudieroit qu'un seul, on y trouveroit une foule d'harmonies ravissantes. Pour jouir de
quelques tableaux imparfaits en ce genre, il faut
avoir recours aux voyageurs. Nos Ornithologistes,
enchaînés par leurs méthodes, ne songent qu'à
grossir leur catalogue, et ne connoissent dans les
oiseaux, que les pattes et le bec. Ce n'est point
dans les nids qu'ils les observent, mais à la chasse
et dans leur gibecière. Ils regardent même les couleurs de leurs plumes comme des accidens. Cependant ce n'est pas au hasard que la nature a peint

sur les rivages du Brésil, d'un beau rouge incarnat,
et qu'elle a bordé de noir l'extrémité des ailes de
l'ouara, espèce de corlieu qui habite le feuillage
glauque des palétuviers qui naissent au sein des
flots, et qui ne portent point de fleurs apparentes.
Le savia, autre oiseau du même climat, a le ventre
jaune et le reste du plumage gris. Il est de la
grosseur d'un moineau, et il se perche sur les poivriers dont les fleurs sont sans éclat, mais dont il
mange les graines, qu'il ressème par-tout. A ces
convenances il faut joindre celle du site, qui tire
lui-même tant de beauté du végétal qui l'ombrage.
Ces harmonies sont rapportées par le P. François
d'Abbeville. Suivant l'Histoire des Voyages de l'abbé
Prévost, il y a sur les bords du Sénégal un arbre
fluviatile, dont les feuilles sont épineuses et les
branches pendantes en arcades. Il est habité par des
oiseaux appelés Kurbalos ou pêcheurs, de la taille
d'un moineau, et variés de plusieurs sortes de couleurs. Leur bec est fort long, et armé de petites
dents comme une scie. Ils font leurs nids de la
grosseur d'une poire. Ils les composent de terre,
de plumes, de paille, de mousse, et les attachent
à un long fil, à l'extrémité des branches qui donnent
sur la rivière, afin de se mettre à l'abri des serpens
et des singes qui trouvent quelquefois les moyens
d'y grimper. Il n'y a personne qui ne prenne ces
nids, à quelque distance, pour les fruits de l'arbre.

Il y a de ces arbres qui en ont jusqu'à mille. On voit ces Kurbalos voltiger sans cesse sur l'eau et rentrer dans leurs nids, avec un mouvement qui éblouit les yeux. Suivant le P. Charlevoix, il croît en Virginie, sur les bords des lacs, un smilax à feuilles de laurier, qui pousse de sa racine plusieurs tiges dont les branches embrassent tous les arbres qui l'environnent, et montent à plus de seize pieds de hauteur. Elles forment en été une ombre impénétrable, et en hiver une retraite tempérée pour les oiseaux. Ses fleurs sont peu apparentes, et ses fruits viennent en grappes rondes, chargées de grains noirs. Ce smilax a pour habitant principal un geai fort beau. Cet oiseau porte sur sa tête une longue crête noire, qu'il dresse quand il veut. Son dos est d'un pourpre sombre. Ses ailes sont noires en dedans, bleues en dehors, et blanches aux extrêmités, avec des raies noires à travers chaque plume. Sa queue est bleue, et marquée des mêmes raies que ses ailes; et son cri n'est pas désagréable. Il y a des oiseaux qui ne logent pas sur leur plante favorite, mais vis-à-vis. Tel est le colibri qui se niche souvent aux îles Antilles, sur un fétu de la couverture d'une case, pour vivre sous la protection de l'homme. Dans nos climats, le rossignol place son nid à couvert dans un buisson, en choisissant de préférence les lieux où il y a des échos, et en observant de l'exposer au soleil du matin. Ces précau-

tions prises, il se place aux environs, contre le tronc
d'un arbre ; et là, confondu avec la couleur de son
écorce, et sans mouvement, il devient invisible.
Mais bientôt il anime de son divin ramage l'asyle
obscur qu'il s'est choisi, et il efface par l'éclat de
son chant celui de tous les plumages.

Mais quelques charmes que puissent répandre les
animaux et les plantes sur les sites qui leur sont
assignés par la nature, je ne trouve point qu'un
paysage ait toute sa beauté, si je n'y vois au moins
une petite cabane. L'habitation de l'homme donne
à chaque espèce de végétal, un nouveau degré d'intérêt ou de majesté. Il ne faut souvent qu'un arbre
pour caractériser dans un pays, les besoins d'un
peuple et les soins de la Providence. J'aime à voir
la famille d'un Arabe sous le dattier du désert, et
le bateau d'un insulaire des Maldives, chargé de
cocos, sous les cocotiers de leurs grèves sablonneuses. La hutte d'un pauvre nègre sans industrie, me
plaît sous un calebassier qui porte toutes les pièces
de son ménage. Nos hôtels fastueux ne sont à la
ville que des maisons bourgeoises ; à la campagne,
ce sont des châteaux, des palais, des temples. Les
longues avenues qui les annoncent se confondent
avec celles qui font communiquer les empires. Ce
n'est pas à la vérité, ce que je trouve de plus intéressant dans nos paysages. Je leur ai préféré souvent la vue d'une petite cabane de pêcheur, bâtie

sur le bord d'une rivière. Je me suis reposé quelquefois avec délices, à l'ombre des saules et des peupliers où étoient suspendues des nasses faites de
leurs propres rameaux.

Nous allons, à notre ordinaire, jeter un coup
d'œil rapide sur les harmonies des plantes avec
l'homme ; et afin de mettre au moins un peu d'ordre
dans une matière aussi abondante, nous diviserons
encore ces harmonies, par rapport à l'homme même,
en élémentaires, en végétales, en animales, et en
humaines proprement dites, ou alimentaires.

## HARMONIES HUMAINES DES PLANTES.

### Des harmonies élémentaires des plantes par rapport à l'homme.

Si nous considérons l'ordre végétal par les simples
rapports de force et de grandeur, nous le trouverons
divisé assez généralement en trois grandes classes,
en herbes, en arbrisseaux et en arbres. Nous remarquerons premièrement, que les herbes sont d'une
substance pliante et molle. Si elles eussent été
ligneuses et dures, comme les jeunes branches des
arbres auxquelles il paroît qu'elles devroient naturellement ressembler, puisqu'elles croissent sur le
même sol, la plus grande partie de la terre eût été
inaccessible au marcher de l'homme, jusqu'à ce que
le fer ou le feu y eût frayé des chemins. Ce n'est

donc pas par hasard que tant de graminées, de
mousses et d'herbes sont d'une substance molle
et souple, ni faute de nourriture ou de moyens de
se développer ; car il y a de ces herbes qui s'élèvent
fort haut, tels que le bananier des Indes, et plusieurs
férulacées de nos climats, qui s'élèvent à la hauteur
d'un petit arbre.

D'un autre côté, il y a des arbrisseaux ligneux
qui ne viennent pas plus grands que des herbes ;
mais ils croissent pour l'ordinaire aux lieux âpres et
escarpés, et ils donnent aux hommes la facilité d'y
grimper, en poussant jusque dans les fentes des
rochers. Mais comme il y a des rochers qui n'ont
point de fentes, et qui sont à pic comme des murailles, il y a des plantes rampantes qui prennent
racine à leurs bases, et qui, s'attachant à leurs
flancs, s'élèvent avec eux à des hauteurs qui sur-
passent celles des plus grands arbres : tels sont les
lierres, les vignes-vierges, et un grand nombre de
lianes qui tapissent les rochers des pays méridionaux. Si ces sortes de végétations couvroient la
terre, il seroit impossible d'y marcher. Il est très-
remarquable que lorsqu'on a découvert des îles inhabitées, on en a trouvé qui étoient remplies de forêts,
comme l'île Madère ; d'autres où il n'y avoit que des
herbes et des joncs, comme les îles Malouines, à
l'entrée du détroit de Magellan ; d'autres simplement revêtues de mousses, comme plusieurs îlots

qui sont sur les côtes du Spitzberg ; d'autres en
grand nombre où ces différens végétaux étoient
mêlés : mais je ne sache pas qu'on en ait trouvé une
seule où il n'y eût que des buissons et des lianes. La
nature n'a placé ces classes que dans les lieux diffi-
ciles à escalader, afin d'en faciliter l'accès aux
hommes. On peut dire qu'il n'y a point d'escarpe-
ment qui ne puisse être franchi par leur secours.
Il ne s'en fallut rien que, par leur moyen, les anciens
Gaulois ne s'emparassent du Capitole.

Quant aux arbres, quoiqu'ils soient remplis d'une
force végétative qui les élève à de grandes hauteurs,
la plupart ne poussent leurs premières branches
qu'à une certaine distance de la terre. En sorte que,
quoiqu'ils forment, à une certaine élévation, des
entrelacemens impénétrables au soleil, qu'ils étendent fort loin d'eux, ils laissant cependant autour de
leurs pieds des avenues suffisantes pour les aborder,
et pour parcourir aisément les forêts.

Voilà donc les dispositions générales des végétaux sur la terre, par rapport au besoin que l'homme
avoit de la parcourir ; les herbes servent de matelas
à ses pieds ; les buissons, d'échelles à ses mains ; et
les arbres, de parasols à sa tête. La nature, après
avoir établi entre eux ces proportions, les a distribués dans tous les sites, en leur donnant, abstrac-
tion faite de leurs rapports particuliers avec les
élémens et avec les animaux, les qualités les plus

propres à subvenir aux besoins de l'homme, et à compenser en sa faveur les inconvéniens du climat. Quoique cette manière d'étudier ses ouvrages soit méprisée aujourd'hui de la plupart des naturalistes, c'est à celle-là cependant où nous nous arrêterons. Nous venons de considérer les plantes par la taille, à la manière des jardiniers; nous allons encore les examiner comme les bûcherons, les chasseurs, les charpentiers, les pêcheurs, les bergers, les matelots, et même les bouquetières. Peu nous importe d'être savans, pourvu que nous ne cessions pas d'être hommes.

C'est dans les pays du nord et sur le sommet des montagnes froides que croissent les pins, les sapins, les cèdres, et la plupart des arbres résineux, qui abritent l'homme des neiges par l'épaisseur de leurs feuillages, et qui lui fournissent, pendant l'hiver, des flambeaux et l'entretien de ses foyers. Il est très-remarquable que les feuilles de ces arbres, toujours verts, sont filiformes, et très-capables par cette configuration, qui a encore l'avantage de réverbérer la chaleur, comme les poils des animaux, de résister à la violence des vents, qui règnent ordinairement sur les lieux élevés. Les naturalistes de Suède ont observé que les pins les plus gras se trouvent aux lieux les plus secs et les plus sablonneux de la Norwège. Les mélèzes, qui se plaisent également dans les montagnes froides, ont des troncs fort résineux.

Mathiole, dans son utile commentaire sur Dioscoride, dit qu'il n'y a point de matière plus propre
que le charbon de ces arbres, à fondre promptement les mines de fer, dans le voisinage desquelles
ils se plaisent. Ils sont de plus chargés de mousses,
dont quelques espèces s'enflamment à la moindre
étincelle. Il raconte qu'étant une nuit obligé de
coucher dans les hautes montagnes du détroit de
Trente, où il herborisoit, il y trouva quantité de
mélèzes ou larixs, toutes barbues, dit-il, et toutes
blanches de mousses. Les bergers du lieu, voulant
lui procurer quelque amusement, mirent le feu aux
mousses de quelques-uns de ces arbres, qui s'embrasèrent aussi-tôt avec la rapidité de la poudre à
canon. Il sembloit, au milieu de l'obscurité de la
nuit, que la flamme et les étincelles montassent jusqu'au ciel. Elles répandoient, en brûlant, une fort
bonne odeur. Il remarque encore que le meilleur
agaric croît sur les mélèzes, et que les arquebusiers
de son temps s'en servoient à conserver le feu et à
faire des mèches. Ainsi la nature, en couronnant les
sommets des montagnes froides et ferrugineuses de
ces grandes torches végétales, en a mis les allumettes
dans leurs branches; l'amadou à leurs pieds, et le
briquet à leurs racines.

Au midi, au contraire, les arbres présentent dans
leurs feuillages des éventails, des parapluies et des
parasols. Le latanier porte chacune de ses feuilles

plissée comme un éventail, attachée à une longue
queue, et semblable, dans son développement parfait, à un soleil rayonnant de verdure. On peut voir
deux de ces arbres au Jardin des Plantes. Celle du
bananier ressemble à une longue et large ceinture,
ce qui lui a fait donner sans doute le nom de figuier
d'Adam. La grandeur des feuilles de plusieurs espèces d'arbres augmente à mesure qu'on s'approche
de la ligne. Celle du cocotier à fruit double des îles
Séchelles, a douze ou quinze pieds de long, et sept
ou huit de large. Elle suffit pour couvrir une nombreuse famille. Il y a aussi une de ces feuilles au
Muséum d'Histoire naturelle. Celle du talipot de
l'île de Ceylan a à-peu-près la même grandeur. L'intéressant et infortuné Robert Knok, qui a donné la
meilleure relation de cette île que je connoisse, dit
qu'une de ces feuilles peut couvrir quinze ou vingt
personnes. Quand elle est sèche, ajoute-t-il, elle
est à la fois forte et maniable, en sorte qu'on peut
l'étendre et la resserrer à son gré, étant naturellement plissée comme un éventail. Dans cet état, elle
n'est pas plus grosse que le bras, et extraordinaire-
ment légère. Les habitans la coupent par triangles,
quoiqu'elle soit naturellement ronde, et chacun
d'eux en porte un morceau sur sa tête, tenant de la
main le bout le plus pointu en avant, pour s'ouvrir
un passage à travers les buissons. Les soldats se
servent de cette feuille pour faire leurs tentes. Ils la

regardent avec raison comme un des plus grands bienfaits de la Providence, dans un pays brûlé du soleil,
et inondé de pluies la moitié de l'année. La nature
a fait, dans ces climats, des parasols pour des villages entiers ; car le figuier, qu'on appelle aux Indes
figuier des Banians, et dont on voit le dessin dans
Tavernier et dans plusieurs autres voyageurs, croît
sur le sable même brûlant du rivage de la mer, en
jetant de l'extrémité de ses branches une multitude
de jets qui s'inclinent vers la terre, y prennent
racine, et forment, autour du tronc principal,
quantité d'arcades couvertes d'un ombrage impénétrable.

Dans nos climats tempérés, nous éprouvons une
bienveillance semblable de la part de la nature.
C'est dans la saison chaude et sèche qu'elle nous
donne quantité de fruits pleins d'un jus rafraîchis-
sant, tels que les cerises, les pêches, les melons ;
et à l'entrée de l'hiver, ceux qui échauffent par
leurs huiles, tels que les amandes et les noix. Quelques naturalistes même ont regardé les coques
ligneuses de ces fruits, comme des préservatifs de
leurs semences contre le froid de la mauvaise saison ;
mais ce sont, comme nous l'avons vu, des moyens
de surnager et de voguer. La nature en emploie
d'autres que nous ne connoissons pas, pour préserver les substances des fruits des impressions de
l'air. Par exemple, elle fait durer pendant tout

l'hiver plusieurs espèces de pommes et de poires ;
qui n'ont d'autres enveloppes que des pellicules si
minces, qu'on ne peut en déterminer les épaisseurs.

La nature a mis d'autres végétaux aux lieux humides et arides, dont les qualités sont inexplicables
par les loix de notre physique, mais qui sont admi-
rablement d'accord avec les besoins de l'homme
qui les habite. C'est le long des eaux que croissent
les plantes et les arbres les plus secs ; les plus légers,
et par conséquent les plus propres à les traverser.
Tels sont les roseaux qui sont creux, et les joncs
remplis d'une moelle inflammable. Il ne faut qu'une
botte médiocre de jonc, pour porter sur l'eau un
homme fort pesant. C'est sur les bords des lacs du
nord, que croissent ces vastes bouleaux dont il ne
faut que l'écorce d'un seul arbre pour faire un
grand canot. Cette écorce est semblable à un cuir
par sa souplesse, et si incorruptible à l'humidité ;
que j'en ai vu tirer, en Russie, de dessous des
terres dont on couvre les magasins à poudre, qui
étoient parfaitement saines, quoiqu'on les y eût
mises du temps de Pierre-le-Grand. Suivant le témoignage de Pline et de Plutarque, on trouva à
Rome, quatre cents ans après la mort de Numa, les
livres que ce grand roi avoit fait mettre avec lui
dans son tombeau. Son corps étoit totalement détruit ; mais ses livres, qui traitoient de la philosophie et de la religion, étoient si bien conservés,

que le préteur Pétilius en prit lecture par ordre du
sénat. Sur le rapport qu'il en fit, il fut décidé qu'on
les brûleroit. Ils étoient écrits sur des écorces de
bouleau. Ces écorces se lèvent en dix ou douze
feuillets blancs et minces comme du papier, et en
tenoient lieu aux anciens. La nature présente à
l'homme d'autres trajectiles sur d'autres rivages.
Elle a mis sur les bords des fleuves de l'Inde, le
bambou, grand roseau qui s'y élève quelquefois à
soixante pieds de hauteur, et qui y croît de la
grosseur de la cuisse. L'intervalle compris entre deux
de ses nœuds, suffit pour soutenir un homme sur
l'eau. Un Indien s'y met à califourchon, et traverse
ainsi les rivières en nageant avec les pieds. Le Hollandais Jean-Hugues de Linschoten, voyageur digne
de foi, assure que les crocodiles ne touchent jamais aux gens qui passent ainsi les rivières, quoiqu'ils attaquent souvent les canots et les chaloupes
même des Européens. Il attribue la retenue de cet
animal vorace, à une antipathie qu'il a contre ce
roseau. François Pyrard, autre voyageur qui a fort
bien observé la nature, dit qu'il croît sur les rivages des îles Maldives, un arbre appelé Candou,
d'un bois si léger, qu'il sert de liége aux pé-
cheurs (1). Je crois avoir eu en ma possession une
souche d'arbre de la même espèce. Elle étoit dé-

---

(1) Voyez Pyrard, Voyage aux îles Maldives, page 38.

pouillée de son écorce, toute blanche, de la grosseur du bras, de six pieds de longueur, et si légère,
que je la levois avec deux doigts avec la plus grande
facilité. C'est dans les mêmes îles et sur les mêmes
sables, que s'élève le cocotier, qui y vient plus
beau que dans aucun autre lieu du monde. Ainsi,
l'arbre le plus utile aux marins croît sur le bord
des mers les plus naviguées. Tout le monde sait
qu'on y bâtit un vaisseau de son bois, qu'on en fait
les voiles avec ses feuilles, le mât avec son tronc,
les cordages avec l'étoupe appelée caire qui entoure
son fruit, et qu'on le charge ensuite avec ses cocos.
Il est encore remarquable que le coco renferme,
avant sa maturité parfaite, une liqueur qui est un
excellent anti-scorbutique. N'est-ce donc pas une
merveille de la nature, que ce fruit vienne plein de
lait dans des sables arides et sur les bords de l'eau
salée ? Ce n'est même que sur les bords de la mer,
que l'arbre qui le porte parvient dans toute sa
beauté ; car on en voit peu dans l'intérieur des
terres. La nature a placé un palmier de la même
famille, mais d'une autre espèce, au sommet des
montagnes des mêmes climats : c'est le palmiste.
La tige de cet arbre a quelquefois plus de cent
pieds de hauteur : elle est parfaitement droite : elle
porte à son sommet, pour unique feuillage, un
bouquet de palmes, du milieu de laquelle sort un
long rouleau de feuilles plissées, semblables au fût

d'une lance. Ce rouleau renferme, dans une espèce
de fourreau coriace, les feuilles naissantes, qui
sont très-bonnes à manger avant leur développement.
Le tronc du palmiste n'a de bois qu'à la circonférence ; mais il est si dur, qu'il fait rebrousser le
tranchant des meilleures haches. Il se fend d'un
bout à l'autre avec la plus grande facilité, et il
est rempli au-dedans d'une substance spongieuse
qu'on enlève aisément. Quand il est ainsi préparé,
il sert à faire, pour la conduite des eaux souvent
dévoyées par les rochers qui sont au sommet des
montagnes, des tuyaux qui sont incorruptibles à
l'humidité. Ainsi les palmiers donnent aux habitans
de ces pays de quoi faire des aqueducs à la source
des rivières, et des vaisseaux à leur embouchure.
D'autres espèces d'arbres leur rendent ailleurs les
mêmes services. C'est sur les rivages des îles Antilles que croît l'acajou, qu'on y appelle improprement cèdre, à cause de son incorruptibilité.
Il y vient si gros, que d'un seul de ses tronçons
on fait des pirogues qui portent jusqu'à quarante
hommes (1). Cet arbre a une autre qualité qui,
au jugement des meilleurs observateurs, auroit dû
le rendre précieux à notre marine ; c'est qu'il est
le seul de ces rivages que les vers marins n'attaquent jamais, quoiqu'ils soient si redoutables à

_____

(1) Voyez les PP. Labat et du Tertre.

toutes espéces de bois qui flottent dans ces mers ; qu'ils dévorent en peu de temps les escadres ; et que pour les en préserver on est obligé, depuis quelques années, de doubler leurs carènes de cuivre. Mais ce bel arbre a trouvé des ennemis plus redoutables que les vers, dans les habitans européens de ces îles, qui en ont presque totale- ment détruit l'espèce.

La manière dont la Providence a pourvu à la soif de l'homme, dans les lieux arides, n'est pas moins digne d'admiration. Elle a mis dans les sables brûlans de l'Afrique une plante dont la feuille contournée en burette, est toujours remplie d'un grand verre d'eau fraîche ; le goulot de cette burette est fermé par l'extrémité même de la feuille, en sorte que l'eau ne peut pas s'en évaporer. Elle a planté sur quelques terres arides du même pays, un grand arbre, appelé par les nègres Boa, dont le tronc monstrueusement gros est naturellement creusé comme une citerne. Dans la saison des pluies, il se remplit d'eau qu'il conserve fraîche dans les plus grandes chaleurs, au moyen du feuillage touffu qui en couronne le som- met. Enfin elle a placé sur les rochers arides des îles Antilles, des fontaines végétales. On y trouve communément une liane, appelée liane à eau, si remplie de sève, que, si on en coupe une simple branche, il en coule sur-le-champ autant d'eau qu'un homme en pourroit boire d'un trait : elle est très-limpide et très-pure. Dans les lagunes de la baie de Campêche , les voyageurs trouvent un autre secours : ces lagunes, au niveau de la mer , sont presque entièrement inondées dans la saison plu-vieuse , et elles sont si arides dans la saison sèche, qu'il est arrivé à plusieurs chasseurs qui s'étoient égarés dans les forêts dont elles sont couvertes , d'y mourir de soif. Le célèbre voyageur Dampier rap-porte qu'il a échappé plusieurs fois à ce malheur par le secours d'une végétation fort extraordinaire, qu'on lui avoit fait remarquer sur le tronc d'une espèce de pin qui y est fort commun : elle ressemble à un paquet de feuilles placées l'une sur l'autre par étages ; et à cause de sa forme , et de l'arbre où elle croît , il l'appelle pomme de pin. Cette pomme est pleine d'eau; en sorte qu'en la perçant à sa base avec un couteau , il en coule aussi-tôt une bonne pinte d'une eau très-claire et très-saine. Le Père du Tertre raconte qu'il a trouvé plusieurs fois un pareil rafraîchissement dans les feuilles tournées en cornet, d'une espèce de balisier , qui croît sur les plages sablonneuses de la Guadeloupe. J'ai ouï dire à plusieurs de nos chasseurs, que rien n'étoit plus propre à désaltérer que les feuilles du gui qui croît dans nos arbres.

Telles sont en partie les précautions dont la Pro-vidence a compensé en faveur de l'homme les incon-véniens de chaque climat, en opposant aux qualités

des élémens des qualités contraires dans les végétaux. Je ne les suivrai pas plus loin, car je les crois
inépuisables. Je suis persuadé que chaque latitude
et chaque saison ont les leurs qui leur sont affectées,
et que chaque parallèle les varie dans chaque degré
de longitude.

### Harmonies végétales des plantes avec l'homme.

Si maintenant nous examinions les relations végétales des plantes avec l'homme, nous les trouverions
en nombre infini; elles sont les sources perpétuelles de nos arts, de nos fabriques, de notre commerce et de nos délices; mais à notre ordinaire,
nous ne ferons que parcourir quelques-uns de leurs
rapports naturels et directs, auxquels l'homme n'a
rien mis du sien.

A commencer par leurs parfums, l'homme me
paroît être le seul être sensible qui en soit affecté.
A la vérité les animaux, et sur-tout les mouches et
les papillons, ont des plantes qui leur sont propres,
et qui les attirent ou les rebutent par leurs émanations, mais ces affections semblent liées avec leurs
besoins. L'homme seul est sensible aux parfums et
à l'éclat des fleurs, indépendamment de tout appétit
animal. Le chien même, qui prend par la domesticité une si forte teinture des mœurs et des goûts
de l'homme, paroît insensible à cette jouissance-
là. L'impression que font les fleurs sur nous semble

liée avec quelque affection morale ; car il y en a
qui nous égayent et d'autres qui nous attristent,
sans que nous en puissions apporter d'autres raisons que celles que j'ai essayé d'établir en exami-
nant quelques loix générales de la nature. Au lieu
de les distinguer en jaunes, en rouges, en bleues,
en violettes, on pourroit les diviser en gaies, en
sérieuses, en mélancoliques : leur caractère est si
expressif, que les amans dans l'Orient emploient
leurs nuances pour exprimer les divers degrés de
leur passion. La nature s'en sert souvent par rapport à nous dans la même intention. Quand elle
veut nous éloigner d'un lieu marécageux et mal-sain,
elle y met des plantes vénéneuses qui ont des couleurs meurtries et des odeurs rebutantes. Il y a une
espèce d'arum qui croît dans les marais du détroit
de Magellan, dont la fleur présente l'aspect d'un
ulcère, et exhale une odeur si forte de chair pourrie,
que la mouche à viande vient y déposer ses œufs.
Mais le nombre des plantes fétides n'est pas fort
étendu. Les campagnes sont tapissées de fleurs qui,
pour la plupart, ont des couleurs et des odeurs fort
agréables. Je voudrois que le temps me permît de
dire quelque chose de la simple agrégation des
fleurs ; ce sujet est si vaste et si riche, que je ne
balance pas d'assurer qu'il y a de quoi occuper le
plus fameux botaniste de l'Europe toute sa vie, en
lui découvrant chaque jour quelque chose de nou-

veau, et sans l'écarter de sa maison de plus d'une lieue. Tout l'art avec lequel les joailliers assemblent leurs pierreries, disparoît auprès de celui avec lequel la nature assortit les fleurs. Je montrois à J. J. Rousseau des fleurs de différens tréfles que j'avois cueillies en me promenant avec lui ; il y en avoit de disposées en couronnes, en demi-couronnes, en épis, en gerbes, avec des couleurs variées à l'infini. Quand elles étoient sur leurs tiges, elles avoient encore d'autres agrégations avec des plantes qui leur étoient souvent opposées en couleurs et en formes. Je lui demandai si les botanistes s'occupoient de ces harmonies : il me dit que non ; mais qu'il avoit conseillé à un jeune dessinateur de Lyon d'apprendre la botanique, pour y étudier les formes et les assemblages des fleurs, et que par ce moyen il étoit devenu un des plus fameux dessinateurs d'étoffes de l'Europe. Je lui citai à ce sujet un trait de Pline, qui lui fit beaucoup de plaisir : c'est à l'occasion d'un peintre de Sicyone, appelé Pauzias, qui apprit par cette étude à peindre au moins aussi bien les fleurs que celui de Lyon savoit les dessiner. A la vérité il eut encore un maître aussi habile que la nature, ou plutôt qui n'en diffère pas : ce fut l'Amour. Je vais rapporter ce trait dans la simplicité du langage du vieux traducteur de Pline, afin de ne lui rien ôter de sa naïveté (1). « En sa jeunesse il fit la cour à

_____

(1) Histoire naturelle de Pline, liv. 35, chap. 11.

» une bouquetière de sa ville, qui avoit nom Gly-
» cera, laquelle étoit fort gentille, et avoit dix mille
» inventions à digérer les fleurs des bouquets et des
» chapeaux; de sorte que Pauzias, contrefaisant le
» naturel des chapeaux et bouquets de sa maîtresse,
» vint à se rendre parfait en cet art : finalement il
» la peignit assise, et faisant un chapeau de fleurs;
» et tient-on ce tableau pour une des principales
» pièces que jamais il ait faites : il l'appela Stephano
» Plocos, pour ce que Clycera n'avoit autre moyen
» de se soulager en sa pauvreté, qu'à vendre des
» chapeaux et bouquets. Et certes, on dit que
» L. Lucullus donna à Denys, athénien, deux talens
» de la simple copie de ce tableau ». Cette anecdote
a plu singulièrement à Pline, car il l'a répétée dans
un autre endroit (1) : « Ceux du Péloponèse, dit-il,
» furent les premiers qui compassèrent les couleurs
» et senteurs des fleurs qu'on mettoit aux chapeaux.
» Toutefois cela vint de l'invention de Pauzias,
» peintre, et d'une bouquetière nommée Glycera, à
» qui ce peintre faisoit fort la cour, jusqu'à contre-
» faire au vif les chapeaux et bouquets qu'elle faisoit.
» Mais cette bouquetière changeoit en tant de sortes
» l'ordonnance de ses chapeaux, pour mieux faire
» rêver son peintre, que c'étoit grand plaisir de voir
» combattre l'ouvrage naturel de Glycera, contre le
» savoir du peintre Pauzias ».

(1) *Ibidem*, liv. 21, chap. 2.

L'antique nature en sait encore plus que la jeune Glycère. Comme nous ne pouvons la suivre dans sa variété infinie, nous ferons au moins une observation sur sa régularité; c'est qu'il n'y a aucune fleur odorante qui ne croisse aux pieds de l'homme, ou au moins à la portée de sa main. Toutes celles de cette espèce sont placées sur des herbes ou sur des arbrisseaux, comme l'héliotrope, l'œillet, la giroflée, la violette, la rose, le lilas. Il n'en croît point de semblables sur les arbres élevés de nos forêts; et si quelques fleurs brillantes viennent sur quelques grands arbres des pays étrangers, comme le tulipier et le marronier d'Inde, elles ne sentent point bon. A la vérité quelques grands arbres des Indes, comme les arbres à épices, sont entièrement parfumés; mais leurs fleurs sont peu apparentes, et ne participent pas de l'odeur de leurs feuilles. Les fleurs du cannelier sentent les excrémens humains; c'est ce que j'ai éprouvé moi-même, si toutefois les arbres qu'on m'a montrés à l'île de France, dans une habitation appartenante à M. Magon, étoient de véritables canneliers. La belle et odorante fleur du magnolia croît dans la partie inférieure de l'arbre. D'ailleurs, le laurier qui la porte est, ainsi que les arbres à épices, un arbre peu élevé.

Je peux me tromper dans quelques-unes de mes observations; mais quand elles sont multipliées sur le même objet, et attestées par des hommes dignes

de foi et sans esprit de système, j'en peux tirer des
conséquences générales, qui ne doivent pas être
indifférentes au bonheur du genre humain, en lui
montrant des intentions constantes de bienveillance
dans l'Auteur de la nature. Les variétés de leurs
convenances se prêtent des lumières mutuelles ; les
moyens sont différens, mais la fin est toujours la
même. La même bonté qui a placé le fruit qui
devoit nourrir l'homme à la portée de sa main, y a
dû mettre aussi son bouquet. Nous remarquerons
ici que nos arbres fruitiers sont faciles à escalader,
et diffèrent en cela de la plupart de ceux des forêts.
De plus, tous ceux qui donnent des fruits mous
dans leur maturité, et qui auroient été exposés à se
briser par leur chute, comme les figuiers, les mûriers, les pruniers, les pêchers, les abricotiers, les
présentent à peu de distance de terre : ceux au
contraire qui produisent des fruits durs, et qui n'ont
rien à risquer dans leur chute, les portent fort
élevés, comme les noyers, les châtaigniers et les cocotiers.

Il n'y a pas moins de convenance dans les formes
et les grosseurs des fruits. Il y en a beaucoup qui
sont taillés pour la bouche de l'homme, comme les
cerises et les prunes ; d'autres pour sa main, comme
les poires et les pommes ; d'autres beaucoup plus
gros, comme les melons, sont divisés par côtes, et
semblent destinés à être mangés en famille : il y en

a même aux Indes, comme le jacq, et chez nous la citrouille, qu'on pourroit partager avec ses voisins. La nature paroît avoir suivi les mêmes proportions dans les diverses grosseurs des fruits destinés à nourrir l'homme, que dans la grandeur des feuilles qui devoient lui donner de l'ombre dans les pays chauds; car elle y en a taillé pour abriter une seule personne, une famille entière, et tous les habitans du même hameau.

Je m'arrêterai peu aux autres rapports que les plantes ont avec l'habitation de l'homme par leur grandeur et leur attitude, quoiqu'il y ait à ce sujet des choses très-curieuses à dire. Il en est peu qui ne puisse embellir son champ, son toit ou son mur. J'observerai seulement que le voisinage de l'homme est utile à plusieurs plantes. Un missionnaire anonyme rapporte que les Indiens sont persuadés que les cocotiers au pied desquels il y a des maisons, deviennent beaucoup plus beaux que ceux où il n'y en a pas, comme si ces arbres utiles se réjouissoient du voisinage des hommes.

Un autre missionnaire, Carme déchaussé, appelé le Père Philippe, dit positivement que lorsque le cocotier est planté auprès des maisons ou des cabanes, il devient plus fécond par la fumée, par les cendres et par l'habitation de l'homme, et qu'il apporte doublement du fruit. Que c'est par cette raison que les lieux plantés de palmes aux Indes, sont remplis de maisons et de logettes, que les maîtres de ces lieux donnent au commencement quelques écus à ceux qui veulent les habiter, et qu'ils sont obligés de leur accorder leur part des fruits lorsqu'on les cueille : à quoi il ajoute que quoique leurs fruits, qui sont très-gros et très-durs, tombent souvent des arbres dans leur maturité, ou par les rats qui les rongent, ou par la violence des vents, on n'a jamais ouï dire que personne de ceux qui habitent dessous en ait été blessé. C'est ce qui ne me paroît pas moins extraordinaire qu'à lui (1).

Je pourrois étendre les influences de l'homme à plusieurs de nos arbres fruitiers, sur-tout au pommier et à la vigne. Je n'ai point vu de plus beaux pommiers dans le pays de Caux, que ceux qui croissent autour des maisons des paysans. Il est vrai que les soins du maître peuvent y contribuer. Je me suis arrêté quelquefois dans les rues de Paris à considérer avec plaisir de petites vignes, dont les racines sont dans le sable et sous le pavé, tapisser de leurs grappes toute la façade d'un corps-de-garde. Une d'entre elles, il y a, je crois, dix-sept ou dix-huit ans, donna deux fois du fruit dans la même année, ainsi que l'ont rapporté les papiers publics.

---

(1) Voyez le Voyage d'Orient, du R. P. Philippe, Carme déchaussé, liv. 7, chap. 5, sect. 4.

## *Harmonies animales des plantes avec l'homme.*

Mais il ne suffisoit pas à la nature d'avoir donné à l'homme des berceaux et des tapis chargés de fruits, si elle ne lui eût fourni, dans l'ordre végétal même, des moyens de défense contre les déprédations des bêtes sauvages. Il auroit eu beau veiller pendant le jour à la garde de ses biens, ils auroient été au pillage pendant la nuit. Elle lui a donné des arbrisseaux épineux pour les enclore. Plus on avance vers le midi, plus on trouve de variétés dans leurs espèces. Mais au contraire, on ne voit point, ou du moins on voit bien peu de ces arbrisseaux épineux dans le nord, où ils paroissoient inutiles; car il n'y a point de vergers. Il semble qu'il y en ait aux Indes pour toutes sortes de sites. Quoique je n'aie été, pour ainsi dire, que sur la lisière de ce pays, j'y en ai vu un grand nombre dont l'étude offriroit bien des remarques curieuses à un naturaliste. J'en ai remarqué un, entre autres, dans un jardin de l'île de France, qui m'a paru propre à faire des enclos impénétrables aux plus petits quadrupèdes. Il vient de la forme d'un pieu, gros comme le bras, tout droit, sans branches, et portant pour unique verdure un petit bouquet de feuilles à son sommet. Son écorce est hérissée d'épines très-fortes et très-aiguës. Il s'élève à sept ou huit pieds de hauteur, et croît aussi gros en haut qu'en bas. Plusieurs de ces arbrisseaux plantés de suite les uns auprès des autres, formeroient une vraie palissade qui n'auroit pas le moindre intervalle. Les raquettes et les cierges, si communs sous la zône torride, ont des épines si perçantes, qu'en marchant dessus elles traversent les semelles des souliers. Il n'y a ni tigres, ni lions, ni éléphans qui osent en approcher. Il y a une autre sorte d'épine dans l'île de Ceylan, dont on se sert pour se défendre des hommes même, qui franchissent toutes sortes de barrières. Robert Knok, que j'ai déjà cité, dit que les avenues du royaume de Candy, dans l'île de Ceylan, ne sont fermées qu'avec des fagots de ces épines, dont les habitans bouchent les passages de leurs montagnes.

L'homme trouve dans les végétaux, non-seulement des protections contre les bêtes féroces, mais contre les reptiles et les insectes. Le Père du Tertre raconte qu'il trouva un jour dans l'île de la Guadeloupe, au pied d'un arbre, une plante rampante, dont les tiges étoient figurées comme des serpens. Mais il fut bien autrement surpris quand il aperçut sept ou huit couleuvres qui étoient mortes autour d'elle. Il l'indiqua à un chirurgien qui fit, par son moyen, des cures merveilleuses en l'employant contre les morsures de ces dangereux reptiles. Elle est fort répandue dans les autres îles Antilles, où elle est connue sous le nom de bois de couleuvre. On la retrouve encore aux Indes orientales. Jean

Hugues de Linschoten lui attribue la même figure
et les mêmes propriétés. Nous avons dans nos climats
des végétaux qui ont des convenances et des oppositions fort étranges avec les reptiles. Pline dit que
les serpens aiment beaucoup le genèvrier et le fe-
nouil ; mais qu'on n'en trouve point sous la fougère, le trèfle, le frêne et la rue, et que la bétoine
les fait mourir. D'autres plantes, comme nous
l'avons dit, détruisent les mouches, telles que les
dionées. Thévenot assure qu'aux Indes les palefre-
niers garantissent leurs chevaux des mouches, en
les frottant tous les matins avec des fleurs de ci-
trouilles. L'herbe aux puces, qui a des graines noires
et luisantes semblables à des puces, chasse ces insectes d'une maison, selon Dioscoride. La vipé-
rine, qui a ses semences faites comme des têtes
de vipères, fait mourir ces reptiles. Il est probable que c'est à des configurations semblables que
les premiers hommes auront reconnu les relations
et les oppositions des plantes avec les animaux. Je
pense que chaque genre d'insecte a son végétal des-
tructeur que nous ne connoissons pas. En général,
toutes les vermines fuient les parfums.

　　La nature nous a encore donné dans les plantes
les premiers patrons des filets pour la chasse et pour
la pêche. Il croît dans quelques landes de la Chine
une espèce de rotin si entrelacé et si fort, qu'il s'y
prend des cerfs tout en vie. J'ai vu moi-même sur

les sables du bord de la mer à l'île de France, une sorte de liane appelée fausse patate, qui couvre des arpens entiers, comme un grand filet de pêcheur. Elle est si propre aux mêmes usages, que les nègres s'en servent pour pêcher du poisson. Ils en font, avec les tiges et les feuilles, de longs cordons qu'ils jettent à la mer; et après en avoir formé une chaîne qui renferme sur l'eau une grande enceinte, ils la tirent par les deux extrémités au rivage. Ils ne manquent guère d'y amener quelque poisson (1); car les poissons s'effraient non-seulement d'un filet qui les enveloppe, mais de tout corps inconnu qui fait de l'ombre à la surface de l'eau. C'est avec une industrie aussi simple, et à-peu-près semblable, que les habitans des Maldives font des pêches prodigieuses, en n'employant, pour amener les poissons dans leurs réservoirs, qu'une corde qui flotte sur l'eau avec des bâtons.

### Harmonies humaines ou alimentaires des plantes.

Il n'y a pas une seule plante sur la terre qui n'ait quelques rapports avec les besoins de l'homme, et qui ne serve quelque part à son vêtement, à son toit, à ses plaisirs, à ses remèdes, ou au moins à son foyer. Celles qui sont chez nous les plus inu-

(1) Voyez François Pyrard, Voyage aux Maldives.

tiles; sont quelquefois très-estimées ailleurs. Les Egyptiens ont fait souvent des vœux pour l'heureuse récolte des orties, dont la graine leur donne de l'huile, et la tige leur fournit des fils dont ils font de bonne toile; mais ces rapports généraux étant innombrables, je m'en tiendrai à quelques observations particulières sur les plantes qui servent au premier des besoins de l'homme, je veux dire à sa nourriture.

Nous remarquerons d'abord que le blé, qui sert à las ubsistance générale du genre humain, n'est pas produit par des végétaux d'une grande taille, mais par de simples graminées. Le principal soutien de la vie humaine est porté par des herbes, et exposé à la merci des moindres vents. Il y a apparence que si nous avions été chargés de la sûreté de nos récoltes, nous n'eussions pas manqué de les placer sur de grands arbres; mais en cela, comme dans tout le reste, il faut admirer la prévoyance divine et nous méfier de la nôtre. Si nos moissons étoient portées par les forêts, lorsque celles-ci sont détruites par la guerre, ou incendiées par notre imprudence, ou renversées par les vents, ou ravagées par les inondations, il faudroit des siècles pour les voir renaître dans un pays. De plus, les fruits des arbres sont bien plus sujets à couler que les semences des graminées. Les graminées, comme nous l'avons observé, portent leurs fleurs en épi, sur-

montées souvent de petites barbes, qui ne défendent pas leurs semences des oiseaux, comme le
disoit Cicéron, mais qui sont comme autant de petits
toits qui les mettent à l'abri des eaux du ciel. Les
gouttes de pluie ne peuvent pas les noyer, comme
les fleurs radiées en disques, en roses et en ombelles,
dont les formes toutefois sont propres à certains
lieux et à certaines saisons ; mais celles des graminées conviennent à toute exposition.

Lorsqu'elles sont portées par des panaches flot-
tans et tombans, comme celles de la plupart des
graminées des pays chauds, elles sont abritées de
la chaleur du soleil ; et lorsqu'elles sont rassemblées en épis, comme celles de la plupart des graminées des pays froids, elles réfléchissent ses rayons
au moins par un côté. De plus, par la souplesse de
leurs tiges fortifiées de nœuds de distance en distance, et par leurs feuilles filiformes et capillacées,
elles échappent à la violence des vents. Leur foiblesse leur est plus utile, que la force ne l'est aux
grands arbres. Semblables aux petites fortunes,
elles sont ressemées et multipliées par les mêmes
tempêtes qui dévastent les grandes forêts. Elles
résistent encore aux sécheresses par la longueur de
leurs racines qui vont chercher bien loin l'humidité
sous la terre, et, quoiqu'elles n'aient que des feuilles
étroites, elles en portent en si grand nombre, qu'elles
couvrent de leurs plants multipliés la surface de

la terre. À la moindre pluie, vous les voyez toutes
se dresser en l'air par leurs extrémités, comme si
c'étoient autant de griffes. Elles résistent aux incendies même qui font périr tant d'arbres dans les
forêts. J'ai vu des pays où on met chaque année le
feu aux herbes, dans le temps de la sécheresse, se
recouvrir, dès qu'il pleut, de la plus belle verdure.
Quoique ce feu soit si actif qu'il fait périr souvent
les arbres qui se trouvent dans son voisinage, les
racines des herbes n'en sont point offensées. Elles
ont de plus la faculté de se reproduire de trois
manières, par des rejetons qui poussent à leurs
pieds, par des traînasses qu'elles étendent au loin,
et par des graines très-volatiles ou indigestibles,
que les vents et les animaux dispersent de tous
côtés. La plupart des arbres, au contraire, ne se
régénèrent naturellement que par leurs semences.
Ajoutez aux avantages généraux des graminées, une
variété étonnante de caractères dans leurs floraisons
et leurs attitudes, qui les rend plus propres que les
végétaux de toute autre classe, à croître dans toutes
sortes de sites.

C'est dans cette famille, si j'ose dire cosmopo-
lite, que la nature a placé le principal aliment de
l'homme; car les blés, dont tant de peuples subsistent, ne sont que des espèces de graminées. Il n'y
a point de terre où il ne puisse croître quelque
espèce de blé. Homère, qui avoit si bien étudié la

nature, caractérise souvent chaque pays par le végétal qui lui est propre. Il vante une île pour ses raisins, une autre pour ses oliviers, une autre pour ses
lauriers, une autre pour ses palmiers; mais il ne
donne qu'à la terre l'épithète générale de *Zeidora*,
ou porte-blé. En effet, la nature en a formé pour
croître dans tous les sites, depuis la ligne jusqu'aux
bords de la mer Glaciale. Il y en a pour les lieux humides des pays chauds, comme le riz de l'Asie, qui
vient en abondance dans les vases du Gange. Il y
en a pour les lieux marécageux des pays froids,
comme une espèce de folle-avoine qui croît naturellement sur les bords des fleuves de l'Amérique
septentrionale, et dont plusieurs nations sauvages
font chaque année d'abondantes récoltes (1). D'autres blés réussissent à merveille sur les terres chau-
des et sèches, comme le millet et le panic en Afrique, et le maïs au Brésil. Dans nos climats, le froment se plaît dans les terres fortes, le seigle dans
les sables, le sarrasin sur les coteaux pluvieux,
l'avoine dans les plaines humides, l'orge dans les
rochers. L'orge réussit jusque dans le fond du Nord.
J'en ai vu par le 61e degré de latitude nord, dans
les roches de la Finlande, des récoltes aussi belles
qu'en aient jamais produit les champs de la Pales-

_____

(1) Voyez le P. Hennepin, récolet; Champlain, et les
autres Voyageurs de l'Amérique septentrionale.

E 2

tine. Le blé suffit à tous les besoins de l'homme.
Avec sa paille, il peut se loger, se couvrir, se chauffer,
et nourrir ses brebis, sa vache et son cheval; avec son
grain, il fait des alimens et des boissons de toutes
sortes de saveurs. Les peuples du Nord en brassent
de la bière et en tirent des eaux-de-vie plus fortes
que celle du vin; telles sont celles de Dantzick. Les
Chinois (1) font avec le riz un vin aussi agréable que le meilleur vin d'Espagne. Les Brésiliens
préparent avec le maïs, leur ouicou. Enfin, avec
l'avoine torréfiée, on peut faire des crêmes qui ont
le parfum de la vanille. Si nous joignons à ces qualités celles des autres plantes domestiques, dont la
plupart croissent aussi par toute la terre, nous y
trouverons les saveurs du girofle, du poivre, des
épiceries, et, sans sortir de nos jardins, nous ras-
semblerons les jouissances dispersées dans le reste
des végétaux.

Nous pouvons reconnoître dans l'orge et dans
l'avoine les caractères élémentaires dont j'ai parlé,
qui varient les espèces de plantes du même genre,
suivant les sites où elles doivent naître. L'orge destiné aux lieux secs a des feuilles larges et ouvertes
à leur base, qui conduisent les eaux des pluies à
sa racine. Les longues barbes qui surmontent les
balles qui enveloppent ses grains, sont hérissées de

---

(1) Voyage à la Chine, par Isbrand-Ides.

dentelures propres à les accrocher aux poils des
animaux, et à les ressemer dans les lieux élevés et
arides. L'avoine, au contraire, destinée aux lieux
humides, a des feuilles étroites, arrêtées autour de
sa tige, pour intercepter les eaux des pluies. Ses
balles renflées, semblables à deux longues demi-
vessies, et peu adhérentes aux grains, les rendent
propres à surnager et à traverser les eaux par le
secours du vent. Mais voici quelque chose de plus
admirable, qui confirmera ce que nous avons dit
sur les usages des diverses parties des plantes par
rapport aux élémens, et qui étend les vues de la
nature au-delà même de leurs fruits, que nous
avons regardés comme leurs caractères déterminans;
c'est que l'orge, dans les années pluvieuses, dégénère en avoine, et l'avoine, dans les années sèches,
se change en orge. Cette observation, rapportée par
Pline, Galien et Mathiole, commentateur de Dioscoride (1), a été confirmée par les expériences de
plusieurs naturalistes modernes. A la vérité, Mathiole
prétend que cette transformation de l'orge ne se fait
pas en avoine proprement dite, qu'il appelle Bro-
mos, mais en une plante qui lui ressemble au premier coup-d'œil, et qu'il appelle Ægilops ou Co-
quiole. Cette transformation, constatée par les expériences réitérées des laboureurs de son pays, et

_____

(1) Voyez Mathiole sur Dioscoride, liv. 4, page 432.

par celle que le père de Galien fit expressément
pour s'en convaincre, suffit, avec celle des fleurs
de la linaire et des feuilles de plusieurs végétaux,
pour nous prouver que les rapports élémentaires
des plantes ne sont que les rapports secondaires, et
que les rapports des animaux ou humains sont les
principaux. Ainsi la nature a placé le caractère d'une
plante, non-seulement dans la forme du fruit, mais
dans la substance de ce même fruit.

Je présume de là, qu'ayant fait en général de la
substance farineuse la base de la vie humaine, elle
l'a répandue dans tous les sites sur diverses espèces
de graminées; qu'ensuite voulant y ajouter des modifications relatives à quelques humeurs de notre
tempérament, ou à quelque influence de la saison
ou du climat, elle en a fait d'autres combinaisons
qu'elle a placées dans les plantes légumineuses,
comme les pois et les fèves, que les Romains com-
prenoient au rang des blés; qu'enfin elle en a formé
d'une autre sorte qu'elle a mises dans les fruits des
arbres, comme les châtaignes, ou dans les racines,
comme les patates et les pommes-de-terre. Ces convenances de substance avec chaque climat sont si
certaines, que par tout pays, le fruit qui y est le
plus commun est le meilleur et le plus sain. Je présume encore qu'elle a suivi le même plan par rapport aux plantes médicinales, et qu'ayant répandu
sur plusieurs familles de végétaux, des vertus rela-

tives à notre sang, à nos nerfs, à nos humeurs, elle
les a modifiées dans chaque pays suivant les maladies que le climat y engendre, et les a mises en
opposition avec les caractères particuliers de ces
mêmes maladies. C'est, ce me semble, pour avoir
négligé ces observations qu'il s'est élevé tant de
doutes et des disputes sur les vertus des plantes.
Tel simple qui remédie à un mal dans un pays,
l'augmente quelquefois dans un autre. Le quin-
quina, qui est l'écorce d'une espèce de manglier
d'eau douce du Mexique, guérit les fièvres de l'Amérique d'une espèce particulière aux lieux humides
et chauds, et échoue souvent contre celles de l'Europe. Chaque remède est modifié dans chaque lieu,
comme chaque mal. Je ne pousserai pas plus loin
cette réflexion, qui me feroit sortir de mon sujet ;
mais si les médecins y faisoient l'attention qu'elle
mérite, ils étudieroient mieux les plantes de leur
pays, et ils ne leur préféreroient pas, comme ils
font la plupart, celles des pays étrangers, qu'ils
sont obligés de modifier de mille manières pour
leur donner au hasard des convenances avec les maladies locales. Ce qu'il y a de certain, c'est que
quand la nature a déterminé une certaine saveur
dans quelque végétal, elle la répète par toute la
terre, avec des modifications qui n'empêchent pas
cependant de reconnoître sa vertu principale. Ainsi,
ayant mis le cochléaria, ce puissant anti-scorbutique,

jusque sur les rivages brumeux du Spitzberg, elle
en a répété la saveur et les qualités dans le cresson
de nos ruisseaux, dans le cresson alénois de nos
jardins, dans la capucine, qui est un cresson des
rivières du Pérou, enfin dans les graines même du
papayer, qui vient aux lieux humides dans les îles
Antilles. On trouve pareillement la saveur, l'odeur
et les qualités de notre ail, dans des bois, des
écorces et des mousses de l'Amérique (1).

_____

(1) J'observerai ici que l'ail, dont l'odeur est si redoutée
de nos petites-maîtresses, est peut-être le remède le plus
puissant qu'il y ait contre les vapeurs et les maux de nerfs,
auxquels elles sont si sujettes. J'en ai vu plusieurs expériences. Pline assure même qu'il guérit l'épilepsie. Il est
encore anti-putride, et toute plante qui a son odeur, a les
mêmes vertus. Il est très-remarquable que les plantes à
odeur d'ail croissent communément dans les lieux marécageux, comme un remède présenté par la nature contre les
émanations putrides qui s'en exhalent. Tel est, entre autres,
le scordium. Galien rapporte que l'on reconnut sa vertu
anti-putride en ce que, après un combat, les corps morts
qui gisoient sur des plantes de scordium, se trouvèrent
bien moins corrompus que ceux qui en étoient loin, et que
ces corps étoient principalement restés frais et sains du côté
où ils touchoient à ces plantes. Mais l'épreuve que le baron
de Busbec en fit sur des corps vivans, est encore plus frap-
pante. Ce grand homme revenant de Constantinople, à son
premier voyage, un Turc de sa suite fut attaqué de la peste
et en mourut. Ses camarades se partagèrent ses dépouilles,
malgré les représentations du médecin de Busbec, qui leur

Ces considérations me persuadent que les caractères élémentaires des plantes et leur entière configuration ne sont que des moyens secondaires, et que
leur caractère principal tient aux besoins de l'homme.
Ainsi pour établir dans les plantes un ordre simple
et agréable, au lieu de parcourir successivement
leurs harmonies élémentaires, végétales, animales
et humaines, il faudroit renverser cet ordre, sans
toutefois l'altérer, et partir d'abord des plantes qui

---

prédit que la peste ne tarderoit pas à se communiquer à
eux. En effet, quelques jours après ils en éprouvèrent les
symptômes.

Mais laissons le savant et vertueux ambassadeur rendre
compte lui-même des suites de cet événement. « Le jour
» suivant de notre départ d'Andrinople, dit-il, ils allèrent
» tous le trouver d'un air triste et abattu, se plaignant d'un
» grand mal de tête, en lui demandant des remèdes. Ils sen-
» tirent bien que c'étoient-là les premiers symptômes de la
» peste. Pour lors, mon médecin leur fit une sévère répri-
» mande, et leur dit qu'il s'étonnoit qu'ils vinssent chercher
» des remèdes contre un mal dont il les avoit prévenus, et
» qu'ils avoient cherché avec empressement. Ce n'étoit pas
» cependant qu'il ne voulût bien les soigner. Il étoit au con-
» traire très-inquiet comment il feroit pour les secourir.
» En effet, où prendre des remèdes dans une route où les
» choses les plus communes souvent manquent? La Provi-
» dence devint notre seul espoir; elle nous secourut effec-
» tivement. Voici comment.

» J'étois accoutumé, aussi-tôt que nous étions arrivés
» dans les endroits de notre route, d'aller me promener aux

présentent à l'homme ses premiers besoins, passer
de-là aux usages qu'en tirent les animaux, et
s'arrêter aux sites qui en déterminent les variétés.

Cette marche est d'autant plus aisée à suivre, que
le premier point du départ est fixé par l'odorat
et le goût. Les témoignages de ces deux sens ne
sont pas à mépriser ; car ils nous servent à décider
les qualités intimes des plantes, bien mieux que les

» environs, et de chercher ce qu'il y avoit de curieux : ce
» jour-là, je fus assez heureux pour aller sur les bords d'un
» pré. J'aperçus dedans une plante qui m'étoit inconnue ;
» je pris de sa feuille, je la sentis : elle avoit l'odeur de l'ail.
» Aussi-tôt je la donnai à mon médecin, lui demandant s'il
» la connoissoit. Après l'avoir examinée avec attention, il
» me répondit que c'étoit du scordium. Il leva les mains au
» ciel, et rendit graces à Dieu, du remède si à propos qu'il
» nous envoyoit. Il en ramassa à l'instant une grande quan-
» tité, qu'il alla mettre dans un chaudron et qu'il fit bien
» bouillir. De là, il avertit nos pestiférés de prendre cou-
» rage ; et, sans perdre un moment, il leur fit boire la décoc-
» tion de cette plante, dans laquelle il mit un peu de terre
» de Lemnos ; ensuite il les fit bien chauffer et les renvoya
» coucher, leur ordonnant de ne dormir qu'après qu'ils
» auroient bien sué, ce qu'ils observèrent exactement. Dès
» le lendemain ils se sentirent très-soulagés. On leur donna
» ensuite une seconde potion de cette même drogue, qui
» finit enfin de les guérir. C'est ainsi que, par la grace de
» Dieu, nous échappâmes à la mort, qui nous sembloit très-
» proche ». (*Lettres du baron de Busbec*, tome I, pag. 197
et 198.)

décompositions de la chimie. Ils peuvent s'étendre
à tout le règne végétal, d'autant qu'il n'y a pas un
seul genre de plante, différencié en ombelle, en
rose, en papilionacée, &c., qui n'offre à l'homme
un aliment dans quelque partie du globe. Le souchet d'Ethiopie porte à sa racine des bulbes qui ont
le goût d'amandes. Celui qu'on appelle en Italie
Trasi, en produit qui ont la saveur des châtaignes (1).
Nous avons trouvé en Amérique la pomme-de-terre
dans la classe des solanums, qui sont des poisons.
C'est un jasmin de l'Arabie qui nous donne le café.
L'églantier ne produit chez nous que des baies pour
les oiseaux; mais celui de la terre d'Iesso, qui y
croît entre les rochers et les coquillages des bords
de la mer, porte des calices si gros et si nourrissans, qu'ils servent d'aliment une partie de l'année
aux habitans de ces rivages (2). Les fougères de nos
coteaux sont stériles; cependant dans l'Amérique
septentrionale il en croît une espèce appelée Filix
baccifera, qui est chargée de baies fort bonnes à
manger (3). L'arbre même des îles Moluques, appelé Libbi par les habitans, et Palmier-sagou par les

(1) Voyez le Catalogue du Jardin des Plantes de Bologne,
par Hyacinthe Ambrosino.

(2) Voyez la Collection des Voyages de Thévenot.

(3) Voyez le P. Charlevoix, Histoire de la Nouvelle-
France.

voyageurs, n'est qu'une fougère, au jugement de
nos botanistes. Cette fougère renferme dans son
tronc le sagou, substance plus légère et plus déli-
cate que le riz. Enfin, il y a jusqu'à certaines espèces
de fucus de mer, que les Chinois mangent avec délices, entre autres, ceux qui composent les nids
d'une espèce d'hirondelle.

En disposant donc dans cet ordre les plantes qui
portent la substance principale de l'homme, comme
les graminées, on auroit d'abord pour notre pays
le froment des terres fortes, le seigle des sables,
l'orge des rochers, l'avoine des lieux humides, le
blé sarrasin des collines pluvieuses; et pour les autres
climats et expositions, le panic, le mil, le millet,
le maïs, la folle-avoine du Canada, le riz de
l'Asie, dont quelques espèces viennent dans les
lieux secs, &c.....

Il seroit encore utile de déterminer sur la terre
des lieux auxquels on pourroit rapporter l'origine
de chaque plante comestible. Ce que j'ai à dire à ce
sujet n'est qu'une conjecture, mais elle me paroît
bien vraisemblable. Je pense donc que la nature a
mis dans des îles, les espèces des plantes les plus
belles et les plus convenables aux besoins de
l'homme. Premièrement, les îles sont plus favorables aux développemens élémentaires des plantes
que l'intérieur des continens, car il n'y en a point
qui ne jouisse des influences de tous les élémens,

ayant autour d'elle les vents et la mer, et souvent
dans son intérieur des plaines, des sables, des lacs,
des rochers et des montagnes. Une île est un petit
monde en abrégé. Secondement, leur température particulière est si variée, qu'on en trouve dans
tous les points principaux de longitude et de latitude, quoiqu'il y en ait un nombre considérable
qui nous soit encore inconnu, entre autres, dans la
mer du Sud. Enfin, l'expérience prouve qu'il n'y a
pas un seul arbre fruitier en Europe qui ne devienne
plus beau dans quelqu'une des îles qui sont sur ses
côtes, que dans le continent. J'ai parlé de la beauté
des châtaigniers de la Corse et de la Sicile ; mais
Pline, qui nous a conservé l'origine des arbres
fruitiers qui étoient de son temps en Italie, nous
apprend que la plupart avoient été apportés des îles
de l'Archipel. Le noyer venoit de la Sardaigne ; la
vigne, le figuier, l'olivier et beaucoup d'autres arbres fruitiers, étoient originaires des autres îles de
la Méditerranée. Il observe même que l'olivier, ainsi
que plusieurs autres plantes, ne réussit que dans le
voisinage de la mer. Tous les voyageurs modernes
confirment ces observations. Tavernier, qui avoit
traversé tant de fois l'Asie, dit qu'on ne voit plus
d'oliviers au-delà d'Alep. Un anonyme Anglois que
j'ai déjà cité avec éloge, assure que nulle part dans
le continent on ne trouve des figuiers, des vignes,
des mûriers, ainsi que plusieurs autres arbres frui-

tiers, qui soient comparables en grandeur et en
production à ceux de l'Archipel, malgré la négligence de ses infortunés cultivateurs. Je pourrois y
joindre beaucoup d'autres végétaux qui ne viennent
que dans ces îles, et qui fournissent au commerce
de l'Europe, des gommes, des mannes et des teintures. Le pommier, si commun en France, n'y
donne nulle part des fruits aussi beaux et d'espèces
aussi variées que sur les rivages de la Normandie,
sous l'haleine des vents maritimes de l'ouest. Je ne
doute pas que le fruit qui fut le prix de la beauté,
n'ait aussi, comme Vénus, quelque île favorite.

Si nous portons nos remarques jusque dans la
zône torride, nous verrons que ce n'est ni de l'Asie,
ni de l'Afrique que se tire le girofle, la muscade,
la cannelle, le poivre de la meilleure qualité, le
benjoin, le sandal, le sagou, etc. mais des îles
Moluques, ou de celles qui sont dans leurs mers.
Le cocotier ne vient dans toute sa beauté qu'aux
îles Maldives. Il y a même dans les archipels de ces
mers quantité d'arbres fruitiers décrits par Dampier, qui ne sont pas encore transplantés dans l'ancien continent, tels que l'arbre à grappes. Le double
coco ne se trouve qu'aux îles Séchelles. Les îles
nouvellement découvertes de la mer du Sud, telles
que celle de Taïti, nous ont présenté des arbres
inconnus, comme le fruit à pain et le mûrier dont
l'écorce sert à faire des étoffes. On en peut dire

autant des productions végétales des îles de l'Amérique , par rapport à leur continent.

Je pourrois étendre ces observations jusqu'aux oiseaux et aux quadrupèdes même , qui sont plus beaux et d'espèces plus variées dans les îles que par-tout ailleurs. Les éléphans les plus estimés en Asie , sont ceux de l'île de Ceylan. Les Indiens leur croient quelque chose de divin ; qui plus est , ils prétendent que les autres éléphans reconnoissent cette supériorité. Ce qu'il y a de certain , c'est qu'ils sont beaucoup plus chers en Asie que tous les autres. Enfin , les voyageurs les plus dignes de foi , et qui ont le mieux observé , comme l'anglois Dampier , le Père du Tertre et quelques autres , disent qu'il n'y a pas un récif dans les mers comprises entre les tropiques , qui ne soit distingué par quelque sorte d'oiseau, de crabe , de tortue ou de poisson qui ne se trouve nulle part ailleurs , ni d'espèces si variées , ni en si grande abondance. Je présume que la nature a ainsi distribué ses principaux bienfaits dans les îles pour inviter les hommes à y passer et à parcourir la terre. Ce ne sont que des conjectures ; mais il est rare qu'elles nous trompent , quand on les fonde sur l'intelligence et la bonté de son auteur.

On pourroit donc rapporter la plus belle espèce de blé , qui est le froment, à la Sicile , où l'on prétend en effet qu'il fut trouvé pour la première fois.

La fable a immortalisé cette découverte, en y plaçant les amours de Cérès, ainsi que la naissance de Bacchus dans l'île de Naxos, à cause de la beauté de ses vignes. Ce qu'il y a de certain, c'est que le blé n'est indigène qu'en Sicile, si toutefois il s'y reperpétue encore de lui-même, comme l'assuroient les anciens. Après avoir déterminé de la même manière les autres convenances humaines des graminées, avec différens sites de la terre, on chercheroit les graminées qui ont des rapports marqués avec nos animaux domestiques, comme le bœuf, le cheval, la brebis, le chien. On les caractériseroit par les noms de ces animaux. Nous aurions des *gramen bovinum*, *equinum*, *ovinum*, *caninum*. On distingueroit ensuite les espèces de chacun de ces genres, par les noms des différens lieux où ces animaux les retrouvent sur les bords des fleuves, dans les rochers, sur les sables, dans les montagnes, de sorte qu'en y ajoutant les épithètes, *fluviatile, saxatile, arenosum, montanum*, on suppléeroit avec deux mots à toutes les longues phrases de notre botanique. On répartiroit de même les autres graminées aux divers quadrupèdes de nos forêts, comme aux cerfs, aux lièvres, aux sangliers, etc. Ces premières déterminations demanderoient quelques expériences à faire sur les goûts des animaux, mais elles seroient fort instructives et très-amusantes. Elles ne seroient pas cruelles, comme la plupart de celles de notre phy-

sique moderne qui les écorche vifs, les empoisonne
ou les étouffe, pour connoître leur naturel. Elles
ne s'occuperoient que de leurs appétits, et non de
leurs convulsions. Au reste, il y a déjà beaucoup
de ces plantes préférées, qui sont connues de nos
bergers. Un d'eux m'a montré aux environs de Paris,
une graminée qui engraisse plus les brebis en quinze
jours, que les autres espèces ne pourroient le faire
en deux mois. Aussi, dès qu'elles l'apperçoivent,
elles y courent avec la plus grande avidité. J'en ai
été témoin. Je ne veux pas dire toutefois que chaque
espèce d'animal borne son appétit à une seule
espèce de mets. Il suffit seulement, pour établir
l'ordre que je propose, que chacune d'elles donne,
dans chaque genre de plante, la préférence à une
espèce, et c'est ce que l'expérience confirme.

La grande classe des graminées étant ainsi distri-
buée aux hommes et aux animaux, les autres plantes
présenteroient encore plus de facilité dans leurs
répartitions, parce qu'elles sont bien moins nombreuses. Dans les quinze cent cinquante espèces de
plantes reconnues par Sébastien le Vaillant, aux
environs de Paris, il y a plus de cent familles, parmi
lesquelles celle des graminées comprend pour sa
part quatre-vingt-cinq espèces, sans compter vingt-
six variétés, et nos différentes sortes de blés. Elle
est la plus nombreuse après celle des champignons,
qui en a cent dix, et celle des mousses, qui en a

quatre-vingt-six. Ainsi, au lieu des classes systéma-
tiques de notre botanique, qui n'expliquent point
les usages de la plupart des parties végétales, qui
confondent souvent les plantes les plus disparates,
et qui séparent celles qui sont du même genre,
nous aurions un ordre simple, facile, agréable, et
d'une étendue infinie, qui, passant de l'homme aux
animaux, aux végétaux et aux élémens, nous mon-
treroit les plantes qui servent à notre usage et à
ceux des êtres sensibles, rendroit à chacune d'elles
ses relations élémentaires, à chaque site de la terre
sa beauté végétale, et rempliroit le cœur humain
d'admiration et de reconnoissance. Ce plan paroît
d'autant plus conforme à celui de la nature, qu'il
est entièrement compris dans la bénédiction que
son Auteur donna à nos premiers parens, lorsqu'il
leur dit (1) : « Je vous ai donné toutes les herbes
» qui portent leurs graines sur la terre, et tous les
» arbres qui renferment en eux-mêmes leurs se-
» mences, chacun SELON SON ESPÈCE, afin qu'ils
» vous servent de nourriture ; et à tous les animaux
» de la terre, à tous les oiseaux du ciel, à tout ce
» qui se remue sur la terre, et qui est vivant et
» animé, afin qu'ils aient de quoi se nourrir ».

Cette bénédiction ne s'est pas bornée, pour
l'homme, à quelque espèce primordiale dans chaque

_____

(1) Genèse, chap. 1, v. 29 et 30.

genre, elle s'est étendue à tout le règne végétal, qui se convertit pour lui en alimens, par le moyen des animaux domestiques. Linnæus leur a présenté les huit à neuf cents plantes que produit la Suède, et il a remarqué que la vache en mange deux cent quatre-vingt-six; la chèvre, quatre cent cinquante-huit; la brebis, quatre cent dix-sept; le cheval, deux cent soixante-dix-huit; le porc, cent sept. Le premier animal n'en refuse que cent quatre-vingt-quatre; le second, quatre-vingt-douze; le troisième, cent douze; le quatrième, deux cent sept; le cinquième, cent quatre-vingt-dix. Il ne comprend dans ces énumérations que les plantes que ces animaux mangent avec avidité, et celles qu'ils rejettent avec obstination. Les autres leur sont indifférentes; ils en mangent au besoin, et même avec plaisir lorsqu'elles sont tendres. Il n'y en a aucune de perdue. Celles qui sont rebutées des uns font les délices des autres. Les plus âcres, et même les plus venimeuses, servent à en engraisser quelques-uns. La chèvre broute les renoncules des prés qui sont si poivrées, la tithymale et la ciguë. Le porc dévore la prêle et la jusquiame. Il n'a point admis à ces épreuves l'âne, qui ne vit point en Suède, ni le renne qui l'y remplace si avantageusement dans les parties du nord, ni les autres animaux domestiques, comme le canard, l'oie, la poule, le pigeon, le chat et le chien. Tous ces animaux réunis semblent

destinés a tourner à notre profit tout ce qui végète,
par leurs appétits universels, et sur-tout par cet
instinct inexplicable de domesticité qui les attache
à nous, sans qu'on ait pu en rendre susceptibles,
ni le cerf qui est si timide, ni même les petits oiseaux
qui cherchent à vivre sous notre protection, telle
que l'hirondelle, qui fait son nid dans nos maisons.
La nature n'a donné l'instinct de sociabilité humaine qu'à ceux dont les services pouvoient être
utiles à l'homme en tout temps, et elle les a confi-
gurés d'une manière admirable pour les différens
sites du règne végétal. Je ne parle pas du chameau
des Arabes, qui peut rester plusieurs jours sans
boire, en traversant les sables brûlans du Zara; ni
du renne des Lapons, dont le pied très-fendu peut
s'appuyer et courir sur la surface des néiges; ni du
rhinocéros des Siamois et des Péguans, qui, avec
les plis de sa peau qu'il gonfle à volonté, peut se
dégager des terreins marécageux du Siriam; ni de
l'éléphant de l'Asie, dont le pied divisé en cinq
ergots est si sûr dans les montagnes escarpées de la
zône torride; ni du lamas du Pérou, qui gravit avec
ses pieds ergotés les âpres rochers des Cordilières.
Chaque site extraordinaire nourrit pour l'homme un
serviteur commode. Mais sans sortir de nos hameaux, le cheval solipède paît dans les plaines, la
vache pesante au fond des vallées, la brebis légère
sur la croupe des collines, la chèvre grimpante sur

les flancs des rochers; le porc, armé d'un groin, fouille les racines des marais; l'oie et le canard mangent les herbes fluviatiles; la poule ramasse tout ce qui se perd dans les champs; l'abeille aux quatre ailes butine les poussières des fleurs; et le pigeon rapide va glaner les semences qui se perdent dans les rochers inaccessibles. Tous ces animaux, après avoir occupé pendant le jour les différens sites de la végétation, reviennent le soir à l'habitation de l'homme, avec des bêlemens, des murmures et des cris de joie, en lui rapportant les doux tributs des plantes changées, par une métamorphose inconcevable, en miel, en lait, en beurre, en œufs et en crême.

J'aime à me représenter ces premiers temps du monde, où les hommes voyageoient sur la terre avec leurs troupeaux, en mettant à contribution tout le règne végétal. Le soleil les invitoit à s'avancer jusqu'aux extrémités du nord avec le printemps qui le devance, et à en revenir avec l'automne qui le suit. Son cours annuel dans les cieux semble réglé sur les pas de l'homme sur la terre. Pendant que cet astre s'avance du tropique du Capricorne à celui du Cancer, un voyageur parti de la zône torride à pied, peut arriver sur les bords de la mer Glaciale, et revenir ensuite dans la zône tempérée, lorsque le soleil retourne sur ses pas, en faisant tout au plus quatre à cinq lieues par jour, sans éprouver

dans sa route, ni les chaleurs de l'été, ni les frimas
de l'hiver. Ç'est en se réglant sur le cours annuel
du soleil, que voyagent encore quelques hordes
tartares. Quel spectacle dut offrir la terre à ses premiers habitans, lorsque tout y étoit à sa place, et
qu'elle n'avoit point encore été dégradée par les
travaux imprudens ou par les fureurs de l'homme!
Je suppose qu'ils partirent de l'Inde, le berceau du
genre humain, pour s'avancer au nord. Ils traversèrent d'abord les hautes montagnes de Bember,
toujours couvertes de neige, qui entourent comme
un rempart l'heureuse contrée de Cachemire, et qui
la séparent du royaume brûlant de Lahor (1). Elles
se présentèrent à eux comme d'immenses amphithéâtres de verdure, qui portoient du côté du midi
tous les végétaux de l'Inde, et du côté du nord tous
ceux de l'Europe. Ils descendirent dans le vaste
bassin qu'elles renferment, et ils y virent une partie
des arbres fruitiers qui devoient enrichir un jour
nos vergers. Les abricotiers de la Médie et les
pêchers de la Perse bordoient de leurs rameaux
fleuris les lacs et les ruisseaux d'eau vive qui l'ar-
rosent. En sortant des vallées toujours vertes de
Cachemire, ils pénétrèrent bientôt dans les forêts
de l'Europe, et se reposèrent sous les feuillages des
grands hêtres et des ormes touffus, qui n'avoient

---

(1) Voyez Bernier, Description du Mogol.

ombragé que les amours des oiseaux, et qu'aucun
poète n'avoit encore chantés. Ils traversèrent les
vastes prairies qu'arrose l'Irtis, semblables à des
mers de verdure, et diversifiées çà et là de longs
tapis de lis jaunes, de lisières de ginzengs, et de
touffes de rhubarbes aux larges feuillages : en suivant ses bords, ils s'enfoncèrent dans les forêts du
nord, sous les majestueux rameaux des sapins, et
sous les ombrages mobiles des bouleaux. Que de
riantes vallées s'ouvrirent à eux le long des fleuves,
et les invitèrent à s'écarter de leur route, en leur
promettant encore de plus doux objets ! Que de
coteaux émaillés de fleurs inconnues, et couronnés
d'arbres antiques et vénérables, les engagèrent à ne
pas aller plus loin ! Parvenus sur les bords de la
mer Glaciale, un nouvel ordre de choses s'offrit à
eux. Il n'y avoit plus de nuit; le soleil tournoit autour de l'horizon, et des brumes éparses dans les
airs répétoient, sur différens plans, sa lumière en
arcs-en-ciel de pourpre et en éblouissantes parhélies. Mais si la magnificence étoit redoublée dans
les cieux, la désolation étoit sur la terre. L'Océan
étoit hérissé de glaces flottantes, qui apparoissoient
à l'horizon comme des tours et comme des cités en
ruine ; et on ne voyoit sur le continent, pour bocages, que quelques arbrisseaux déformés par les
vents, et pour prairies, que des rochers couverts de
mousses. Sans doute périrent là les troupeaux qui

les avoient accompagnés ; mais la nature y avoit encore pourvu aux besoins des hommes. Ces rivages étoient formés d'épais lits de charbon de terre (1). Les mers fourmilloient de poissons, et les lacs d'oiseaux. Il falloit, parmi les animaux, des aides et des domestiques : la renne parut au milieu des mousses ; elle offrit à ces familles errantes les services du cheval dans sa légèreté, la toison de la brebis dans sa fourrure ; et en leur montrant, comme la vache, ses quatre mamelles avec un seul nourrisson, elle sembla leur dire qu'elle étoit destinée comme elle à partager son lait avec des mères surchargées d'enfans.

Mais la partie de la terre qui dut attirer les premiers regards des hommes, dut être l'Orient. Le lieu de l'horizon où se lève le soleil, fixa sans doute toute leur attention, dans un temps où aucun de nos systêmes n'avoit encore déterminé leurs opinions. En voyant l'astre de la lumière se lever chaque jour du même côté, ils durent se persuader qu'il avoit là une demeure fixe, et qu'il en avoit une autre aux lieux où il alloit se coucher. Ces imaginations, confirmées par le témoignage de leurs yeux, furent sans doute naturelles à des hommes sans expérience, qui avoient tenté d'élever une tour jusqu'au ciel, et qui, au milieu même des siècles éclairés, crurent

---

(1) Voyage en Sibérie, du professeur Gmelin.

comme un point de religion que le soleil étoit traîné dans un char par des chevaux, et qu'il alloit se reposer tous les soirs dans les bras de Thétis. Je présume qu'ils se déterminèrent plutôt à le chercher du côté de l'orient que de l'occident, dans la persuasion qu'ils abrégeroient beaucoup leur chemin en allant au-devant de lui. Ce fut, je pense, cette opinion qui laissa long-temps l'occident désert, sous les mêmes latitudes où l'orient fut peuplé, et qui entassa d'abord les hommes vers la partie orientale de notre continent, où s'est formé le premier et le plus nombreux empire du monde, qui est celui de la Chine. Ce qui me confirme encore que les premiers hommes qui s'avancèrent vers l'orient étoient occupés de cette recherche, et se hâtoient d'arriver à leur but, c'est qu'étant partis de l'Inde, le berceau du genre humain, comme les fondateurs des autres nations, ils ne peuplèrent point, comme ceux-ci, la terre de proche en proche, ainsi que la Perse, la Grèce, l'Italie et les Gaules l'ont été successivement du côté de l'occident; mais laissant désertes les vastes et fertiles contrées de Siam, de la Cochinchine et du Tonquin, qui sont encore aujourd'hui à demi-barbares et inhabitées, ils ne s'arrêtèrent qu'à l'Océan oriental, et ils donnèrent aux îles qu'ils apercevoient au loin, et où ils n'eurent pas de long-temps l'industrie d'aborder, le nom de Gepuen, dont nous avons fait le nom de Japon, et qui signifie , en chinois , naissance du soleil.

Le Père Kircher (1) assure que lorsque les premiers jésuites mathématiciens arrivèrent à la Chine, et y réformèrent le calendrier, les Chinois croyoient que le soleil et la lune n'étoient pas plus grands qu'on les voyoit ; qu'ils entroient, en se couchant, dans un antre profond , d'où ils ressortoient le matin à leur lever ; et que la terre , enfin , étoit une superficie plane et unie. Ces idées, nées du premier témoignage des sens, ont été communes à tous les hommes. Tacite, qui a écrit l'histoire avec tant de jugement, n'a pas dédaigné, dans celle de la Germanie, de rapporter les traditions des peuples occidentaux, qui affirmoient que vers le nord-ouest étoit le lieu où se couchoit le soleil, et qu'on entendoit le bruit qu'il faisoit quand il se plongeoit dans les flots.

Ce fut donc du côté de l'orient que l'astre de la lumière attira d'abord la curiosité des hommes. Il y eut aussi des peuples qui se dirigèrent vers ce point de la terre, en partant de la pointe la plus méridionale de l'Inde. Ceux-ci s'avancèrent le long de la presqu'île de Malaque ; et familiarisés avec la mer qu'ils côtoyoient, ils prirent le parti de profiter des commodités réunies que les deux élémens présentent aux voyageurs, en naviguant d'îles en îles. Ils par-

(1) Voyez la Chine illustrée, chap. 9.

coururent ainsi ce grand baudrier d'îles que la nature
a jeté dans la zône torride, comme un pont entre-
mêlé de canaux pour faciliter la communication des
deux mondes. Quand ils étoient contrariés par les
tempêtes ou par les vents, ils tiroient leurs barques
sur quelque rivage, semoient des grains sur la terre,
les récoltoient, et attendoient, pour se rembarquer,
des temps ou des saisons plus favorables. C'est ainsi
que voyageoient les premiers navigateurs, et que
les Phéniciens, envoyés par Nécus, roi d'Egypte,
firent le tour de l'Afrique en trois ans, en partant
de la mer Rouge et revenant par la Méditerranée,
suivant le récit qu'en fait Hérodote (1). Lorsque
les premiers navigateurs n'apercevoient plus d'îles
à l'horizon, ils faisoient attention aux semences que
la mer jetoit sur le rivage de celles où ils étoient,
et au vol des oiseaux qui s'en éloignoient : sur la
foi de ces indices, ils se mettoient en route vers
des terres qu'ils ne voyoient pas. Ils découvrirent
ainsi le vaste archipel des Moluques, les îles de
Guam, de Quiros, de la Société, et sans doute beaucoup d'autres qui nous sont encore inconnues. Il
n'y en avoit point qui ne les invitât à y aborder par
quelque commodité particulière. Les unes, couchées
sur les flots comme des Néréides, versoient de
leurs urnes des ruisseaux d'eau douce dans la mer :

_____

(1) Voyez Hérodote, liv. 4.

c'est ainsi que celle de Juan-Fernandès, avec ses
rochers et ses cascades, se présenta à l'amiral Anson,
dans la mer du Sud. D'autres, au contraire, dans
la même mer, ayant leurs centres abaissés, et leurs
bords relevés et couronnés de cocotiers, offroient
à leurs pirogues des bassins toujours tranquilles,
remplis d'une infinité de poissons et d'oiseaux de
marine; telle est celle appelée Wœsterland, ou
pays d'eau, découverte par le hollandais Schouten.
D'autres, le matin, leur apparoissoient au sein des
flots azurés, toutes brillantes de la lumière du soleil,
comme celle du même archipel, qui s'appelle l'Aurore. D'autres s'annonçoient, au milieu de la nuit,
par les feux d'un volcan, comme un phare au sein
des eaux, ou par les émanations odorantes de leurs
parfums. Il n'y en avoit point dont les bois, les
collines et les pelouses ne nourrissent quelque animal familier et doux par sa nature, mais qui ne
devient sauvage que par l'expérience cruelle qu'il
acquiert des hommes. Ils virent voler autour d'eux,
en débarquant sur leurs grèves, des oiseaux de
paradis aux plumes de soie, des pigeons bleus, des
cacatoès tout blancs, des loris tout rouges. Chaque
île nouvelle leur offroit de nouveaux présens : des
crabes, des poissons, des coquillages, des huîtres
à perles, des écrevisses, des tortues, de l'ambre
gris; mais les plus agréables étoient sans doute les
végétaux. Sumatra leur montra, sur ses rivages, les

poivriers; Banda, la muscade; Amboine, le girofle;
Céram, le palmier sagou; Florès, le benjoin et le
sandal; la Nouvelle-Guinée, des bocages de cocotiers; Taïti, le fruit à pain. Chaque île s'élevoit au
milieu de la mer, comme un vase qui supportoit
un végétal précieux. Lorsqu'ils découvroient un
arbre chargé de fruits-inconnus, ils en cueilloient
des rameaux, et alloient au-devant de leurs compagnons en jetant des cris de joie, et leur montrant
ce nouveau bienfait de la nature. C'est de ces premiers voyages et de ces anciennes coutumes, que
se répandit chez tous les peuples l'usage de consul-
ter le vol des oiseaux avant de se mettre en route,
et d'aller au-devant des étrangers un rameau d'arbre
à la main, en signe de paix et de réjouissance, à la
vue d'un présent du ciel. Ces coutumes existent
encore chez les insulaires de la mer du Sud, et chez
les peuples libres de l'Amérique. Mais ce ne furent
pas les seuls arbres fruitiers qui fixèrent l'attention
des premiers hommes. Si quelque acte héroïque,
ou quelque perte irréparable avoit excité leur admiration ou leurs regrets, l'arbre voisin en fut ennobli.
Ils le préférèrent, avec ces fruits de la vertu ou de
l'amour, à ceux qui portoient des alimens ou des
parfums. Ainsi, dans les îles de la Grèce et de l'Italie, le laurier devint le symbole des triomphes, et
le cyprès celui d'une douleur éternelle. Le chêne
donna d'illustres couronnes aux citoyens, et de

simples graminées décorèrent le front de ceux qui
avoient sauvé la patrie. O Romains ! peuple digne
de l'empire du monde, pour avoir ouvert à tous vos
sujets la carrière du bonheur public, et pour avoir
choisi dans l'herbe la plus commune les marques de
la gloire la plus éclatante, afin qu'on pût trouver
par toute la terre de quoi couronner la vertu.

Ce fut par de semblables attraits que, d'îles en
îles, les peuples de l'Asie parvinrent dans le Nouveau-Monde, où ils abordèrent sur les côtes du
Pérou. Ils y portèrent les noms d'enfans de ce soleil
qu'ils cherchoient. Cette brillante chimère les conduisit jusqu'au travers de l'Amérique. Elle ne se
dissipa que sur les bords de l'océan Atlantique ; mais
elle se répandit dans tout le continent, où la plupart des chefs des nations portent encore les titres
d'enfans du soleil (1).

_____

(1) Je ne veux pas dire cependant que l'Amérique n'a été
peuplée que par les îles de la mer du Sud. Je crois qu'elle l'a
été encore par le nord de l'Asie et de l'Europe. La nature
présente toujours aux hommes différens moyens pour la
même fin. Mais la principale population du Nouveau-Monde
s'est faite par les îles de la mer du Sud. C'est ce que je pourrois prouver par une multitude de monumens qui en subsistent encore, et aux principaux desquels je m'arrêterai :
par le culte du soleil établi aux Indes, dans les îles de la mer
du Sud, et au Pérou, ainsi que le titre de Soleils ou d'Enfans
du Soleil, pris par plusieurs familles de ces contrées ; par

Le genre humain , au milieu de tant de biens ,
est resté misérable. Il n'y a point de genres d'animaux qui ne vivent dans l'abondance et la liberté ,

---

les traditions des Caraïbes répandus dans les Antilles et dans
le Brésil , qui se disoient originaires du Pérou ; par l'établissement même de cette monarchie du Pérou , ainsi que de celle
du Mexique , situées sur la côte occidentale de l'Amérique,
qui regarde les îles de la mer du Sud , et par le nombre de
leurs nations, qui étoient beaucoup plus considérables et
plus policées que celles qui habitoient les côtes orientales,
ce qui suppose aux premières une plus grande ancienneté ;
par l'étendue prodigieuse de la langue taïtienne, dont les
différens dialectes sont répandus dans la plupart des îles de
la mer du Sud , et dont quantité de mots se retrouvent dans
la langue du Pérou, comme l'a prouvé dernièrement un
savant, et dans celle même des Malais en Asie, ainsi que
j'en ai reconnu moi-même quelques-uns, entre autres,
celui de *maté ,* qui signifie tuer; par des usages communs
et particuliers aux peuples de la presqu'île de Malaque, des
îles de l'Asie , de celles de la mer du Sud et du Brésil, qui
ne sont point inspirés par la nature, tel que celui de faire
des boissons fermentées et enivrantes, en mâchant des
herbes et des racines; par des canaux du commerce de l'antiquité qui couloient par cette voie, tel que celui de l'or,
qui étoit fort commun en Arabie et aux Indes du temps des
Romains, quoiqu'il y en ait fort peu de mines en Asie ;
mais sur-tout par le commerce des émeraudes, qui a dû
prendre cette route dans l'antiquité, pour parvenir dans
l'ancien continent, où on n'en trouve aucune mine. Voici
ce que dit à ce sujet Tavernier, qui est fort croyable lorsqu'il parle du commerce de l'Asie, et sur-tout de celui des

la plupart sans travail, tous en paix avec leur espèce, tous s'unissant à leur choix, et jouissant du bonheur de se reperpétuer par leurs familles ; et plus de la

---

pierreries. « C'est une ancienne erreur, dit-il, que bien des » gens ont de croire que l'émeraude se trouve originaire- » ment dans l'Orient. La plupart des joailliers, d'abord » qu'ils voient une émeraude de couleur haute, ont coutume » de dire que c'est une émeraude orientale. Mais ils se » trompent; je suis assuré que jamais l'Orient n'en a produit » ni dans la terre ferme, ni dans ses îles. J'en ai fait une » exacte perquisition dans tous mes voyages ». Il avoit fait six voyages par terre dans les grandes Indes. Il en faut con-clure que les émeraudes, si estimées des anciens, leur ve-noient de l'Amérique par les îles de la mer du Sud, par celles de l'Asie, par les grandes Indes, la mer Rouge, et enfin par l'Egypte, d'où ils les tiroient.

On peut objecter la difficulté de naviguer contre les vents réguliers de l'est, pour aller d'Asie en Amérique sous la zône torride ; mais je répéterai à ce sujet que les vents régu-liers n'y soufflent point de l'est, mais du nord-est et du sud-est, et dépendent d'autant plus des deux pôles, qu'on approche plus de la ligne. Cette direction oblique du vent suffisoit à des peuples qui naviguoient d'îles en îles, et qui avoient imaginé les bateaux les moins propres à dériver, tels que les doubles pros des îles de Guam, dont la forme semble s'être conservée dans les doubles balses de la côte du Pérou. Schouten trouva un de ces doubles pros naviguant à plus de six cents lieues de l'île de Guam, du côté de l'Amé-rique. De plus, il paroît que la mer du Sud a aussi des moussons qui n'ont pas encore été observées. Voici ce que dit sur l'inconstance de ses vents un voyageur anglais ano-

moitié des hommes est forcée au célibat. L'autre moitié maudit les nœuds qui l'ont assortie. La plupart redoutent une postérité, dans la crainte de ne

nyme, qui a fait le tour du monde dans le vaisseau où étoient messieurs Bancks et Solander, en 1768, 1769, 1770 et 1771, page 83. « Les habitans d'O-Taïti commercent avec ceux » des îles voisines qui sont à l'est de cette île, et que nous » avions découvertes sur notre passage. Pendant trois mois » de l'année, les vents qui soufflent constamment *de la par-* » *tie de l'ouest,* leur sont très-favorables pour cette navi- » gation ». L'amiral Anson trouva aussi, dans ces parages, des vents d'ouest qui le contrarièrent. Le capitaine Coók a confirmé cette observation dans son troisième voyage.

Quelques philosophes expliquent les correspondances qui se rencontrent entre les peuples des îles et ceux des continens, en supposant que les îles sont des terres submergées dont il n'est resté que les sommets avec quelques habitans. Mais nous en avons dit assez dans cet ouvrage, pour faire voir que les îles maritimes ne sont point des débris du continent, et qu'elles ont des montagnes, des pics, des lacs, des collines proportionnés à leur étendue, et dirigés aux vents réguliers qui soufflent sur leurs mers. Elles ont des végétaux qui leur sont propres, et qui ne viennent nulle part ailleurs de la même beauté. De plus, si ces îles avoient fait autrefois partie de notre continent, on y trouveroit ceux de nos quadrupèdes qui se rencontrent dans tous les climats. Il n'y avoit point de rats ni de souris en Amérique et dans les Antilles avant l'arrivée des Européens, suivant le témoignage de l'historien espagnol Herrera et du Père du Tertre. On y eût trouvé encore le bœuf, l'âne, le chameau, le cheval, et il n'y avoit aucun de ces animaux; mais bien des

III.                                                          G

la pouvoir nourrir. La plupart, pour subsister, sont
asservis à de pénibles travaux et reduits à être les
esclaves de leurs semblables. Des peuples entiers
sont exposés à la famine, d'autres sans territoires,
sont entassés les uns sur les autres, tandis que la
plus grande partie du globe est déserte. Il y a beaucoup de terres qui n'ont jamais été cultivées ; mais
il n'y en a point de connue des Européens, qui

---

poules, des canards, des chiens et des porcs, ainsi que chez
les insulaires de la mer du Sud, qui n'avoient eux-mêmes
aucun autre de nos animaux domestiques. Il est aisé de voir
que les premiers animaux, comme le cheval et la vache,
étant d'une taille et d'un poids trop considérables, n'ont pu,
malgré leur utilité, passer dans les petites pirogues des premiers navigateurs, qui, d'un autre côté, se sont bien gardés
de transporter avec eux des souris et des rats. Enfin, reve-
nons aux loix générales de la nature. Si toutes les îles de la
mer du Sud formoient autrefois un continent, il n'y avoit
donc point de mer dans l'espace qu'elles occupent. Or il est
certain que si on ôtoit aujourd'hui autour d'elles l'Océan
qui les environne et le vent régulier qui y souffle, on les
frapperoit de stérilité. Les îles de la mer du Sud forment
entre l'Asie et l'Amérique un véritable pont de communication, dont nous ne connoissons que quelques arches, et
dont il ne seroit pas difficile de découvrir le reste par les
autres concordances du globe. Mais je bornerai ici mes conjectures à ce sujet. J'en ai dit assez pour prouver que la
même main qui a couvert la terre de plantes et d'animaux
pour le service de l'homme, n'a pas négligé les diverses parties de son habitation.

n'ait été souillée du sang des hommes. Les solitudes même de la mer engloutissent dans leurs abymes des vaisseaux chargés d'hommes, coulés à fond par d'autres hommes. Dans les villes en apparence si florissantes par leurs arts et leurs monumens, l'orgueil et la ruse, la superstition et l'impiété, la violence et la perfidie sont sans cesse aux prises, et remplissent de chagrins leurs malheureux habitans. Plus la société y est policée, plus les maux y sont multipliés et cruels. Les hommes n'y seroient-ils donc industrieux que parce qu'ils y sont misérables? Comment l'empire de la terre a-t-il été donné au seul animal qui n'avoit pas l'empire de ses passions? Comment l'homme foible et passager a-t-il à la fois des passions féroces et généreuses, viles et immortelles? Comment, étant né sans instinct, a-t-il pu acquérir tant de connoissances? Il a imité tous les arts de la nature, excepté celui d'être heureux. Toutes les traditions du genre humain ont conservé l'origine de ces étranges contradictions; mais la religion seule nous en explique la cause. Elle nous apprend que l'homme est d'un autre ordre que le reste des animaux, que sa raison égarée a offensé l'auteur de l'univers; que par une juste punition, il a été abandonné à ses propres lumières; qu'il ne peut former sa raison qu'en étudiant la raison universelle dans les ouvrages de la nature, et dans les espérances que donne la vertu; que ce n'est que par ces moyens qu'il peut s'élever au-dessus des animaux, au-dessous desquels il est tombé, et revenir pas à pas dans les sentiers de la montagne céleste, d'où il a été précipité.

Heureux aujourd'hui celui qui, au lieu de parcourir le monde, vit loin des hommes! Heureux celui qui ne connoît rien au-delà de son horizon, et pour qui le village voisin même est une terre étrangère! il n'a point laissé son cœur à des objets aimés qu'il ne reverra plus, ni sa réputation à la discrétion des méchans. Il croit que l'innocence habite dans les hameaux, l'honneur dans les palais, et la vertu dans les temples. Il met sa gloire et sa religion à rendre heureux ce qui l'environne. S'il ne voit dans ses jardins, ni les fruits de l'Asie, ni les ombrages de l'Amérique, il cultive les plantes qui font la joie de sa femme et de ses enfans. Il n'a pas besoin des monumens de l'architecture pour ennoblir son paysage. Un arbre, à l'ombre duquel un homme vertueux s'est reposé, lui donne de sublimes ressouvenirs, le peuplier dans les forêts lui rappelle les combats d'Hercule, et les feuillages des chênes les couronnes du Capitole.

# ÉTUDE XII.

## DE QUELQUES LOIX MORALES DE LA NATURE.

*Foiblesse de la raison ; du sentiment ; preuves de la divinité et de l'immortalité de l'ame par le sentiment.*

Telles sont les preuves physiques de l'existence de la Divinité, que la foiblesse de ma raison m'a permis de mettre en ordre. J'en ai recueilli peut-être dix fois autant; mais j'ai vu que je n'étois encore qu'au commencement de la carrière ; que plus j'avançois, plus elle s'étendoit devant moi; que je serois bientôt accablé de mon propre travail, et que, comme dit l'Ecriture, il ne me resteroit, à la fin des ouvrages de la création, qu'un profond étonnement.

C'est un des grands maux de notre vie, qu'à mesure que nous approchons de la source de la vérité, elle s'enfuie de devant nous, et que quand nous en saisissons par hasard quelques rameaux, nous ne puissions y rester constamment attachés. Pourquoi le sentiment qui m'élevoit hier aux cieux, à la vue d'un rapport nouveau de la nature, a-t-il disparu aujourd'hui ? Archimède ne resta pas tou-

jours ravi hors de lui-même par sa découverte des
rapports des métaux dans la couronne du roi Hié-
ron. Il en trouva depuis d'autres plus à son gré :
tel est celui du cylindre circonscrit à la sphère,
qu'il ordonna qu'on gravât sur son tombeau. Pythagore vit à la fin de sang-froid le quarré de l'hypo-
thénuse, pour la découverte duquel il avoit voué,
dit-on, cent bœufs à Jupiter. Je me rappelle que
lorsque j'eus pour la première fois la démonstration
de ces sublimes vérités, j'en eus une joie presqu'aussi
vive que celle des grands hommes qui en avoient été
les inventeurs. Pourquoi s'est-elle éteinte ? Pourquoi
faut-il aujourd'hui des nouveautés pour me donner
des plaisirs ? L'animal est sur ce point plus heureux
que nous : ce qui lui plaisoit hier lui plaira encore
demain; il se fixe à un terme, sans aller au-delà; ce qui
lui suffit lui semble toujours beau et bon. L'abeille
ingénieuse bâtit des cellules commodes, et elle ne
fabrique ni arcs de triomphe, ni obélisques pour
décorer ses villes de cire. Une cabane suffisoit de
même à l'homme pour être aussi bien logé qu'une
abeille. Pourquoi lui a-t-il fallu cinq ordres d'architecture, des pyramides, des tours, des kiosques ?

Quelle est donc cette faculté versatile, appelée
*raison*, que j'emploie à observer la nature ? C'est,
disent les écoles, une perception de convenances
qui distingue essentiellement l'homme de la bête;
l'homme a de la raison, et la bête n'a que de l'ins-

tinct. Mais si cet instinct montre toujours à l'animal
ce qui lui est le plus convenable, il est donc aussi
une raison, et une raison plus précieuse que la nôtre,
puisqu'elle est invariable, et qu'elle ne s'acquiert
point par de longues et pénibles expériences. A cela,
les philosophes du siècle passé répondoient qu'une
preuve que les bêtes n'avoient pas de raison, c'est
qu'elles agissoient toujours de la même manière;
ainsi ils concluoient de la perfection même de leur
raison, qu'elles n'en avoient pas. On peut voir par-
là combien de grands noms, des pensions, et des
corps peuvent accréditer les plus grandes absur-
dités; car l'argument de ces philosophes attaque
directement l'intelligence suprême elle-même, qui
est constante dans ses plans, comme les animaux
dans leur instinct. Si les abeilles font toujours leurs
alvéoles de la même forme, c'est que la nature fait
toujours les abeilles de la même figure.

Je ne veux pas dire toutefois que la raison des
bêtes et celle des hommes soient la même; la nôtre
est sans contredit plus étendue que l'instinct de
chaque animal en particulier; mais si l'homme a
une raison universelle, ne seroit-ce point parce qu'il
a des besoins universels? A la vérité il démêle aussi
les besoins des autres animaux; mais ne seroit-ce
point relativement à lui qu'il a fait cette étude? Si
le chien ne s'occupe point de l'avoine du cheval,
c'est peut-être parce que le cheval ne sert pas aux

besoins du chien. Nous avons cependant des convenances naturelles qui nous sont propres, telles
que l'usage de l'agriculture et du feu. Ces connoissances prouveroient sans doute notre supériorité
naturelle, si elles n'étoient pas encore des témoignages de notre misère. Les animaux n'ont pas
besoin d'allumer de feu et d'ensemencer la terre,
puisqu'ils sont vêtus et nourris par la nature ;
d'ailleurs, plusieurs d'entre eux ont en eux-mêmes
des facultés bien supérieures à nos sciences, qui
nous sont au fond étrangères. Si nous avons découvert quelques phosphores, la mouche lumineuse
des tropiques a elle-même un foyer de lumière qui
l'éclaire pendant la nuit. Tandis que nous nous
amusons à faire des expériences avec l'électricité,
la torpille l'emploie à sa défense ; et pendant que
les académies de l'Europe proposent des prix considérables pour ceux qui trouveront le moyen de
déterminer la longitude en pleine mer, des paille-
en-culs et des frégates parcourent tous les jours des
trois ou quatre cents lieues entre les tropiques,
d'orient en occident, sans jamais manquer de retrou-
ver le soir le rocher d'où ils sont partis le matin.

C'est bien une autre insuffisance, lorsque les
philosophes veulent employer, pour combattre l'intelligence de la nature, cette même raison, qui ne
peut servir à la connoître. Voilà de beaux argumens
sur les dangers des passions, la frivolité de la vie,

la perte de l'honneur, de la fortune, des enfans.
Vous me délogez bien, divin Marc-Aurèle, et vous
aussi, sceptique Montaigne; mais vous ne me logez
pas. Vous m'appuyez sur le bâton de la philosophie,
et vous me dites : Marchez ferme; courez le monde
en mendiant votre pain; vous voilà tout aussi heureux que nous dans des châteaux avec nos femmes
et la considération de nos voisins. Mais voici un mal
que vous n'avez pas prévu. Je n'ai reçu dans ma
patrie que des calomnies pour mes services; je n'ai
éprouvé que de l'ingratitude de la part de mes amis,
et même de mes patrons; je suis seul, et je n'ai
plus de quoi subsister; j'ai des maux de nerfs, j'ai
besoin des hommes, et mon ame se trouble à leur
vue en se rappelant les funestes raisons qui les réunissent, et qu'on ne vient à bout de les intéresser
qu'en flattant leurs passions et en devenant vicieux
comme eux. A quoi lui a servi d'avoir étudié la
vertu? elle se trouble par ces ressouvenirs, et même
sans aucune réflexion, au simple aspect des hommes.
La première chose qui me manque est cette raison,
sur laquelle vous voulez que je m'appuie. Toutes
vos belles dialectiques disparoissent précisément
quand j'en ai besoin. Mettez un roseau entre les
mains d'un malade : la première chose qui lui échap-
pera, s'il lui survient une foiblesse, c'est ce même
roseau; et s'il vient à s'appuyer dessus dans sa force,
il le brisera et s'en percera peut-être la main. La

mort vous guérira de tout, me dites-vous; mais pour mourir je n'ai pas besoin de tant raisonner. D'ailleurs, je n'entre pas vivant dans la mort, mais mourant et ne raisonnant plus, sentant toutefois et souffrant encore (1).

Qu'est-ce d'ailleurs que cette raison dont on fait tant de bruit? Puisqu'elle n'est que la relation des objets avec nos besoins, elle n'est donc que notre intérêt personnel. Voilà pourquoi il y a tant de raisons de famille, de corps et d'états, des raisons de tous les pays et de tous les âges : voilà pourquoi autre est la raison d'un jeune homme et celle d'un vieillard, d'une femme et d'un hermite, d'un militaire et d'un prêtre. Tout le monde a raison,

---

(1) Ainsi la religion l'emporte de beaucoup sur la philosophie, parce qu'elle ne nous soutient point par notre raison, mais par notre résignation. Elle ne nous veut pas debout, mais couchés; non sur le théâtre du monde, mais reposés aux pieds du trône de Dieu; non inquiets de l'avenir, mais confians et tranquilles. Quand les livres, les honneurs, la fortune et les amis nous abandonnent, elle nous présente pour appuyer notre tête, non pas le souvenir de nos frivoles et comédiennes vertus, mais celui de notre insuffisance; et au lieu des maximes orgueilleuses de la philosophie, elle ne demande de nous que le repos, la paix et la confiance filiale.

Je ferai encore une réflexion sur cette raison, ou, ce qui revient au même, sur cet esprit dont nous sommes si vains : c'est qu'il paroît être le résultat de nos malheurs. Il est très-

disoit le duc de la Rochefoucauld. Oui sans doute ;
et c'est parce que chacun a raison, que personne
n'est d'accord.

Cette faculté sublime éprouve de plus, dès les
premiers momens de son développement, des secousses qui la rendent en quelque sorte incapable
de pénétrer dans le champ de la nature. Je ne parle
pas de nos méthodes et de nos systêmes, qui
répandent des jours faux sur les premiers principes
de notre savoir, en ne nous montrant plus la vérité
que dans des livres, au milieu des machines et sur
des théatres. J'ai dit quelque chose de ces obstacles dans les objections que j'ai présentées contre
les élémens de nos sciences ; mais ces maximes
qu'on nous inspire dès l'enfance, *faites fortune,*

---

remarquable que les peuples les plus célèbres par leur esprit,
leurs arts et leur industrie, ont été les plus malheureux de
la terre par leur gouvernement, leurs passions ou leurs dis-
cordes. Lisez la vie de la plupart de nos hommes célèbres
par leurs lumières, vous verrez qu'ils ont été fort misérables, sur-tout dans leur enfance. Les borgnes, les boiteux,
les bossus, ont en général plus d'esprit que les autres hommes,
parce qu'étant plus désagréablement conformés, ils portent
leur raison à observer avec plus d'attention les rapports de
la société, afin d'échapper à son oppression. A la vérité, ils
passent pour avoir l'esprit méchant, mais ce caractère appartient assez à ce que la société appelle de l'esprit. D'ailleurs,
ce n'est point la nature qui les a rendus tels, mais les railleries ou les mépris de ceux avec lesquels ils ont vécu.

*soyez le premier*, suffisent seules pour bouleverser notre raison naturelle; elles ne nous montrent plus le juste et l'injuste que par rapport à nos intérêts personnels et à notre ambition; elles nous attachent pour l'ordinaire à la fortune de quelque corps puissant et accrédité, et nous rendent indifféremment athées ou dévots, libertins ou continens, cartésiens ou newtoniens, suivant qu'il importe à la cause qui est devenue notre unique mobile.

Méfions-nous donc de la raison, puisque dès les premiers pas elle nous égare dans la recherche de la vérité et du bonheur. Voyons s'il n'est pas en nous quelque faculté plus noble, plus constante et plus étendue. Quoique je n'aie à offrir dans cette recherche que des vues vagues et indéterminées, j'espère que des hommes plus éclairés que moi les fixeront, et les porteront un jour plus loin. C'est dans cette confiance, qu'avec des moyens bien foibles, je vais m'engager dans une carrière digne de toute l'attention du lecteur.

Descartes pose pour base des premières vérités naturelles : *je pense; donc j'existe.* Comme ce philosophe s'est fait une grande réputation, qu'il méritoit d'ailleurs par ses connoisances en géométrie, et sur-tout par ses vertus, son argument de l'existence a été fort applaudi, et a acquis la pondération d'un axiome. Mais, selon moi, cet argument pèche essentiellement en ce qu'il n'a point la

généralité d'un principe fondamental ; car il s'ensuit implicitement , que dès qu'un homme ne
pense pas, il cesse d'exister , ou au moins d'avoir
des preuves de son existence. Il s'ensuit encore
que les animaux, à qui Descartes refusoit la pensée , n'avoient aucune preuve qu'ils existoient , et
que la plupart des êtres sont dans le néant par
rapport à nous, parce que souvent ils ne nous font
naître que de simples sensations de formes, de
couleurs et de mouvemens , sans aucunes pensées.
D'ailleurs les résultats des pensées humaines ayant
été souvent employés , par leur versatilité , à faire
douter de l'existence de Dieu , et même de la nôtre,
comme fit le sceptique Pyrrhon ; ce raisonnement ,
comme toutes les opérations de notre intelligence ,
nous est suspect à juste titre.

Je substitue donc à l'argument de Descartes celui-
ci, qui me paroît et plus simple et plus général :
*je sens ; donc j'existe.* Il s'étend à toutes nos sensations physiques , qui nous avertissent bien plus
fréquemment de notre existence que la pensée. Il
a pour mobile une faculté inconnue de l'ame, que
j'appelle le *sentiment*, auquel la pensée elle-même
se rapporte , car l'évidence à laquelle nous cherchons à ramener toutes les opérations de notre raison, n'est elle-même qu'un simple sentiment.

Je ferai voir d'abord que cette faculté mystérieuse
diffère essentiellement des sensations physiques et

des relations que nous présente la raison, et qu'elle se mêle d'une manière constante et invariable à tout ce que nous faisons, en sorte qu'elle est, pour ainsi dire, l'instinct humain.

Quant à la différence du sentiment aux sensations physiques, il est évident qu'Iphigénie aux autels nous donne des impressions d'une nature différente du goût d'un fruit ou du parfum d'une fleur ; et quant à ce qui le distingue de l'esprit, il est certain que les larmes et le désespoir de Clytemnestre excitent en nous des émotions d'un autre genre que celles d'une satire, d'une comédie, ou même, si l'on veut, d'une démonstration de géométrie.

Ce n'est pas que la raison n'aboutisse quelquefois au sentiment, quand elle se présente avec l'évidence ; mais elle n'est, par rapport à lui, que ce que l'œil est par rapport au corps, c'est-à-dire, une vue intellectuelle : d'ailleurs, le sentiment me paroît être le résultat des loix de la nature, comme la raison le résultat des loix politiques.

Je ne définirai pas davantage ce principe obscur ; mais je le ferai suffisamment connoître si je le fais sentir. C'est à quoi nous nous flattons de parvenir en l'opposant d'abord à la raison. Il est très-remarquable que les femmes qui sont toujours plus près de la nature, par leurs désordres même, que les hommes avec leur prétendue sagesse, ne confon-

dent jamais ces deux facultés , et distinguent la
première sous le nom de sensibilité ou de sentiment par excellence , parce qu'elle est en effet la
source de nos affections les plus délicieuses. Elles
se gardent bien , comme la plupart des hommes ,
de confondre l'esprit et le cœur , la raison et le sentiment. Celle-ci , comme nous l'avons vu , est souvent notre ouvrage ; l'autre est toujours celui de la
nature. Ils diffèrent si essentiellement l'un de l'autre,
que si vous voulez faire disparoître l'intérêt d'un
ouvrage où il y a du sentiment , vous n'avez qu'à y
mettre de l'esprit. C'est un défaut où sont tombés
les plus fameux écrivains , dans tous les siècles où
les sociétés achèvent de se séparer de la nature. La
raison produit beaucoup d'hommes d'esprit dans
les siècles prétendus policés , et le sentiment des
hommes de génie , dans les siècles prétendus barbares. La raison varie d'âge en âge , et le sentiment
est toujours le même. Les erreurs de la raison sont
locales et versatiles , et les vérités de sentiment sont
constantes et universelles. La raison fait le moi
grec, le moi anglais, le moi turc ; et le sentiment,
le moi homme et le moi divin. Il faut des commen-
taires pour entendre aujourd'hui les livres de l'antiquité , qui sont les ouvrages de la raison , tels que
ceux de la plupart des historiens et des poètes satiriques et comiques , comme Martial , Plaute , Juvénal , et même ceux du siècle passé , comme Boileau

et Molière ; mais il n'en faudra jamais pour être
touché des prières de Priam aux pieds d'Achille,
du désespoir de Didon, des tragédies de Racine, et
des Fables naïves de La Fontaine. Il faut souvent
bien des combinaisons pour mettre à découvert
quelque raison cachée de la nature ; mais les sentimens simples et purs de repos, de paix, de douce
mélancolie, qu'elle nous inspire, viennent à nous
sans effort. A la vérité, la raison nous donne quelques plaisirs ; mais si elle nous découvre quelque
portion de l'ordre de l'univers, elle nous montre
en même temps notre propre destruction, attachée
aux loix de sa conservation ; elle nous présente à
la fois les maux passés et les maux à venir ; elle
donne des armes à nos passions, dans le même temps
qu'elle nous démontre notre insuffisance. Plus elle
s'étend au loin, plus, en revenant à nous, elle nous
rapporte de témoignages de notre néant ; et, bien
loin de calmer nos peines par ses recherches, elle
ne fait souvent que les accroître par ses lumières.
Le sentiment, au contraire, aveugle dans ses desirs,
embrasse les monumens de tous les pays et de tous
les temps ; il se flatte, au milieu des ruines, des
combats et de la mort même, de je ne sais quelle
existence éternelle ; il poursuit, dans tous ses goûts,
les attributs de la divinité, l'infinité, l'étendue, la
durée, la puissance, la grandeur et la gloire ; il en
mêle les desirs ardens à toutes nos passions ; il leur

donne ainsi une impulsion sublime ; et, en subjuguant notre raison, il devient lui-même le plus noble et le plus délicieux instinct de la vie humaine.

Le sentiment nous prouve bien mieux que la raison la spiritualité de notre ame ; car celle-ci nous propose souvent pour but la satisfaction de nos passions les plus grossières (1), tandis que celui-là est toujours pur dans ses desirs. D'ailleurs, beaucoup d'effets naturels qui échappent à l'une, ressortissent à l'autre ; telle est, comme nous l'avons dit, l'évidence même, qui n'est qu'un sentiment, et sur laquelle notre réflexion n'a point de prise : telle est encore notre existence. La preuve n'en est point dans notre raison ; car pourquoi est-ce que j'existe ? où en est la raison ? Mais je sens que j'existe, et ce sentiment me suffit.

Ceci posé, nous allons nous convaincre qu'il y a dans l'homme deux puissances (2), l'une animale,

---

(1) Ecoutez la raison, disent sans cesse nos philosophes moralistes. Mais comment ne voient-ils pas qu'ils nous livront à notre plus grande ennemie ? Est-ce que chaque passion n'a pas sa raison ?

(2) C'est faute d'avoir observé ces deux puissances, que tant d'ouvrages vantés, faits sur l'homme, ont un coloris faux. Tantôt leurs auteurs nous le représentent comme un objet métaphysique. Vous croiriez que les besoins physiques qui ébranlent même les saints, ne sont que de foibles accessoires de la vie humaine. Ils la composent uniquement de

et l'autre intellectuelle, toutes deux de nature opposée, et qui forment la vie humaine par leur

---

monades, d'abstractions et de moralités. D'autres ne voient
dans l'homme qu'un animal, et ne distinguent en lui que
les sens les plus grossiers. Ils ne l'étudient que le scalpel à la
main et quand il est mort, c'est-à-dire, quand il n'est plus
homme. D'autres ne le connoissent que comme un individu
politique : ils ne l'aperçoivent que par les convenances de
l'ambition. Ce n'est point un homme qui les intéresse : c'est
un Français, un Anglais, un Prélat, un Gentilhomme. De
tous les écrivains, je ne connois qu'Homère qui ait peint
l'homme en entier ; les autres, et je parle des meilleurs,
n'en présentent que des squelettes. L'Iliade d'Homère est,
à mon avis, la peinture de tout l'homme, comme elle est
celle de toute la nature. Toutes les passions y sont avec
leurs contrastes, et leurs nuances les plus intellectuelles et
les plus grossières. Achille chante les dieux sur sa lyre, et
fait cuire un gigot de mouton dans une marmite. Ce dernier
trait a fort scandalisé nos écrivains de théâtre, qui se composent des héros artificiels qui se dissimulent leurs premiers
besoins, comme leurs auteurs eux-mêmes dissimulent les
leurs à la société. On trouve toutes les passions de l'homme
dans l'Iliade. La colère furieuse dans Achille ; l'ambition
superbe dans Agamemnon ; la valeur patriotique dans Hector ; dans Nestor, la froide sagesse ; dans Ulysse, la prudence
rusée ; la calomnie dans Thersite ; la volupté dans Pâris ;
l'amour infidèle dans Hélène ; l'amour conjugal dans Andromaque ; l'amour paternel dans Priam ; l'amitié dans Pa-
trocle, &c..... avec une multitude de nuances intermé-
diaires de ces passions, tels que le courage téméraire de
Diomède et celui d'Ajax, qui osent combattre les dieux

réunion, comme toute harmonie sur la terre est formée de deux contraires.

---

même : puis des oppositions de site et de fortune qui détachent ces caractères ; comme des noces et des fêtes champêtres sur le terrible bouclier d'Achille ; les remords dans
Hélène et l'inquiétude dans Andromaque ; la fuite d'Hector
près de périr au pied des murs de sa ville, à la vue de son
peuple dont il est l'unique défenseur ; et les objets paisibles
qu'elle lui présente dans ces terribles momens, tels que ce
bosquet d'arbres, et cette fontaine où les filles de Troie
alloient laver leurs robes et aimoient à se rassembler dans
des temps plus heureux.

Ce divin génie ayant réparti à chacun de ses héros une
passion principale du cœur humain, et l'ayant mise en
action dans les phases les plus remarquables de la vie, a
distribué de même les attributs de Dieu à plusieurs divi-
nités, et leur a assigné les différens règnes de la nature ; à
Neptune la mer, à Pluton les enfers, à Junon l'air, à Vul-
cain le feu, à Diane les forêts, à Pan les troupeaux ; enfin,
les Nymphes, les Naïades, et jusqu'aux Heures ont toutes
quelques départemens sur la terre. Il n'y a pas une fleur qui
n'y soit dans le gouvernement de quelque divinité. C'est
ainsi qu'il a rendu l'habitation de l'homme céleste. Son
ouvrage est la plus sublime des Encyclopédies. Tous les
caractères en sont si bien dans le cœur humain et dans la
nature, que les noms dont il les a désignés sont devenus
immortels. Joignez à la majesté de ses plans, une vérité d'expression qui ne vient pas uniquement de la beauté de sa
langue, comme le prétendent les grammairiens, mais de
l'étendue de ses observations naturelles. C'est ainsi, par exemple, qu'il appelle la mer *pourprée* au moment où le soleil se

Quelques philosophes se sont plu à nous peindre
l'homme comme un Dieu. Son attitude, disent-ils,
est celle du commandement. Mais pour qu'il ait
l'attitude du commandement, il faut donc que
d'autres hommes aient celle de l'obéissance, sans
quoi il trouveroit ses ennemis dans tous ses semblables. L'empire naturel de l'homme ne s'étend
qu'aux animaux ; et dans les guerres qu'il leur livre,
ou dans les soins qu'il en prend, il est souvent
obligé de quitter son attitude d'empereur pour
prendre celle d'un esclave. D'autres le représentent
comme un objet perpétuel du courroux céleste, et
ont accumulé sur son existence toutes les misères
qui pouvoient la lui faire abhorrer. Ce n'est point là
l'homme. Il n'est point formé d'une nature simple
comme les autres animaux, dont chaque espèce

---

couche, parce qu'alors les reflets du soleil à l'horizon la
rendent de cette couleur, ainsi que je l'ai moi-même remarqué. Virgile, qui l'a imité en tout, est plein de ces beautés
d'observation dont nos commentateurs ne s'occupent guère.
Par exemple, dans les Géorgiques, Virgile donne au printemps l'épithète de *rougissant ; vere rubenti*, dit-il. Comme
ses traducteurs et ses commentateurs n'y ont point fait attention, ainsi qu'à bien d'autres, j'ai cru long-temps qu'elle
n'étoit là que pour fournir la mesure du vers ; mais ayant
remarqué au commencement du printemps que les sions et
les bourgeons de la plupart des arbres devenoient tout rouges
avant de jeter leurs feuilles, j'ai alors compris quel étoit le
moment de la saison que Virgile désignoit par *vere rubenti*.

conserve constamment son caractère, mais de deux natures opposées, dont chacune se subdivise elle-même en plusieurs passions qui se contrastent. Par l'une de ces natures il réunit en lui tous les besoins et toutes les passions des animaux, et par l'autre, les sentimens ineffables de la Divinité. C'est à ce dernier instinct, bien plus qu'à sa réflexion, qu'il doit le témoignage de l'existence de Dieu; car je suppose qu'ayant par sa raison la faculté d'apercevoir les convenances qui sont entre les objets de la nature, il trouvât les rapports qui existent entre une île et un arbre, un arbre et un fruit, un fruit et ses besoins, il se sentiroit bien déterminé à la vue d'une île à y chercher sa nourriture; mais sa raison, en lui montrant les chaînons de quatre harmonies naturelles, n'en rapporteroit pas la cause à un auteur invisible, s'il n'en avoit le sentiment au fond du cœur. Elle s'arrêteroit là où s'arrêteroient ses perceptions, et où se terminent celles des animaux. Un loup qui passe une rivière à la nage pour aborder dans une île où il aperçoit de l'herbe, dans l'espérance d'y trouver des moutons, conçoit également les chaînons de quatre relations naturelles entre l'île, l'herbe, des moutons, et son appétit; mais il ne se prosterne point devant l'être intelligent qui les a établis.

En considérant l'homme comme animal, je n'en connois point qui lui soit comparable en misère.

D'abord il est nu, exposé aux insectes, au vent, à
la pluie, au froid, au chaud, et obligé par tout
pays de se vêtir. Si sa peau acquiert avec le temps
assez de dureté pour résister aux injures des élémens, ce n'est qu'après de cruelles épreuves, qui
le font quelquefois peler de la tête aux pieds. Il ne
sait rien naturellement, comme les autres animaux.
S'il veut traverser une rivière, il faut qu'il apprenne
à nager; il faut même que dans son enfance il apprenne à marcher et à parler (1). Il n'y a point de
pays si heureusement situé, où il ne soit forcé de
préparer sa nourriture avec beaucoup de soins. Le
bananier et l'arbre du fruit à pain lui donnent entre
les tropiques des vivres toute l'année; mais il faut
qu'il en plante les arbres, qu'il les enclose de haies
épineuses pour les préserver des bêtes, qu'il en
fasse sécher les fruits pour la saison des oura-
gans, et qu'il bâtisse des loges pour les conserver.
D'ailleurs, ces végétaux utiles ne sont réservés qu'à
quelques îles privilégiées; car dans le reste de la
terre la culture des grains et des racines alimentaires exige une multitude d'arts et de précautions.
Quand il a rassemblé autour de lui tous ses biens,
l'amour et la volupté, qui naissent de l'abondance,
l'avarice, les voleurs, les incursions de l'ennemi,
viennent troubler ses jouissances. Il lui faut des

---

(1) Le nom même d'enfant vient du latin *infans*, c'est-
à-dire, qui ne parle pas.

loix, des juges, des magasins, des forteresses, des
confédérations et des régimens pour défendre au-
dehors et au-dedans son malheureux champ de blé.
Enfin, quand il pourroit jouir avec toute la tranquillité d'un sage, l'ennui s'empare de son cœur ;
il lui faut des comédies, des bals, des mascarades,
et des divertissemens pour l'empêcher de raisonner
avec lui-même.

Il est impossible de concevoir qu'une nation
puisse exister avec les simples passions animales.
Les sentimens de justice naturelle, qui sont les
bases de la législation, ne sont point des résultats
de nos besoins mutuels comme on le prétend. Nos
passions ne sont point rétrogressives : elles n'ont
que nous-mêmes pour centre unique. Une famille
de sauvages dans l'abondance ne s'inquiéteroit pas
plus du malheur de ses voisins, qui manqueroient
de vivres, que nous ne nous inquiétons à Paris
si notre sucre et notre café coûtent des larmes à
l'Afrique.

La raison même, jointe aux passions, n'en feroit
qu'accroître la férocité ; car elle leur fourniroit de
nouveaux argumens long-temps après que leurs
desirs seroient satisfaits. Elle n'est dans la plupart
des hommes que la relation des êtres avec leurs
besoins, c'est-à-dire leur intérêt personnel. Exa-
minons-en l'effet combiné avec l'amour et l'ambition, qui sont les deux tyrans de la vie.

Supposons d'abord un état entièrement régi par l'amour, tel que celui qui a été imaginé sur les bords du Lignon par l'ingénieux d'Urfé. Je demande qui est-ce qui auroit soin d'y bâtir des maisons et d'y labourer les terres? Ne faut-il pas y supposer des serviteurs qui subviennent à l'oisiveté de leurs maîtres? Ces serviteurs ne seront-ils pas obligés de s'abstenir de faire l'amour, afin que leurs maîtres en soient sans cesse occupés? D'ailleurs, à quoi les vieillards des deux sexes passeroient-ils leur temps? Voilà pour eux une belle perspective de voir leurs enfans toujours amoureux! Ce spectacle ne leur deviendroit-il pas un sujet perpétuel de regrets, de mauvaise humeur et de jalousie, comme il l'est parmi les nôtres? En vérité un pareil gouvernement, fût-il dans une des îles de la mer du Sud, sous des bocages de cocotiers et d'arbres de fruits à pain, où il n'y eût rien à faire qu'à manger et à faire l'amour, seroit bientôt rempli de discorde et d'ennui. Mais je veux que *la raison sociale* obligeât les familles à travailler chacune pour soi, et à mettre plus de variété dans leur vie, en y appelant nos arts et nos sciences : elle achèveroit bientôt de les détruire. Il ne faut pas du tout compter qu'on y entendît jamais aucuns de ces discours touchans que d'Urfé met dans la bouche d'Astrée et de Céladon; ils n'appartiennent ni à l'amour animal, ni à la raison savante. Ceux-ci ont une autre logique. Quand un

amant éclairé de notre savoir voudroit y inspirer de
l'amour à sa maîtresse , si toutefois il étoit besoin
de quelque discours pour en venir à bout, il lui
parleroit de ressorts, de masses, d'attractions, de
fermentations , de feu électrique , et des autres
causes physiques qui déterminent , selon nos modernes, les penchans des deux sexes et les mouvemens des passions. *Les raisons politiques* viendroient
mettre le sceau à leur union , en stipulant, dans la
langue triste et mercenaire de nos contrats, des
douaires , des nourritures, des retraits lignagers ,
des dons entre-vifs, des rapports après décès. Mais
*la raison personnelle* de chaque contractant ne tarderoit pas à les séparer. Dès qu'un homme verroit
sa femme malade, il lui diroit : «Mon tempéra-
» ment m'oblige de recourir à une femme qui se
» porte bien, et à vous abandonner». Elle lui répon-
droit sans doute, pour être conséquente : «Vous
» faites bien d'obéir à la nature. Je chercherois éga-
» lement un autre mari, si vous étiez à ma place».
Un fils diroit à son père, vieux et caduc : «Vous
» m'avez fait pour votre plaisir, il est temps que je
» vive pour le mien». Où seroient les citoyens qui
voudroient se réunir pour le maintien des loix d'une
pareille société, les soldats qui s'exposeroient à la
mort pour la défendre , et les magistrats qui voudroient la gouverner? Je ne parle pas d'une infinité
d'autres désordres où entraîne cette passion fou-

gueuse et aveugle, dirigée même par la froide raison.

Si, d'un autre côté, une nation étoit uniquement livrée à l'ambition, elle seroit encore plutôt détruite, ou par les ennemis du dehors, ou par ses propres citoyens. Il est d'abord difficile d'imaginer comment elle se pourroit former sous un législateur; car comment concevoir que des hommes ambitieux voulussent se soumettre à un autre homme? Ceux qui les ont réunis, comme Romulus, Mahomet, et tous les fondateurs des nations, ne s'en sont fait écouter qu'en parlant au nom de la divinité. Mais je suppose qu'on en vînt à bout de manière ou d'autre, une pareille société pourroit-elle jamais être heureuse? Quelque éloge que les historiens donnent à Rome conquérante, croyez-vous que ses citoyens fussent alors bien fortunés? Pendant qu'ils répandoient la terreur dans le monde, et qu'ils en faisoient couler les larmes, n'y avoit-il pas à Rome des cœurs effrayés et des yeux qui pleuroient la perte d'un fils, d'un père, d'un époux, d'un amant? Tant d'esclaves, qui formoient la plus grande partie de ses habitans, étoient-ils heureux? Étoit-ce le général même de l'armée romaine, couronné de lauriers et monté sur un char de triomphe, autour duquel, par une loi militaire, ses propres soldats chantoient des chansons où ils lui reprochoient ses défauts, de peur qu'il ne s'enorgueillît? Et quand

la Providence permit que Paul Emile y·triomphât
d'un roi de Macédoine et de ses pauvres enfans, qui
tendoient leurs petits bras au peuple romain pour
émouvoir sa compassion, elle voulut que le vainqueur perdît, dans ce temps-là même, ses propres
enfans, afin qu'aucun homme ne pût triompher
impunément des larmes des hommes. Cependant
ce même peuple, si porté à chercher sa gloire dans
les malheurs d'autrui, fut obligé, pour s'en dissimuler l'horreur, de voiler de l'intérêt des dieux les
larmes des nations, comme on déguise avec le feu
les chairs des animaux qui nous servent de nourriture. Rome, suivant l'ordre des destins, devoit être
la capitale du monde. Elle armoit son ambition d'une
*raison céleste*, afin de la rendre victorieuse des puissances les plus redoutables, et d'en refréner la férocité dans ses citoyens, en les exerçant à des vertus
sublimes. Que seroient-ils devenus, s'ils s'étoient
livrés sans frein à cet instinct furieux ? Ils auroient
été semblables aux sauvages de l'Amérique, qui
brûlent leurs ennemis vivans, et dévorent leurs
chairs toutes sanglantes. C'est ce que Rome éprouva
à la fin, lorsque sa religion ne présenta plus à ses
habitans éclairés que de vains simulacres. On vit
alors les deux passions naturelles au cœur humain,
l'ambition et l'amour, appeler dans ses murs le luxe
de l'Asie, les arts corrupteurs de la Grèce, les pros-
criptions, les meurtres, les empoisonnemens, les

incendies, et la livrer enfin aux peuples barbares.
Le Theutatès des Gaulois sortit alors des forêts du
Nord, et vint faire trembler à son tour le Jupiter du
Capitole.

Nos *raisons d'Etat* sont aujourd'hui moins sublimes, mais elles n'en sont pas moins fatales au
repos des hommes, comme on en peut juger par
les guerres de l'Europe, qui troublent sans cesse le
monde. Une nation livrée uniquement à ses passions et aux simples *raisons d'Etat*, réuniroit bientôt sur elle toutes les misères de l'humanité; mais
la Providence a mis dans l'homme un sentiment qui
en balance le poids, en dirigeant ses desirs bien
au-delà des objets de la terre; ce sentiment est celui
de l'existence de la Divinité. L'homme n'est point
homme parce qu'il est animal raisonnable, mais
parce qu'il est animal religieux.

Cicéron et Plutarque remarquent qu'il n'y avoit
pas un seul peuple connu de leur temps, chez lequel
on n'eût trouvé quelque religion. Le sentiment de
la Divinité est naturel à l'homme. C'est cette lumière
que saint Jean appelle la lumière qui éclaire tout
homme venant en ce monde. Je reproche à quelques
écrivains modernes, et même à des missionnaires,
d'avoir avancé que certains peuples n'avoient aucun
sentiment de la Divinité. C'est, à mon gré, la plus
grande des calomnies dont on puisse flétrir une
nation, parce qu'elle détruit nécessairement chez

elle l'existence de toute vertu ; et si cette nation en montre quelques apparences, ce ne peut être que par le plus grand des vices, qui est l'hypocrisie ; car il ne peut y avoir de vertu sans religion. Mais il n'y a pas un de ces écrivains inconsidérés qui ne fournisse lui-même de quoi détruire son imputation ; car les uns avouent que ces mêmes peuples athées rendent dans certains jours hommage à la lune, ou qu'ils se retirent dans les bois pour y remplir des cérémonies dont ils dérobent la connoissance aux étrangers. Le Père Gobien, entre autres, dans son Histoire des îles Mariannes, après avoir affirmé que leurs insulaires ne reconnoissent aucune Divinité, et qu'ils n'ont pas la moindre idée de religion, nous dit immédiatement après qu'ils invoquent leurs morts, qu'ils appellent *anitis*, dont ils gardent les crânes dans leurs maisons, et auxquels ils attribuent le pouvoir de commander aux élémens, de changer les saisons, et de rendre la santé ; qu'ils sont persuadés de l'immortalité de l'ame, et qu'ils reconnoissent un paradis et un enfer. Certainement ces opinions prouvent qu'ils ont des idées de la Divinité.

Tous les peuples ont le sentiment de l'existence de Dieu, non pas tous en s'élevant à lui à la manière des Newton et des Socrate, par l'harmonie générale de ses ouvrages, mais en s'arrêtant à ceux de ses bienfaits qui les intéressent le plus. L'Indien du

Pérou adore le Soleil ; celui du Bengale , le Gange ,
qui fertilise ses campagnes ; le noir Iolof, l'Océan,
qui rafraîchit ses rivages ; le Samoïède du Nord , la
renne qui le nourrit. L'Iroquois errant demande aux
esprits des lacs et des forêts des pêches et des
chasses abondantes. Plusieurs peuples adorent leurs
rois. Il n'en est point qui , pour rendre plus chers
aux hommes ces dispensateurs augustes de leur
bonheur , n'aient fait intervenir quelque divinité
pour consacrer leur origine. Tels sont , en général ,
les dieux des nations ; mais quand les passions
viennent obscurcir parmi elles cet instinct divin,
et y mêler ou les fureurs de l'ambition, ou les éga-
remens de la volupté , on les voit se prosterner devant des serpens , des crocodiles et des dieux qu'on
n'ose nommer. On les voit offrir , dans leurs sacrifices , le sang de leurs ennemis et la virginité de leurs
filles. Tel est le caractère d'un peuple , telle est sa
religion. L'homme est tellement entraîné par cette
impulsion céleste, que , lorsqu'il cesse de prendre
la Divinité pour son modèle , il ne manque jamais
d'en faire une sur sa propre image.

Il y a donc en l'homme deux puissances , l'une
animale et l'autre divine. La première lui donne sans
cesse le sentiment de sa misère , la seconde celui de
son excellence ; et c'est de leurs combats que se
forment les variétés et les contradictions de la vie
humaine.

C'est par le sentiment de la misère que nous sommes sensibles à tout ce qui nous offre une idée d'asyle et de protection, d'aisance et de commodité; voilà pourquoi la plupart des hommes aiment les tranquilles retraites , l'abondance et tous les biens que la nature libérale présente sur la terre à nos besoins. C'est ce sentiment qui donna à l'Amour les chaînes de l'Hymen , afin que l'homme trouvât un jour la compagne de ses peines dans celle de ses plaisirs , et que les enfans fussent assurés des secours de leurs parens. C'est lui qui rend le paisible bourgeois si avide du récit des intrigues des cours , des relations de batailles et des descriptions de tempêtes, parce que les dangers du dehors augmentent au-dedans le bonheur de sa sécurité. Ce sentiment se mêle souvent aux affections morales; il cherche des appuis dans l'amitié et des encouragemens dans l'éloge. C'est lui qui nous rend attentifs aux promesses de l'ambitieux , lorsque nous nous empressons de le suivre comme des esclaves séduits par les idées de protection dont il nous trompe. Ainsi le sentiment de notre misère est un des plus grands liens de nos sociétés politiques, quoiqu'il nous attache à la terre.

Le sentiment de la Divinité nous pousse en sens contraire (1). C'est lui qui conduisit l'amour aux

(1) Quand on a perdu cette première des harmonies,

autels, et qui lui inspira les premiers sermens; il
offrit les premiers enfans au ciel lorsqu'il n'y avoit
point encore de loix politiques; il rendit l'amour
sublime et l'amitié généreuse; il secourut d'une
main les malheureux, et s'opposa de l'autre aux
tyrans; il devint le mobile de la générosité et de
toutes les vertus. Content de servir les hommes, il
dédaigna d'en être applaudi. Quand il se montra
dans les arts et dans les sciences, il en devint le
charme qui nous y ravit; il y fit naître l'ennui quand
il en disparut. C'est lui qui rend immortels les
hommes de génie qui nous découvrent dans la nature
de nouveaux rapports d'intelligence.

Quand ces deux sentimens se croisent, c'est-à-dire
lorsque nous attachons l'instinct divin aux choses
périssables, et l'instinct animal aux choses divines,

---

toutes les autres le sont. C'est une chose digne de remarque,
que tous les ouvrages des athées sont arides et secs. Ils vous
étonnent quelquefois, mais jamais ils ne vous touchent. Ils
ne vous présentent que des caricatures ou des idées gigan-
tesques. Il n'y a ni ordre, ni proportion, ni sensibilité. Je
n'en excepte que le poëme de Lucrèce. Mais cette exception,
comme je l'ai dit, confirme mon observation; car quand ce
poète a voulu plaire, il a été obligé de faire intervenir la
Divinité, ainsi qu'on le voit dans son exorde, où il débute
par cette belle apostrophe, *Alma Venus*. Par-tout ailleurs
où il explique la physique d'Epicure, il est d'une sécheresse
insupportable.

notre vie est agitée de passions contradictoires. Voilà
la cause de tant d'espérances et de craintes frivoles
qui tourmentent les hommes. Ma fortune est faite,
dit l'un, j'ai de quoi vivre *pour toujours ;* et il mourra
demain. Que je suis misérable ! dit un autre, je suis
perdu *pour jamais ;* et la mort le délivre de tous ses
maux. On tient à la vie, disoit Michel Montaigne,
par des bagatelles, par un verre : oui, parce qu'on
porte sur ce verre le sentiment de l'infini. Si la vie
et la mort paroissent souvent insupportables aux
hommes, c'est qu'ils mettent le sentiment de leur
fin dans leur mort, et celui de l'infini dans leur vie.
Mortels, si vous voulez vivre heureux et mourir
contens, ne dénaturez point vos loix ; considérez
qu'à la mort toutes les peines de l'animal finissent,
les besoins du corps, les maladies, les persécutions,
les calomnies, les esclavages de toutes les sortes,
les rudes combats des passions avec soi-même et
avec les autres. Considérez qu'à la mort toutes les
jouissances d'un être moral commencent, les récompenses des vertus et des moindres actes de justice et d'humanité méprisés ou dédaignés du monde,
mais qui nous ont en quelque sorte rapprochés sur
la terre de l'être juste et éternel.

Quand ces deux instincts se réunissent dans le
même lieu, ils nous donnent les plus grands plaisirs dont nous soyons capables ; car alors nos deux
natures, si j'ose ainsi les appeler, jouissent à la

fois (1). Nous allons présenter un léger ensemble
de leurs harmonies, après quoi nous suivrons les
traces du sentiment céleste qui nous est naturel
dans nos sensations les plus communes.

Je vous suppose donc, lecteur, fatigué des maux
de nos sociétés, cherchant vers les extrémités de
l'Afrique quelque terre heureuse, inconnue aux
Européens. Votre vaisseau voguant sur la Méditerranée est jeté, à l'entrée de la nuit, par une tempête, sur une côte où il fait naufrage. Par la faveur
du ciel vous vous sauvez à terre, vous vous réfugiez
dans une grotte que vous apercevez à la lueur des
éclairs au fond d'un petit vallon. Là, retiré dans
cet asyle, vous entendez toute la nuit le tonnerre gronder et la pluie tomber par torrens. Au
point du jour vous découvrez derrière vous une
ceinture de grands rochers, escarpés comme des
murailles. De leurs bases sortent çà et là des touffes
de figuiers couverts de figues blanches et rouges,
et des bouquets de carouges chargés de siliques
brunes; leurs sommets sont couronnés de pins,

(1) On peut rapporter à ces deux instincts toutes les sensations de la vie, qui semblent souvent se contredire. Par
exemple, si l'habitude et la nouveauté nous paroissent
agréables, c'est que l'habitude nous rassure sur nos relations
physiques, qui sont toujours les mêmes, et la nouveauté
promet de nouveaux points de vue à notre instinct divin,
qui veut toujours étendre ses jouissances.

d'oliviers sauvages et de cyprès à demi courbés par
la violence des vents. Les échos de ces rochers
répètent dans les airs les rumeurs confuses de la
tempête, et les bruits rauques de la mer irritée que
l'on aperçoit au loin. Mais le petit vallon où vous
êtes est le séjour du calme et du repos. C'est dans
ses flancs mousseux que l'alouette de mer fait son
nid, et sur ses grèves solitaires que la mauve attend
la fin des orages.

Déjà les premiers feux de l'aurore se prolongent
sur les stæchas fleuris et les nappes violettes de
thym qui tapissent ses collines. Ses rayons vous font
apercevoir, au sommet d'un des plateaux voisins,
une cabane à l'ombre des arbres. Il en sort un berger, sa femme et sa fille, qui s'acheminent vers la
grotte, en portant sur leurs têtes des vases et des
corbeilles. C'est le spectacle de votre malheur qui
attire ces bonnes gens auprès de vous. Ils vous apportent du feu, des fruits, du pain, du vin et des
vêtemens. Ils s'empressent de vous rendre tous les
devoirs de l'hospitalité. Les besoins du corps satisfaits, ceux de l'ame se font sentir : vous promenez
vos regards sur la mer, et vous cherchez en vous-
même à connoître dans quelle partie du monde vous
vous trouvez ; mais ce berger vous tire d'inquiétude,
en vous disant : « Cette île éloignée que vous voyez
» au nord, est Mycone. Voilà Délos un peu sur la
» gauche, et Paros devant nous. Celle où nous

» sommes est Naxos ; vous êtes dans cette partie de
» l'île où Ariadne fut autrefois abandonnée par Thé-
» sée. C'est sur cette longue dune de sable blanc
» qui s'avance là-bas dans la mer, qu'elle passoit
» les jours à considérer le lieu de l'horizon où le
» vaisseau de son amant infidèle avoit disparu à sa
» vue ; et c'est dans cette grotte même où vous êtes,
» qu'elle se retiroit pendant les nuits pour pleurer son
» départ. A droite, entre ces deux coteaux au haut
» desquels vous voyez des ruines confuses, étoit une
» ville florissante appelée Naxos. Les femmes qui
» l'habitoient, touchées des malheurs de la fille de
» Minos, vinrent chercher à la consoler. Elles ten-
» tèrent d'abord de la distraire par leurs conversa-
» tions ; mais rien ne pouvoit lui plaire que le nom
» et le souvenir de Thésée. Ces femmes feignirent
» alors des lettres de ce héros, remplies d'amour et
» adressées à Ariadne. Elles coururent les lui porter,
» en lui disant : Consolez-vous, belle Ariadne,
» Thésée reviendra bientôt ; Thésée pense toujours
» à vous. Ariadne, hors d'elle-même, lisoit ces
» lettres, et d'une main tremblante se hâtoit d'y
» répondre. Les Naxiennes emportoient ses ré-
» ponses, et lui promettoient de les faire parvenir
» bientôt à Thésée. C'est ainsi qu'elles trompoient
» sa douleur. Mais quand elles s'aperçurent que
» la vue de la mer la plongeoit de plus en plus dans
» la mélancolie, elles l'amenèrent au milieu de ces

» grands bocages que vous apercevez là-bas dans
» les terres. Là, elles inventèrent toutes sortes de
» fêtes pour charmer ses ennuis. Tantôt elles for-
» moient autour d'elle des chœurs de danses, et
» représentoient, en se tenant par la main, les divers
» détours du labyrinthe de Crète, d'où, par son
» secours, étoit sorti l'heureux Thésée : tantôt elles
» feignoient de tuer le terrible minotaure. Ariadne
» rouvroit son cœur à la joie, en voyant des spectacles
» qui lui rappeloient la puissance de son père ; la gloire
» de son amant, et le triomphe de ses charmes qui
» avoient réparé les destinées d'Athènes : mais quand
» les vents, malgré le son des tambours et des flûtes,
» lui apportoient le bruit lointain des flots qui se
» brisoient sur le rivage d'où elle avoit vu partir le
» cruel Thésée, elle se tournoit du côté de la mer,
» et se mettoit à pleurer. Ainsi les Naxiennes connu-
» rent que l'amour malheureux trouve, jusqu'au
» milieu des jeux, à redoubler ses peines, et qu'on
» ne perd le souvenir de ses maux qu'en perdant
» celui de ses plaisirs. Elles cherchèrent donc à
» éloigner Ariadne des lieux et des bruits qui pou-
» voient lui rappeler son amant. Elles l'engagèrent
» à venir dans leur ville, où elles lui donnèrent de
» grands festins dans des salles magnifiques, soute-
» nues par des colonnes de granit. Là, il n'étoit
» permis à aucun homme d'entrer, et aucun bruit
» du dehors ne se faisoit entendre. Elles en avoient

» couvert le pavé , les murs , les portes et les fenê-
» tres , de tapisseries où elles avoient représenté des
» prairies , des vignobles , et d'agréables solitudes.
» Elles les éclairoient avec des lampes et des flam-
» beaux. Elles faisoient asseoir Ariadne au milieu
» d'elles sur des coussins ; elles mettoient une cou-
» ronne de lierre , avec ses grappes noires , sur ses
» cheveux blonds et autour de son front pâle ; elles
» posoient ensuite à ses pieds des urnes d'albâtre ,
» pleines de vins excellens ; elles les versoient dans
» des coupes d'or , et les lui présentoient en lui
» disant : Buvez , aimable fille de Minos ; cette île pro-
» duit les plus doux présens de Bacchus : buvez , le
» vin dissipe les chagrins. Ariadne , en souriant , se
» laissoit aller à leurs invitations. En peu de temps
» les roses de la santé reparurent sur son visage , et
» aussi-tôt le bruit courut dans Naxos , que Bacchus
» étoit venu au secours de l'amante de Thésée. Les
» habitans , transportés de joie , élevèrent à ce dieu
» un temple , dont vous voyez encore quelques co-
» lonnes et le frontispice sur ce rocher au milieu
» des flots. Mais le vin ne fit que donner des forces à
» l'amour d'Ariadne. Elle fut à la fin consumée par
» ses regrets , et même par ses espérances. Voilà au
» bout de ce vallon , sur un petit tertre couvert d'ab-
» sinthe marine , son tombeau et sa statue qui regarde
» encore vers la mer. On y reconnoît à peine la
» figure d'une femme ; mais on y distingue toujours

» l'attitude inquiète d'une amante. Ce monument,
» ainsi que tous ceux de ce pays, a été mutilé par
» le temps, et encore plus par les barbares ; mais
» le souvenir de la vertu malheureuse n'est pas,
» sur la terre, au pouvoir des tyrans. Le tombeau
» d'Ariadne est chez le Turcs, et sa couronne est
» parmi les étoiles. Pour nous, échappés aux regards
» des puissances du monde, par notre obscurité
» même, nous avons, par la bonté du ciel, trouvé
» la liberté loin des grands, et le bonheur dans des
» déserts. Étranger, si les biens naturels vous tou-
» chent encore, vous serez le maître de les partager
» avec nous ». A ce récit, des larmes douces coulent
des yeux de son épouse et de sa jeune fille, qui soupire au souvenir d'Ariadne ; et je doute qu'un athée
même, qui ne connoît plus dans la nature que les
loix de la matière et du mouvement, pût être insensible au sentiment de ces convenances présentes et
de ces antiques ressouvenirs.

Hommes voluptueux ! il n'y a que la Grèce, dites-
vous, qui offre des scènes et des points de vue aussi
touchans : aussi Ariadne est dans tous les jardins,
Ariadne est dans tous les cabinets de peinture. Du
donjon de votre château, jetez un coup-d'œil sur
vos campagnes. Leurs lointains présentent de plus
beaux horizons que ceux de la Grèce désolée. Votre
appartement est plus commode qu'une grotte, et
vos sofas sont plus doux que des gazons. Les ondes

et les murmures des herbes de vos prairies, sont
plus agréables que ceux des flots de la Méditerranée. Votre argent et vos jardins vous donnent
plus d'espèces de vins et de fruits, qu'il n'y en a
dans tout l'Archipel. Voulez-vous mêler à ces jouissances celle de la Divinité? Voyez sur cette colline,
cette petite église de village entourée de vieux or-
meaux. Parmi les filles qui se rassemblent sous son
portail rustique, il y a sans doute quelque Ariadne
trompée par son amant (1). Elle n'est pas de marbre,

---

(1) Il y a dans nos campagnes des filles plus respectables
qu'Ariadne, dont nos historiens, qui parlent tant de vertu,
ne s'occupent guère. Une personne de ma connoissance vit
un dimanche, à la porte de l'église d'un village, une fille
toute seule qui prioit Dieu pendant qu'on chantoit vêpres.
Comme il séjourna quelque temps dans ce lieu, il observa, les dimanches suivans, que cette même fille n'entroit
point dans l'église pendant l'office. Frappé de cette singularité, il en demanda la cause aux autres paysannes, qui
lui répondirent que c'étoit sans doute sa volonté de s'arrêter
à la porte, puisque rien ne l'empêchoit d'entrer, et qu'elles
l'en avoient souvent pressée inutilement. Enfin, voulant en
savoir la raison, il s'adressa à la fille même, dont la conduite lui paroissoit si extraordinaire. D'abord elle parut
troublée; mais s'étant bientôt rassurée, elle lui dit : « Mon-
» sieur, j'avois un amant pour lequel j'eus une foiblesse; je
» devins grosse, et mon amant étant tombé malade, mourut
» sans m'avoir épousée. J'ai desiré que mon exil de l'église
» servît toute ma vie d'expiation à ma faute, et d'exemple
» à mes compagnes ».

mais elle est vivante ; elle n'est pas Grecque , mais
Française ; elle n'est pas consolée , mais méprisée
de ses compagnes. Allez sous son pauvre toit, soulager sa misère. Faites le bien dans cette vie , qui
passe comme un torrent. Faites le bien , non par
ostentation et par des mains étrangères , mais pour
le ciel et par vous-même. Le fruit de la vertu perd
sa fleur, quand il est cueilli par la main d'autrui.
Ah ! si vous-même la soulagez dans ses peines , si
par votre compassion vous la relevez à ses propres
regards; vous verrez à vos bienfaits son front rougir, ses yeux se remplir de larmes, ses lèvres con-
vulsives se mouvoir sans parler, et son cœur, long-
temps oppressé par la honte, se rouvrir à la vue
d'un consolateur, comme au sentiment de la Divinité. Vous apercevrez alors dans la figure humaine
des traits inconnus aux ciseaux des Grecs et aux
pinceaux des Van-Dyck. Le bonheur d'une infortunée vous coûtera moins que la statue d'Ariadne ;
et , au lieu d'illustrer le nom d'un artiste dans votre
hôtel pendant quelques années , il immortalisera le
vôtre, et le fera durer long-temps après que vous
ne serez plus , lorsqu'elle dira à ses compagnes et
à ses enfans : « C'est un Dieu qui m'a tirée du mal-
» heur ».

Nous allons suivre maintenant l'instinct de la Divinité dans nos sensations physiques , et nous finirons
cette Etude par les sentimens purement intellec-

tuels de l'ame. Nous donnerons ainsi une foible idée
de la nature humaine.

## DES SENSATIONS PHYSIQUES.

Toutes les sensations physiques sont en elles-
mêmes des témoignages de notre misère. Si l'homme
est si sensible au sentiment du toucher, c'est qu'il
est nu par tout son corps. Il faut, pour se vêtir,
qu'il dépouille les quadrupèdes, les plantes et les
vers. Si presque tous les végétaux et les animaux
ressortissent à sa nourriture, c'est qu'il est obligé
d'employer beaucoup d'apprêts et de combinaisons
dans ses alimens. La nature l'a traité avec bien de la
rigueur, car il est le seul animal aux besoins duquel elle n'ait pas immédiatement pourvu. Nos philosophes n'ont pas assez réfléchi sur une aussi
étrange distinction. Quoi! un ver a sa tarrière ou sa
râpe; il naît au sein du fruit, dans l'abondance; il
trouve ensuite en lui-même de quoi se filer une
toile dont il s'enveloppe; après cela il se change en
mouche brillante, qui va, en se livrant à l'amour,
reperpétuer son espèce sans souci et sans remords:
et le fils d'un roi naît tout nu dans les larmes et les
gémissemens, ayant besoin toute sa vie du secours
d'autrui, obligé de combattre sa propre espèce au-
dehors et au-dedans, et trouvant souvent en lui-
même son plus grand ennemi! Certes, si nous ne
sommes tous que des enfans de la poussière, il

valoit mille fois mieux venir à l'existence sous la forme d'un insecte que sous celle d'un empereur. Mais l'homme n'a été abandonné à la dernière des misères qu'afin qu'il eût sans cesse recours à la première des puissances.

### Du Goût.

Il n'y a point de sensation physique qui ne fasse naître en lui quelque sentiment de la Divinité.

A commencer par le sens le plus grossier de tous, qui est celui de boire et de manger, tous les peuples, dans l'état sauvage, ont cru que la Divinité avoit besoin de soutenir sa vie par les mêmes moyens que les hommes : de là est venu, dans toutes les religions, l'origine des sacrifices. C'est encore de là qu'est venu, chez beaucoup de nations, l'usage de porter des alimens sur les tombeaux : les femmes des sauvages de l'Amérique étendent ce soin jusqu'aux petits enfans qui sont morts à la mamelle. Lorsqu'elles leur ont rendu les devoirs de la sépulture, elles viennent tous les jours, pendant plusieurs semaines, verser de leur sein quelques gouttes de lait sur leurs petits tombeaux (1) ; c'est ce qu'affirme le jésuite Charlevoix, qui en a été souvent le témoin. Ainsi le sentiment de la Divinité et celui de l'immortalité de l'ame sont liés avec nos affections les plus animales, et sur-tout avec l'amour maternel.

Mais l'homme ne s'est pas contenté de partager

(1) Voyez le P. Charlevoix, Voyage en Amérique.

ses alimens avec des êtres intellectuels, et de les inviter en quelque sorte à sa table; il a cherché à s'élever à eux par l'effet physique de ces mêmes alimens. Il est très-remarquable qu'on a trouvé plusieurs peuples sauvages qui avoient à peine l'industrie de se procurer des alimens, mais aucun qui n'eût celle de s'enivrer. L'homme est le seul de tous les animaux qui soit sensible à ce plaisir. Ceux-ci sont contens de rester dans leur sphère; l'homme s'efforce toujours de sortir de la sienne. L'ivresse exalte l'ame. Toutes les fêtes religieuses chez les sauvages, et même chez les peuples policés, sont suivies de festins, où l'on boit à perdre la raison : on commence, à la vérité, par jeûner, mais on finit par s'enivrer. L'homme renonce à la raison humaine pour exciter en lui des émotions divines. L'effet de l'ivresse est de jeter l'ame dans le sein de quelque divinité. Vous entendez toujours les buveurs chanter Bacchus, Mars, Vénus ou l'Amour. Il est encore très-remarquable que les hommes ne se livrent au blasphême que dans l'ivresse; car c'est un instinct aussi ordinaire à l'ame de chercher la Divinité lorsqu'elle est dans son état naturel, que de l'abjurer lorsqu'elle est corrompue par le vice.

## De l'Odorat.

Les plaisirs de l'odorat sont particuliers à l'homme, car je n'y comprends point les émanations olfactives par lesquelles il juge de ses alimens, et qui lui sont communes avec la plupart des animaux. L'homme seul est sensible aux parfums, et il s'en sert pour donner plus d'énergie à ses passions. Mahomet disoit qu'ils élevoient son ame vers le ciel. Quoi qu'il en soit, leur usage s'est introduit dans tous les cultes religieux et dans les assemblées politiques de beaucoup de nations. Les Brésiliens, ainsi que tous les Sauvages de l'Amérique septentrionale, ne délibèrent point sur quelque objet important sans fumer du tabac dans un calumet. C'est de cet usage que le calumet est devenu chez toutes ces nations le symbole de la paix, de la guerre, des alliances, suivant les accessoires qu'elles y ajoutent. C'est sans doute du même usage de fumer, qui étoit commun aux Scythes, comme le rapporte Hérodote, que le caducée de Mercure, qui ressemble beaucoup au calumet des Américains, et qui paroît n'avoir été comme lui qu'une pipe, devint le symbole du commerce. Le tabac accroît en quelque sorte les forces du jugement en occasionnant une espèce d'ivresse dans les nerfs du cerveau. Léry dit que les Brésiliens fument du tabac jusqu'à s'enivrer. Nous observerons que ces peuples ont trouvé la plante la plus céphalique qu'il y ait dans le règne végétal, et que son usage est le plus universellement répandu de toutes celles qui existent sur le globe, sans en excepter la vigne et le blé. J'en ai vu cultiver en

Finlande , au-delà de Vibourg , par le 60ᵉ degré de latitude nord. Son habitude est si puissante , qu'un homme qui y est accoutumé se passera plus difficilement d'elle que de pain pendant un jour. Cette plante est cependant un véritable poison ; elle affecte à la longue les nerfs de l'odorat , et quelquefois ceux de la vue. Mais l'homme est toujours prêt à altérer sa constitution physique , pourvu qu'il puisse renforcer en lui le sentiment intellectuel.

### De la Vue.

Tout ce que nous avons dit en rapportant quelques loix générales de la nature , des harmonies , des consonnances , des contrastes et des oppositions , aboutit principalement au sens de la vue. Je ne parle pas des convenances , car elles appartiennent au sentiment de la raison , et sont entièrement distinctes de la matière. A la vérité les autres relations sont fondées sur la raison même de la nature , qui nous réjouit par les couleurs et les formes génératives et engendrées , et qui nous attriste par celles qui nous annoncent la décomposition et la destruction. Mais sans rentrer dans ce vaste et inépuisable sujet , je ne parlerai ici que de quelques effets d'optique , qui font naître involontairement en nous le sentiment de quelques attributs de la Divinité.

Une des causes les plus ordinaires du plaisir que nous éprouvons à la vue d'un grand arbre , vient du sentiment de l'infini qui s'élève en nous par sa forme pyramidale. Les dégradations de ses divers étages de rameaux et des teintes de verdure qui sont toujours plus légères à l'extrémité de l'arbre que dans le reste de son feuillage, lui donnent une élévation apparente, qui n'a point de terme. Nous éprouvons les mêmes sensations dans le plan horizontal des campagnes, où nous apercevons souvent plusieurs plans de collines qui fuient les unes derrière les autres, et dont les dernières se confondent avec le ciel. La nature produit les mêmes effets dans les grandes plaines, au moyen des vapeurs qu'élèvent les rivages des lacs ou les canaux des rivières et des fleuves qui les traversent; leurs contours sont d'autant plus multipliés, que les plaines ont plus d'étendue, comme je l'ai souvent remarqué. Ces vapeurs se présentent sur différens plans : tantôt elles s'arrêtent comme des rideaux sur les lisières des forêts ; tantôt elles s'élèvent en colonnes le long des ruisseaux qui serpentent dans les prairies : quelquefois elles sont toutes grises ; d'autres fois elles sont éclairées et pénétrées par les rayons du soleil. Sous tous ces aspects elles nous montrent, si j'ose dire, plusieurs perspectives de l'infini dans l'infini même.

Je ne parle pas du spectacle ravissant que le ciel nous présente quelquefois par la disposition de ses nuages. Je ne sache pas qu'aucun philosophe ait soupçonné que leurs beautés avoient des loix. Ce

qu'il y a de certain, c'est qu'il n'y a point d'animal
qui vive à la lumière, qui ne soit sensible à leurs
effets. J'ai dit ailleurs quelque chose de leurs caractères d'amabilité ou de terreur, qui sont les mêmes
que ceux des animaux et des végétaux aimables ou
dangereux, conformément à ceux des jours et des
saisons qu'ils nous annoncent. Les loix que j'en ai
esquissées offriront des méditations délicieuses à
qui voudra les étudier, autrement qu'avec les moyens
mécaniques de nos baromètres et de nos thermo-
mètres. Ces instrumens ne sont bons que pour
régler les atmosphères de nos chambres ; ils nous
déguisent trop souvent l'action de la nature ; ils annoncent la plupart du temps les mêmes températures
aux jours qui font chanter les oiseaux, et à ceux qui
les font taire. Les harmonies du ciel ne peuvent être
senties que par le cœur humain. Tous les peuples,
frappés de leur langage ineffable, lèvent les yeux
et les mains vers le ciel, dans les mouvemens invo-
lontaires de la joie et de la douleur. La raison cependant leur dit que la Divinité est par-tout. Pourquoi
est-ce que nul d'entre eux ne tend les bras vers la
terre ou à l'horizon, pour l'invoquer ? D'où vient
ce sentiment qui leur dit que Dieu est au ciel ?
Est-ce parce que le ciel est le séjour de la lumière ?
Est-ce parce que la lumière elle-même, qui nous
fait apercevoir tous les objets, n'étant point,
comme nos matières terrestres, sujette à être divi-

sée, corrompue, détruite et renfermée, semble présenter quelque chose de céleste dans sa substance ?

C'est au sentiment de l'infini que nous inspire la
vue du ciel, qu'il faut attribuer le goût de tous les
peuples pour bâtir des temples sur les sommets des
montagnes, et le penchant invincible qu'avoient les
Juifs à adorer, comme les autres nations, sur les
lieux élevés. Il n'y a point de montagne dans les îles
de l'Archipel qui n'ait son église, ni de coteau à la
Chine qui n'ait sa pagode. Si, comme le prétendent
quelques philosophes, nous ne jugions jamais de la
nature des choses que par des résultats mécaniques
des comparaisons d'elles à nous, la hauteur des montagnes devroit humilier notre petitesse. Mais c'est
parce que ces grands objets en s'élevant vers le ciel
y élèvent nos ames par le sentiment de l'infini, et
qu'en nous éloignant de la terre ils nous portent vers
des beautés plus durables.

Les ouvrages de la nature nous présentent souvent plusieurs sortes d'infinis à la fois ; ainsi, par
exemple, un grand arbre dont le tronc est caverneux et couvert de mousses, nous donne le sentiment de l'infini dans le temps, comme celui de
l'infini en hauteur. Il nous offre un monument des
siècles où nous n'avons pas vécu. S'il s'y joint l'infini
en étendue, comme lorsque nous apercevons à travers ses sombres rameaux de vastes lointains, notre
respect augmente. Ajoutez-y encore les diverses

III.                                              K

croupes de sa masse, qui contrastent avec la profondeur des vallées et avec le niveau des prairies;
ses demi-jours vénérables, qui s'opposent et se jouent
avec l'azur des cieux, et le sentiment de notre misère,
qu'il rassure par les idées de protection qu'il nous
présente dans l'épaisseur de son tronc inébranlable
comme un rocher, et dans sa cime auguste agitée
des vents, dont les majestueux murmures semblent
entrer dans nos peines. Un arbre avec toutes ces
harmonies nous inspire je ne sais quelle vénération
religieuse. Aussi Pline dit que les arbres ont été les
premiers temples des Dieux.

L'impression sublime qu'ils produisent est encore
plus profonde lorsqu'ils nous rappellent quelque
sentiment de la vertu, comme le souvenir des grands
hommes qui les ont plantés, ou de ceux dont ils
ombragent les tombeaux. Tels étoient les chênes
d'Iulus à Troie. C'est par un effet de ce sentiment
que les montagnes de la Grèce et de l'Italie nous
paroissent plus respectables que celles du reste de
l'Europe, quoiqu'elles ne soient pas plus anciennes
dans le monde, parce que leurs monumens, tout
ruinés qu'ils sont, nous rappellent les vertus de
ceux qui les ont habitées. Mais ce sujet n'est pas de
cet article.

En général les diverses sensations de l'infini augmentent par les contrastes des objets physiques qui
les font naître. Nos peintres ne sont pas assez atten-

tifs au choix de ceux qu'ils mettent sur les devants de leurs tableaux. Ils donneroient bien plus d'effet au fond de leurs scènes, s'ils lui en opposoient le frontispice, non-seulement en couleurs et en formes, comme ils font quelquefois, mais en nature. Ainsi, par exemple, si on veut donner beaucoup d'intérêt à un paysage riant et agréable, il faut qu'on l'aperçoive à travers un grand arc de triomphe ruiné par le temps. Au contraire, une ville remplie de monumens étrusques ou égyptiens, paroît encore plus antique quand on la voit de dessous un berceau de verdure ou de fleurs. Il faut imiter la nature, qui ne fait jamais venir les plantes les plus aimables dans toute leur beauté, telles que les mousses, les violettes et les roses, qu'au pied des rustiques rochers.

Ce n'est pas que les consonnances ne produisent aussi de grands effets, sur-tout quand elles rapprochent des objets qui sont étrangers les uns aux autres. C'est ainsi, par exemple, que la coupole du collége des Quatre-Nations présente un point de vue magnifique, lorsqu'on l'aperçoit du milieu de la cour du Louvre, à travers l'arcade de ce palais qui est vis-à-vis ; car alors on la voit toute entière avec une partie du ciel sous les claveaux de la voûte, comme si elle étoit une partie du Louvre. Mais dans cette consonnance même, qui donne tant d'étendue à notre optique, il y a encore un contraste de la forme concave de l'arcade à la forme convexe de la coupole.

Le grand art d'émouvoir est d'opposer des objets sensibles aux intellectuels. L'ame prend alors un grand essor. Elle passe du visible à l'invisible, et jouit, pour ainsi dire, à sa manière, en s'étendant dans les vastes champs du sentiment et de l'intelligence. Chez certains peuples de la Tartarie, quand un grand est mort, son écuyer après l'enterrement prend par la bride le cheval, qu'il avoit coutume de monter; il met dessus l'habit de son maître, et le promène en silence devant l'assemblée, que ce spectacle fait fondre en larmes.

Quand les sous-entendus se multiplient et se lient à quelque affection vertueuse, les émotions de l'ame redoublent. Ainsi, lorsque dans l'Enéide, Iule promet des présens à Nisus et à Euryale, qui vont chercher son père à Palantée, il dit à Nisus:

Bina dabo argento perfecta atque aspera signis
Pocula, devictâ genitor quæ cepit Arisbâ;
Et tripodes geminos, auri duo magna talenta,
Cratera antiquum quem dat Sidonia Dido.

*Lib. 9, v. 263.*

« Je vous donnerai deux amphores d'argent, avec
» des figures en relief d'une ciselure parfaite. Mon
» père s'en rendit maître à la prise d'Arisba. J'y join-
» drai deux trépieds pareils, deux grands talens d'or

» et une coupe antique que m'a donnée la reine
» Didon ».

Il promet à ces deux jeunes gens que l'amitié rendoit si unis, des présens doubles, deux amphores,
deux trépieds pour les poser à la manière des anciens, deux talens d'or pour les remplir de vin,
mais une seule coupe pour le boire ensemble. Encore quelle coupe ! il n'en vante ni la matière ni
le travail, comme dans les autres présens ; il y
attache des qualités morales bien plus précieuses
pour des amis. Elle est antique, elle n'a point été
le prix de la violence, mais elle est un présent de
l'amour. Sans doute Iule l'avoit reçue de Didon,
lorsqu'elle crut avoir épousé Enée.

Dans toutes les scènes de passions où l'on veut
produire de grandes émotions, plus l'objet principal est circonscrit, plus le sentiment intellectuel
qui en résulte est étendu. Il y en a plusieurs raisons, dont la plus importante est que les contrastes
accessoires, comme ceux de la petitesse à la grandeur, de la foiblesse à la force, du fini à l'infini,
concourent à augmenter le contraste du sujet.
Quand le Poussin a voulu faire un tableau du déluge universel, il n'y a représenté qu'une famille.
On voit un vieillard à cheval qui se noie, et, dans
un bateau, un homme, qui est peut-être son fils,
présente à sa femme, grimpée sur un rocher, un
petit enfant vêtu d'une cote rouge, qui, de son

côté, cherche à s'aider de ses petits pieds pour parvenir sur la roche. Le fond du paysage est affreux par sa noire mélancolie. Les herbes et les arbres y sont trempés d'eau, la terre même en est pénétrée, comme on le voit par ce long serpent qui s'empresse de quitter son souterrain. Les torrens coulent de tous côtés ; le soleil paroît dans le ciel comme un œil crevé. Mais les plus grands intérêts y portent sur le plus foible objet : un père et une mère près de périr, ne s'occupent que du salut de leur enfant. Tous les sentimens sont éteints sur la terre, et l'amour maternel vit encore. Le genre humain est détruit à cause de ses crimes, et l'innocence va être enveloppée dans sa punition. Ces eaux débordées, ces terres noyées, cette noire atmosphère, ce soleil éteint, ces solitudes désolées, cette famille fugitive, tous les effets de cette ruine universelle du monde se réunissent sur un enfant. Cependant il n'y a personne qui, en voyant le petit groupe de personnages qui l'environne, ne s'écrie : « Voilà le déluge universel ». Telle est la nature de notre ame ; loin d'être matérielle, elle ne saisit que les convenances. Moins vous lui montrez d'objets physiques, plus vous lui faites naître de sentimens intellectuels.

## De l'Ouïe.

Platon appelle l'ouïe et la vue les sens de l'ame.
Je crois qu'il les qualifie particulièrement de ce
nom, parce que la vue est affectée de la lumière,
qui n'est point une matière à proprement parler,
et l'ouïe, des modulations de l'air, qui ne sont point
en elles-mêmes des corps. D'ailleurs, ces deux sens
ne nous apportent que le sentiment des convenances
et des harmonies, sans nous mêler avec la matière, comme l'odorat qui n'est affecté que des émanations des corps, le goût de leur fluidité, et le
toucher de leur solidité, de leur mollesse, de leur
chaleur et de leurs autres qualités physiques. Quoique l'ouïe et la vue soient les sens directs de l'ame,
il n'en faut pas conclure cependant qu'un homme
né sourd et aveugle seroit imbécille, comme on
l'a prétendu. L'ame voit et entend par tous les sens.
C'est ce que prouvent les princes aveugles de Perse,
dont les doigts ont tant d'intelligence, au rapport
de Chardin, qu'ils tracent et calculent toutes les
figures de la géométrie sur des tablettes. Tels sont
encore les sourds et muets, auxquels M. l'abbé de
l'Epée a appris à converser.

Je n'ai pas besoin de m'étendre sur les rapports
intellectuels de l'ouïe. Ce sens est l'organe immé-
diat de l'intelligence ; c'est lui qui reçoit la parole
qui n'appartient qu'à l'homme, et qui est, par ses

modulations infinies, l'expression de toutes les convenances de la nature et de tous les sentimens du cœur humain. Mais il y a un autre langage qui paroît appartenir encore plus particulièrement à ce premier principe de nous-mêmes, que nous avons appelé *le sentiment* : c'est la musique. Je ne m'étendrai pas sur le pouvoir incompréhensible qu'elle a de calmer et d'exciter les passions d'une manière indépendante de la raison, et de faire naître des affections sublimes, dégagées de toute perception intellectuelle ; ses effets sont assez connus. J'observerai seulement qu'elle est si naturelle à l'homme, que les premières prières adressées à la Divinité et les premières loix chez tous les peuples, ont été mises en chant. L'homme n'en perd le goût que dans les sociétés policées, dont les langues même perdent à la longue leurs accens. C'est qu'une multitude de relations sociales y détruisent les convenances naturelles. On y raisonne beaucoup, et on n'y sent presque plus.

L'Auteur de la nature a jugé l'harmonie des sons si nécessaire à l'homme, qu'il n'y a point de site sur la terre qui n'ait son oiseau chantant. Le serin des Canaries fréquente ordinairement dans ces îles les ravines caillouteuses des montagnes. Le chardonneret se plaît dans les dunes sablonneuses, l'alouette dans les prairies, le rossignol dans les bocages le long des ruisseaux, le bouvreuil, dont le chant est si doux, dans l'épine blanche : la grive, la fauvette, le verdier et tous les oiseaux qui chantent, ont leur poste favori. Il est très-remarquable que par-tout ils ont l'instinct de se rapprocher de l'habitation de l'homme. S'il y a une cabane dans une forêt, tous les oiseaux chantans du voisinage viennent s'établir aux environs. On n'en trouve même qu'auprès des lieux habités. J'ai fait plus de six cents lieues dans les forêts de la Russie, et je n'y ai jamais vu de petits oiseaux qu'aux environs des villages. En faisant la visite des places dans la Finlande Russe, avec les généraux du corps du génie où je servois, nous faisions quelquefois vingt lieues dans un jour, sans rencontrer sur la route ni villages ni oiseaux. Mais quand nous apercevions voltiger des moineaux dans les arbres, nous jugions que nous étions près de quelque lieu habité. Cet indice ne nous a jamais trompés. Je le rapporte d'autant plus volontiers, qu'il peut quelquefois servir à des gens égarés dans les bois. Garcillasso de la Véga raconte que son père ayant été détaché du Pérou avec une compagnie d'Espagnols pour faire des découvertes au-delà des Cordilières, pensa mourir de faim au milieu de leurs vallées et de leurs fondrières inhabitées. Il n'en seroit jamais sorti, s'il n'eût aperçu en l'air une volée de perroquets, qui lui fit soupçonner qu'il y avoit des habitations quelque part aux environs. Il se dirigea sur le rumb de vent qu'avoient suivi les

perroquets, et parvint, après des fatigues incroya-
bles à une peuplade d'Indiens qui cultivoient des
champs de maïs. Nous observerons que là nature
n'a donné aucun chant agréable aux oiseaux de
marine et de rivière, parce qu'il eût été étouffé par
les bruits des eaux, et que l'oreille humaine n'eût
pu en jouir à la distance où ils vivent de la terre.
S'il y a des cygnes qui chantent comme on l'a prétendu, leur chant ne doit avoir que peu de modu-
lation, et ressembler aux cris des canards et des
oies. Celui des cygnes sauvages qui sont venus dernièrement s'établir à Chantilly, n'a que quatre ou
cinq notes. Les oiseaux aquatiques ont des cris
perçans, propres à se faire entendre dans les régions
des vents et des tempêtes qu'ils habitent, et qui ont
des convenances parfaites avec leurs sites bruyans
et leurs solitudes mélancoliques. Les mélodies des
oiseaux de chant ont de pareilles relations avec les
sites qu'ils occupent, et même avec les distances où
ils vivent de nos habitations. L'alouette qui fait son
nid dans nos blés, et qui aime à s'y élever à perte
de vue, se fait entendre en l'air, lors même qu'on
ne l'aperçoit plus. L'hirondelle qui frise en volant
les parois de nos maisons, et qui se repose sur nos
cheminées, a un petit gazouillement doux, qui n'est
point étourdissant, comme seroit celui des oiseaux
de bocages; mais le rossignol solitaire se fait ouïr à
plus d'une demi-lieue. Il se méfie du voisinage de

l'homme ; et cependant il se place toujours à la vue de son habitation et à la portée de son ouïe. Il choisit pour cet effet les lieux les plus retentissans, afin que leurs échos donnent plus d'action à sa voix. Quand il s'est établi dans son orchestre, il chante alors un drame inconnu, qui a son exorde, son exposition, ses récits, ses événemens, entremêlés tantôt des sons de la joie la plus éclatante, tantôt de ressouvenirs amers et lamentables qu'il exprime par de longs soupirs. Il se fait entendre au commencement de la saison où la nature se renouvelle, et semble présenter à l'homme un tableau de la carrière inquiète qu'il doit parcourir.

Chaque oiseau a une voix convenable au temps et au poste où il se montre, et relative aux besoins de l'homme. Le cri perçant du coq le réveille au point du jour pour les travaux. Le chant gai de l'alouette dans la prairie invite les bergères aux danses ; la grive gourmande, qui ne paroît qu'en automne, appelle aux vendanges les rustiques vignerons. L'homme seul, de son côté, est attentif aux accens des oiseaux. Jamais le cerf, qui versa des larmes sur ses propres malheurs, ne soupira à ceux de la plaintive Philomèle. Jamais le bœuf laboureur, mené à la boucherie après de pénibles services, ne tourna sa tête vers elle, en lui disant : « Oiseau » solitaire, voyez comme l'homme récompense ses » serviteurs ! » La nature a répandu ces distractions

et ses consonnances de fortunes sur des êtres volatiles, afin que notre ame susceptible de tous les
maux, trouvant par-tout à les étendre, pût par-tout
en affoiblir le poids. Elle a rendu capables de ces
communications les corps même insensibles. Souvent elle nous présente, au milieu des scènes qui
affligent notre vue, d'autres scènes qui réjouissent
notre ouïe, et nous rappellent d'intéressans ressouvenirs. C'est ainsi que du sein des forêts, elle nous
transporte sur le bord des eaux par les frémissemens des trembles et des peupliers. D'autres fois
elle nous apporte, sur le bord des ruisseaux, les
bruits de la mer et des manœuvres des navires, par
les murmures des roseaux agités par les vents. Quand
elle ne peut séduire notre raison par des images
étrangères, elle l'assoupit par le charme du sentiment : elle fait sortir du sein des forêts, des prairies et des vallons, des bruits ineffables qui excitent
en nous de douces rêveries, et nous plongent dans
de profonds sommeils.

## Du Toucher.

Je ne ferai que quelques réflexions sur le toucher; il est le plus obtus de nos sens, et cependant
il est en quelque sorte le sceau de notre intelligence.
Nous avons beau voir un corps de toutes les manières, nous ne croyons pas le connoître, si nous
ne pouvons pas le toucher. Cet instinct vient peut-

être de notre foiblesse, qui cherche dans ces rap-
prochemens des points de protection. Quoi qu'il en
soit, ce sens, tout obscur qu'il est, peut nous communiquer l'intelligence, comme on peut le voir par
l'exemple cité par Chardin, des aveugles de Perse,
qui traçoient avec leurs doigts des figures de géométrie, et jugeoient très-bien de la bonté d'une
montre en en maniant les roues. La sage nature a
mis les principaux organes de ce sens, qui est répandu sur toute la surface de notre peau, dans nos
pieds et dans nos mains, qui sont les membres le
plus à portée de juger des qualités des corps. Mais ;
afin qu'ils ne fussent pas exposés à perdre leur sensibilité par des chocs fréquens, elle leur a donné
beaucoup de souplesse en les divisant en plusieurs
doigts, et ces doigts en plusieurs articulations ; de
plus, elle les a garnis, du côté du contact, de
demi-molettes élastiques, qui présentent à la fois de
la résistance dans leurs parties calleuses et saillantes,
et une sensibilité exquise dans leurs parties ren-
trantes.

Cependant je m'étonne que la nature ait répandu
le sens du toucher sur toute la surface du corps
humain, qui se trouve par-là exposé à une multitude
de souffrances, sans qu'il en résulte pour lui beaucoup
d'avantages. L'homme est le seul des animaux qui
soit obligé de se vêtir. Il y a, à la vérité, quelques
insectes qui se font des fourreaux, comme les tei-

gnes ; mais ils naissent dans des lieux où leurs habits
sont, pour ainsi dire , tout faits. Ce besoin , qui
est devenu une des plus inépuisables sources de
notre vanité, est à mon gré un des plus grands témoignages de notre misère. L'homme est le seul être
qui ait honte de paroître nu. C'est un sentiment
dont je ne vois pas de raison dans la nature , ni
de similitude dans l'instinct des autres animaux.
D'ailleurs, indépendamment de toute affection de
pudeur, il est contraint, par la nécessité, de se vêtir
dans tous les climats. Quelques philosophes enve-
loppés de bons manteaux , et qui ne sortent point
de nos villes , se sont figuré un homme naturel sur
la terre , comme une statue de bronze au milieu
d'une place publique. Mais sans parler de tous les
inconvéniens qui affligent au-dehors sa malheureuse
existence , comme le froid , le chaud , le vent, la
pluie, je ne m'arrêterai qu'à une incommodité qui
nous paroît légère dans nos appartemens , mais qui
est insupportable à un homme nu dans les plus
douces températures ; ce sont les mouches. Je citerai à ce sujet le témoignage d'un homme dont la
peau devoit être à l'épreuve; c'est celui du flibustier Raveneau de Lussan , qui traversa en 1688
l'isthme de Panama, en revenant de la mer du Sud.
Voici ce qu'il dit en parlant des Indiens du cap
de Gracias-à-Dios : « Quand le sommeil les prend ,
» ils font un trou dans le sable où ils se couchent ,

» et ensuite ils se recouvrent avec le même sable ;
» ce qu'ils font pour se mettre à couvert des insultes
» des moustiques, dont l'air est le plus souvent tout
» rempli. Ce sont de petits moucherons que l'on
» sent plutôt qu'on ne les voit, et qui ont un ai-
» guillon si piquant et si venimeux, que lorsqu'ils
» l'appuient sur quelqu'un, il semble que ce soit un
» dard de feu qu'ils y lancent.

» Ces pauvres gens sont si tourmentés de ces fâ-
» cheux insectes quand il ne vente point, qu'ils en
» deviennent comme lépreux ; et je puis assurer
» avec vérité, le sachant par ma propre expérience,
» que ce n'est pas une légère souffrance que d'en
» être attaqué ; car, outre qu'ils font perdre le repos
» de la nuit, c'est que, lorsque nous avons été
» réduits à aller le dos nu, faute de chemises, l'im-
» portunité de ces animaux nous faisoit désespérer
» et entrer dans des rages à ne nous plus possé-
» der (1) ».

C'est, je crois, à cause de l'incommodité des
mouches, très-communes et très-nécessaires dans
les lieux marécageux et humides des pays chauds,
que la nature a mis peu de quadrupèdes à poils sur
leurs rivages, mais des quadrupèdes à écailles,
comme les tatous, les armadilles, les tortues, les
lézards, les crocodiles, les caïmans, les crabes de

(1) Journal d'un Voyage à la mer du Sud, en 1688.

terre, les bernards l'hermite, et les autres reptiles
écailleux, comme les serpens, sur lesquels les
mouches n'ont point de prise. C'est peut-être aussi
pour cette raison que les porcs et les sangliers, qui
aiment à fréquenter ces sortes d'endroits, ont des
poils longs, roides et hérissés, qui écartent les insectes volatiles.

Au reste, la nature n'a pris à cet égard aucune
précaution pour l'homme. Certes, en voyant la
beauté de ses formes et sa grande nudité, il m'est
impossible de ne pas admettre l'ancienne tradition
de notre origine. La nature, en le mettant sur la
terre, lui a dit : « Va, être dégradé, intelligence
» sans lumière, animal sans vêtement, va pourvoir
» à tes besoins ; tu ne pourras éclairer ta raison
» aveugle qu'en la dirigeant sans cesse vers le ciel,
» ni soutenir ta vie malheureuse que par le secours
» de tes semblables ». Ainsi, de la misère de
l'homme naquirent les deux commandemens de
la loi.

## DES SENTIMENS DE L'AME,

### et premièrement des affections de l'esprit.

Je ne parlerai des affections de l'esprit que pour
les distinguer des sentimens de l'ame : ils diffèrent
essentiellement les uns des autres. Par exemple,
autre est le plaisir que nous donne une comédie,

autre celui que nous donne une tragédie. L'émotion qui nous fait rire est une affection de l'esprit
ou de la raison humaine ; celle qui nous fait verser
des larmes est un sentiment de l'ame. Ce n'est pas
que je veuille faire de l'esprit et de l'ame deux puissances de nature différente; mais il me semble,
comme nous l'avons déjà dit, que l'un est à l'autre
ce que la vue est au corps ; l'esprit est une faculté,
et l'ame en est le principe ; l'ame est, si j'ose le
dire, le corps de notre intelligence. Je regarde donc
l'esprit comme une vue intellectuelle à laquelle on
peut rapporter les autres facultés de l'entendement,
l'*imagination*, qui voit les choses à venir ; la *mémoire*, qui voit celles qui sont passées, et le *jugement*, qui aperçoit leurs convenances. L'impression
que nous font ces vues diverses excite quelquefois
en nous un sentiment qu'on appelle l'*évidence ;* et
alors celle-ci appartient immédiatement à notre ame,
ce que nous éprouvons par l'émotion délicieuse
qu'elle y fait naître subitement ; mais parvenue là,
elle n'est plus du ressort de notre esprit , parce
que, quand nous commençons à sentir, nous ces-
sons de raisonner; nous ne voyons plus, nous jouis-
sons.

Comme notre éducation et nos mœurs nous dirigent vers notre intérêt personnel, il arrive de là
que notre esprit ne s'occupe plus que des convenances sociales, et que notre raison n'est plus, à la

fin, que l'intérêt de nos passions ; mais notre ame
livrée à elle-même, cherche sans cesse les convenances naturelles, et notre sentiment est toujours
l'intérêt du genre humain.

Ainsi, je le répète, l'esprit est la perception des
loix de la société, et le sentiment est la perception
des loix de la nature. Ceux qui nous montrent les
convenances de la société, tels que les écrivains
comiques, satiriques, épigrammatiques, et même
la plupart des moralistes, sont des hommes d'esprit : tels ont été l'abbé de Choisy, La Bruyère,
Saint-Evremont, &c.... Ceux qui nous découvrent
les convenances de la nature, comme les poètes
tragiques, les poètes sensibles, les inventeurs des
arts, les grands philosophes, sont des hommes de
génie : tels ont été Shakespeare, Corneille, Racine,
Newton, Marc-Aurèle, Montesquieu, La Fontaine,
Fénélon, J. J. Rousseau. Les premiers appartiennent à un siècle, à une saison, à une nation, à
une coterie ; les autres à la postérité et au genre
humain.

On sentira encore mieux la différence qu'il y a
entre l'esprit et l'ame, en dénaturant leurs affections.
Toutes les fois, par exemple, que les perceptions de
l'esprit sont amenées jusqu'à l'évidence, elles nous
font un grand plaisir, indépendamment de toutes
les relations particulières d'intérêt ; parce qu'elles
excitent en nous un sentiment, comme nous l'avons

dit. Mais quand nous analysons nos sentimens, et que nous les rapportons à l'examen de notre esprit, les émotions sublimes qu'ils excitoient en nous s'évanouissent; car nous ne manquons pas de les rapporter alors à quelque convenance de société, de fortune, de systême ou d'autre intérêt personnel dont se compose notre raison. Ainsi dans le premier cas nous changeons notre cuivre en or, et dans le second notre or en cuivre.

Au reste, rien de plus pernicieux à la longue que notre esprit pour étudier la nature; car quoiqu'il saisisse çà et là quelques convenances naturelles, il n'en suit pas la chaîne fort loin : d'ailleurs il y en a un beaucoup plus grand nombre qu'il n'aperçoit pas, parce qu'il ramène toujours tout à lui, et au petit ordre social ou scientifique dans lequel il est circonscrit. Ainsi, par exemple, s'il jette un coup-d'œil sur les sphères célestes, il en rapportera la formation au travail d'une verrerie; et s'il admet un être créateur, il le représentera comme un machiniste désœuvré, occupé à faire des globes uniquement pour le plaisir de les faire tourner. Il conclura de son propre désordre qu'il n'y a point d'ordre dans la nature; de son immoralité qu'il n'y a point de moralité. Comme il rapporte tout à sa raison, et qu'il ne voit pas de raison d'exister lorsqu'il ne sera plus sur la terre, il en conclut en effet qu'alors il n'existera pas. S'il étoit conséquent, il en concluroit également qu'il n'existe pas maintenant ; car il ne trouve certainement ni en lui ni autour de lui de raison actuelle de son existence.

Nous sommes convaincus de notre existence par une puissance bien supérieure à notre esprit, qui est le sentiment. Nous allons porter cet instinct naturel dans les recherches de l'existence de la Divinité et de l'immortalité de l'ame, sur lesquelles notre raison versatile s'est si souvent exercée pour et contre. Quoique notre insuffisance soit trop grande pour nous porter bien loin dans cette carrière infinie, nous espérons que nos aperçus et nos erreurs même donneront aux hommes de génie le courage d'y entrer. Ces vérités sublimes et éternelles nous semblent tellement empreintes dans le cœur humain, qu'elles nous paroissent être les principes même de notre sentiment, et se manifester dans nos affections les plus communes, comme dans nos passions les plus déréglées.

## DU SENTIMENT DE L'INNOCENCE.

Le sentiment de l'innocence nous élève vers la Divinité, et nous porte à la vertu. Les Grecs et les Romains faisoient chanter les enfans dans les fêtes religieuses, et les chargeoient de présenter les offrandes aux autels, afin de rendre, par le spectacle de leur innocence, les dieux favorables à la patrie. La vue de l'enfance rappelle l'homme aux sentimens de la nature. Lorsque Caton d'Utique eut pris la résolution de se tuer, ses amis et ses serviteurs lui retirèrent son épée; et comme il la leur redemanda en se mettant dans une violente colère, ils envoyèrent un enfant la lui porter; mais la corruption de ses contemporains avoit étouffé dans son cœur le sentiment que devoit y faire naître l'innocence.

Jésus-Christ veut que nous devenions semblables aux enfans : on les appelle innocens, *non nocentes*, parce qu'ils n'ont jamais nui. Cependant malgré les droits de leur âge et l'autorité de notre religion, à quelle éducation barbare ne sont-ils pas abandonnés ?

## De la Pitié.

C'est le sentiment de l'innocence qui est le premier mobile de la pitié; voilà pourquoi nous sommes plus touchés des malheurs d'un enfant que de ceux d'un vieillard. Ce n'est pas, comme l'ont dit quelques philosophes, parce que l'enfant a moins de ressources et d'espérances; car il en a plus que le vieillard, qui est souvent infirme et qui s'avance vers la mort, tandis que l'enfant entre dans la vie : mais l'enfant n'a jamais offensé; il est innocent. Ce sentiment s'étend aux animaux même, qui nous touchent souvent plus de pitié que les hommes, par cela seul qu'ils ne sont pas nuisibles. C'est ce qui a fait dire au bon La Fontaine, en parlant du déluge, dans la fable de Philémon et de Baucis :

...................... Tout disparut sur l'heure.
Les vieillards déploroient ces sévères destins :
Les animaux périr ! car encor les humains,
Tous avoient dû tomber sous les célestes armes.
Baucis en répandit en secret quelques larmes.

Ainsi le sentiment de l'innocence développe dans le cœur de l'homme un caractère divin qui est celui de la générosité. Il ne porte point sur le malheur en lui-même, mais sur une qualité morale qu'il démêle dans l'infortuné qui en est l'objet. Il s'accroît par la vue de l'innocence, et quelquefois encore plus par celle du repentir. L'homme, seul des animaux, en est susceptible ; et ce n'est point par un retour secret sur lui-même, comme l'ont prétendu quelques ennemis du genre humain : car si cela étoit, en comparant un enfant et un vieillard, qui sont malheureux, nous devrions être plus touchés des maux du vieillard, attendu que nous nous éloignons des maux de l'enfance, et que nous nous approchons de ceux de la vieillesse : cependant le contraire arrive par l'effet du sentiment moral que j'ai allégué.

Lorsqu'un vieillard est vertueux, le sentiment moral de ses malheurs redouble en nous ; ce qui prouve évidemment que la pitié de l'homme n'est pas une affection animale. Ainsi la vue d'un Béli-

saire est très - attendrissante. Si on y réunit celle
d'un enfant qui tend sa petite main afin de recevoir
quelques secours pour cet illustre aveugle, l'impression de la pitié est encore plus forte. Mais voici un
cas sentimental. Je suppose que vous eussiez rencontré Bélisaire vous demandant l'aumône d'un côté,
et de l'autre un enfant orphelin, aveugle et misérable, et que vous n'eussiez eu qu'un écu, sans
pouvoir le partager : auquel des deux l'eussiez-vous
donné ?

Si vous trouvez que les grands services rendus
par Bélisaire à sa patrie ingrate, rendent la balance
du sentiment trop inégale, supposez à l'enfant les
maux de Bélisaire, et même quelques-unes de ses
vertus, comme d'avoir eu les yeux crevés par ses
parens, et de demander encore l'aumône pour
eux (1); il n'y aura plus, à mon avis, à balancer,
si vous ne faites que sentir : car si vous raisonnez,

---

(1) Un curé de village des environs de Paris, près de
Dravet, a éprouvé dans son enfance une cruauté non moins
grande de la part de ses parens. Il fut châtré par son père
qui étoit chirurgien; et il l'a nourri dans sa vieillesse,
malgré sa barbarie. Je crois que l'un et l'autre sont encore
vivans.

Son père le destinoit à en faire un musicien pour la chapelle du roi, à l'instar de ceux qui viennent de l'Italie, où
règne la coutume barbare, abominable, de châtrer des enfans
pour en faire des musiciens.

c'est autre chose ; les talens, les victoires, et l'illustration du général Grec, vous feront bientôt oublier les infortunes d'un enfant obscur. La raison vous ramènera à l'intérêt politique, au moi humain.

Le sentiment de l'innocence est un rayon de la Divinité. Il couvre l'infortuné d'une lumière céleste, qui vient rejaillir contre le cœur humain, et y fait naître la générosité, cette autre flamme divine. C'est lui seul qui nous rend sensibles au malheur de la vertu, en nous la montrant comme incapable de nuire ; car autrement, nous pourrions la considérer comme se suffisant à elle-même. Alors elle exciteroit plus notre admiration que notre pitié.

### De l'Amour de la Patrie.

Ce sentiment est encore la source de l'amour de la patrie, parce qu'il nous y rappelle les affections douces et pures du premier âge. Il s'accroît avec l'étendue, et s'augmente avec les années, comme un sentiment d'une nature céleste et immortelle. Il y a en Suisse un air de musique antique et fort simple, appelé le *rans des vaches*. Cet air est d'un tel effet, qu'on fut obligé de défendre de le jouer en Hollande et en France devant les soldats de cette nation, parce qu'il les faisoit déserter tous l'un après l'autre. Je m'imagine que ce *rans des vaches* imite le mugissement des bestiaux, les retentissemens des échos, et d'autres convenances locales qui faisoient bouillir le sang dans les veines de ces pauvres soldats, en leur rappelant les vallons, les lacs, les montagnes de leur patrie (1), et en même temps les compagnons du premier âge, les premières amours, les souvenirs des bons aïeux, &c.

L'amour de la patrie semble croître à proportion qu'elle est innocente et malheureuse. Voilà pourquoi les peuples sauvages aiment plus leur pays que les peuples policés, et ceux qui habitent des contrées âpres et rudes, comme les habitans des montagnes, que ceux qui vivent dans des contrées fertiles et dans de beaux climats. Jamais la cour de Russie n'a pu engager aucun Samoïède à quitter les

---

(1) J'ai ouï dire que Poutavéri, cet Indien de Taïti qui a été amené à Paris il y a quelques années, ayant vu au Jardin des Plantes le mûrier à papier, dont l'écorce sert dans son pays à faire des étoffes, les larmes lui vinrent aux yeux, et qu'en le saisissant dans ses bras, il s'écria : *O arbre de mon pays !* Je voudrois qu'on essayât si en donnant à un oiseau étranger, comme à un perroquet, un fruit de son pays qu'il n'auroit pas vu depuis long-temps, il témoigneroit à sa vue quelque émotion extraordinaire. Quoique les sensations physiques nous attachent fortement à la patrie, il n'y a que les sentimens moraux qui leur donnent une grande intensité. Le temps, qui affoiblit les premières, ne fait qu'accroître ceux-ci. C'est pourquoi la vénération pour un monument est toujours proportionnée à son antiquité ou à sa distance; et voilà pourquoi Tacite a dit : *major è longinquo reverentia.*

bords de la mer Glaciale pour s'établir à Pétersbourg.
On amena, le siècle passé, quelques Groënlandais
à la cour de Copenhague, on les y combla de bienfaits, et ils y moururent en peu de temps de chagrin.
Plusieurs d'entre eux se noyèrent en voulant retourner en chaloupe dans leur pays. Ils virent avec le
plus grand sang-froid toutes les magnificences de la
cour de Danemarck; mais il y en avoit un qui pleuroit toutes les fois qu'il apercevoit une femme portant un enfant dans ses bras. On conjectura que cet
infortuné étoit père. Sans doute la douceur de l'éducation domestique attache ainsi fortement ces peuples aux lieux qui les ont vus naître. Ce fut elle qui
inspira aux Grecs et aux Romains tant de courage
pour défendre leur patrie. Le sentiment de l'innocence en redouble l'amour, parce qu'il rend toutes
les affections du premier âge, pures, saintes et inal-
térables. Virgile a bien connu l'effet de ce sentiment,
quand il fait dire à Nisus, qui veut détourner Euryale
de s'exposer avec lui au danger d'une expédition
nocturne, ces mots touchans :

Te superesse velim : tua vità dignior ætas.

« J'ai desiré que vous me surviviez; votre âge
» plus que le mien est digne de la vie ».

Mais chez les peuples où l'enfance est malheureuse et corrompue par des éducations ennuyeuses,
féroces et étrangères, il n'y a pas plus d'amour de

la patrie que d'innocence. C'est une des causes pour lesquelles tant d'Européens courent le monde , et pourquoi il y a si peu de monumens anciens en Europe, parce que la génération qui suit ne manque jamais de détruire les monumens de celle qui l'a précédée. Voilà pourquoi nos livres, nos modes, nos usages , nos cérémonies et nos langues vieillissent si vîte , et sont tout différens d'un siecle à l'autre, et que toutes ces choses se maintiennent les mêmes chez les peuples sédentaires de l'Asie, depuis une longue suite de siècles ; parce que les enfans élevés en Asie dans leur famille avec beaucoup de douceur, restent attachés aux établissemens de leurs ancêtres , par reconnoissance pour leur mémoire, et aux lieux qui les ont vus naître, par le souvenir de leur bonheur et de leur innocence.

## DU SENTIMENT DE L'ADMIRATION.

Le sentiment de l'admiration nous porte directement dans le sein de la Divinité. S'il est excité en nous par quelque objet de plaisir , nous nous y jetons comme à sa source ; si par la frayeur, comme à notre refuge. Dans l'un et l'autre cas, le cri de l'admiration est : « Ah ! mon Dieu ». C'est, dit-on , un effet de notre éducation, où l'on nous parle souvent de Dieu ; mais on nous y parle encore plus souvent de notre père , du roi, d'un protecteur, d'un savant célèbre. Pourquoi, lorsque nous avons besoin de nous appuyer dans ces secousses imprévues, ne nous écrions-nous pas : Ah! mon roi! et où il s'agit des sciences : Ah! Newton!

Il est certain que si on nous parle quelquefois de Dieu dans notre éducation, nous en perdons bientôt l'idée dans le train ordinaire des choses du monde; pourquoi donc y avons-nous recours dans les événemens extraordinaires? Ce sentiment naturel est commun à toutes les nations, dont il y en a beaucoup qui ne parlent point de théologie à leurs enfans. Je l'ai remarqué dans des Nègres de la côte de Guinée, de Madagascar, de la Cafrerie et de Mosambique; dans des Tartares et des Malabares; enfin dans des hommes de toutes les parties du monde. Je n'en ai pas vu un seul qui, dans les mouvemens extraordinaires de la surprise ou de l'admiration, ne fît dans sa langue les mêmes exclamations que nous, et ne levât les mains et les yeux vers le ciel.

### Du Merveilleux.

Le sentiment de l'admiration est la source de l'instinct que les hommes ont eu de tout temps pour le merveilleux.

Nous le cherchons par-tout, et nous le plaçons principalement à l'entrée et à la sortie de la vie : voilà pourquoi les berceaux et les tombeaux de tant d'hommes ont été environnés de fables. Il est la source intarissable de notre curiosité; il se développe

dès l'enfance, et il accompagne long-temps l'innocence. D'où peut venir aux enfans le goût du merveilleux? Il leur faut des contes de Fées, et il faut
aux hommes des poëmes épiques et des opéra.
C'est le merveilleux qui fait l'un des grands charmes
des statues antiques de la Grèce et de Rome,
qui représentent des héros ou des dieux, et qui contribue plus qu'on ne pense, à nous faire aimer les
histoires anciennes de ces pays. C'est une des raisons naturelles à apporter au président Hénault, qui
s'étonne qu'on aime mieux les histoires anciennes
que les modernes, et sur-tout que la nôtre : c'est
qu'indépendamment des sentimens patriotiques qui
servent au moins de prétextes aux intrigues des
grands chez les Grecs et les Romains, et qui étoient
tellement inconnus aux nôtres, qu'ils ont souvent
bouleversé la patrie pour les intérêts de leur maison,
et quelquefois pour l'honneur d'une préséance ou
d'un tabouret ; il y a un merveilleux dans la religion
des anciens, qui console et élève l'homme, tandis
que celui de la religion des Gaulois l'effraye et l'avilit. Les dieux des Grecs et des Romains étoient
patriotes comme leurs grands. Minerve leur avoit
donné l'olivier, Neptune le cheval. Ces dieux protégeoient les villes et les peuples. Mais ceux des
Gaulois étoient tyrans comme leurs barons; ils ne
protégeoient que les druides. Il leur falloit des sacrifices humains. Enfin, cette religion étoit si barbare,

que deux empereurs Romains l'abolirent successivement, comme le rapportent Suétone et Pline. Je
ne dis rien des intérêts modernes de notre histoire,
mais je suis sûr que les relations de notre politique
n'y remplaceront jamais, dans le cœur humain,
celles de la Divinité.

J'observerai que, comme l'admiration est un mouvement involontaire de l'ame vers la Divinité, et est
par conséquent sublime, plusieurs écrivains modernes se sont efforcés de multiplier ce genre de beauté
dans leurs ouvrages, en y accumulant des surprises
imprévues; mais la nature les emploie rarement
dans les siens, parce que l'homme n'est pas capable d'éprouver fréquemment de pareilles secousses.
Elle nous fait paroître peu à peu la lumière du
soleil, le développement des fleurs, la formation
des fruits. Elle amène nos jouissances par une longue suite d'harmonies; elle nous traite en hommes,
c'est-à-dire en machines foibles et bien aisées à
renverser; elle nous voile la Divinité, afin que nous
en puissions supporter les approches.

### Plaisir du Mystère.

Voilà pourquoi le mystère a tant de charmes. Ce
ne sont pas les tableaux les plus éclairés, les avenues en lignes droites, les roses bien épanouies et
les femmes brillantes qui nous plaisent le plus.
Mais les vallées ombreuses, les routes qui serpen-

tent dans les forêts, les fleurs qui s'entr'ouvrent à
peine, et les bergères timides excitent en nous de
plus douces et de plus durables émotions. L'amour
et le respect des objets augmentent par leurs mys-
tères. Tantôt c'est celui de l'antiquité qui nous rend
tant de monumens vénérables ; tantôt c'est celui de
l'éloignement qui donne tant de charmes aux objets
de l'horizon ; tantôt c'est celui des noms. Voilà
pourquoi les sciences qui ont conservé des noms
grecs, qui ne signifient souvent que des choses
très-communes, nous impriment plus de respect
que celles qui n'ont que des noms modernes, quoique celles-ci soient souvent plus ingénieuses et plus
utiles. Voilà pourquoi, par exemple, la construction des vaisseaux et la navigation sont moins estimées de nos savans modernes, que plusieurs autres
sciences physiques, qui ne sont souvent que frivoles, mais qui portent des noms grecs. Ainsi, l'admiration n'est point une relation de l'esprit, ou une
perception de notre raison ; mais un sentiment de
l'ame qui s'élève en nous, par je ne sais quel instinct
de la Divinité, à la vue des choses extraordinaires,
et par le mystère même qui les environne. Cela est
si certain, qu'elle se détruit par la science même
qui nous éclaire. Si je montre à un sauvage un éoli-
pyle qui lance un jet d'esprit-de-vin enflammé, je
le ravis en admiration ; il est prêt à adorer ma
machine ; il me prend pour le dieu du feu, tant

qu'il ne la connoît pas ; mais si je lui en explique la raison, il ne m'admire plus, il me regarde comme un charlatan (1).

## Plaisirs de l'ignorance.

C'est par un effet de ces sentimens ineffables, et de ces instincts universels de la Divinité, que l'ignorance est devenue la source intarissable de nos plaisirs. Il ne faut pas confondre l'ignorance et l'erreur, comme font tous nos moralistes. L'ignorance est l'ouvrage de la nature, et souvent un bienfait envers l'homme ; et l'erreur est souvent le fruit de nos prétendues sciences humaines, et est toujours un mal. Quoi qu'en disent nos écrivains politiques, qui vantent nos lumières actuelles, et qui leur opposent la barbarie des siècles passés, ce ne sont pas des ignorans qui ont mis alors à feu et à

---

(1) Voilà pourquoi nous n'admirons que ce qui est rare. S'il apparoissoit sur l'horizon de Paris une de ces parhélies si communes au Spitzberg, tout le peuple sortiroit dans les rues pour l'admirer. Ce n'est cependant qu'une réflexion du disque du soleil dans les nuages ; et personne ne s'arrête pour admirer le soleil lui-même, parce que le soleil est trop connu.

C'est le mystère qui fait un des charmes de la religion. Ceux qui y veulent une démonstration géométrique, ne connoissent ni les loix de la nature, ni les besoins du cœur humain.

sang toute l'Europe , pour des disputes de religion. Des ignorans se seroient tenus tranquilles. C'étoient des gens qui étoient dans l'erreur, qui vantoient peut-être alors leurs lumières , comme nous vantons aujourd'hui les nôtres , et à chacun desquels l'éducation Européenne avoit inspiré cette erreur de l'enfance : Sois le premier.

Que de maux l'ignorance nous cache , que nous devons un jour rencontrer dans la vie sans pouvoir les éviter ! l'inconstance des amis, les révolutions de la fortune , les calomnies, et l'heure de la mort même qui effraie tant d'hommes. La science de ces maux nous empêcheroit de vivre. Que de biens l'ignorance nous rend sublimes ! les illusions de l'amitié et de l'amour, les perspectives de l'espérance , et les trésors même que nous découvrent les sciences. Les sciences ne nous charment que dans le commencement de leurs études, quand l'esprit s'y présente plein d'ignorance. C'est le point de contact de la lumière et des ténèbres qui produit le jour le plus favorable à nos yeux : c'est ce point harmonique qui excite notre admiration , lorsque nous venons à nous éclairer ; mais il n'existe qu'un instant. Il se dissipe avec notre ignorance. Les élémens de géométrie ont passionné des jeunes gens, mais jamais des vieillards, si ce n'est quelques fameux géomètres , qui ont été de découvertes en découvertes. Il n'y a que des sciences et des pas-

sions pleines de doutes et de hasards, qui fassent
des enthousiastes à tout âge, telles que la chimie,
l'avarice, le jeu et l'amour.

Pour un plaisir que la science donne et fait périr
en nous le donnant, l'ignorance nous en présente
mille qui nous flattent bien davantage. Vous me
démontrez que le soleil est un globe fixe, dont
l'attraction donne aux planètes la moitié de leurs
mouvemens. Ceux qui le croyoient conduit par
Apollon en avoient-ils une idée moins sublime ? Ils
pensoient au moins que les regards d'un dieu par-
couroient la terre avec les rayons de l'astre du jour.
C'est la science qui a fait descendre la chaste Diane
de son char nocturne ; elle a banni les Hamadryades
des antiques forêts, et les douces Naïades des fontaines. L'ignorance avoit appelé les dieux à ses
joies, à ses chagrins, à son hyménée et à son tombeau : la science n'y voit plus que les élémens. Elle
a abandonné l'homme à l'homme, et l'a jeté sur la
terre comme dans un désert. Ah ! quels que soient
les noms qu'elle donne aux divers règnes de la
nature ; sans doute les esprits célestes régissent
leurs combinaisons si ingénieuses, si variées et si
constantes ; et l'homme qui ne s'est rien donné n'est
pas le seul être dans l'univers qui ait en partage
l'intelligence.

Ce n'est point à nos lumières que la Divinité communique le sentiment le plus profond de ses attri-

buts, c'est à notre ignorance. La nuit nous donne une plus grande idée de l'infini, que tout l'éclat du jour. Pendant le jour je ne vois qu'un soleil; la nuit j'en vois des milliers. Sont-ce même des soleils que ces étoiles de si diverses couleurs? Ces planètes qui tournent autour du nôtre, ont-elles comme nous des habitans? D'où vient la planète de Cybèle (1), découverte de nos jours par l'allemand Herschel! Elle parcouroit notre carrière depuis la création, et elle nous étoit inconnue. Où vont ces longues comètes qui traversent des espaces immenses? Qu'est-ce que cette voie lactée qui sépare le firmament? Quels sont ces deux nuages noirs placés au pôle antarctique, près de la Croix du Sud? Y auroit-il des astres qui répandroient des ténèbres, comme le croyoient les anciens? Y a-t-il dans le firmament des lieux où la lumière ne parvienne jamais? Le soleil ne me montre qu'un infini terrestre, et la nuit me découvre un infini céleste. O mystère, couvrez ces vues ravissantes de vos ombres sacrées! ne permettez pas à la science humaine d'y porter son triste compas! Que la vertu ne soit pas réduite à attendre désormais sa récompense de la justice et de la sensibilité d'un globe! Laissez-lui penser qu'il y a dans l'univers d'autres destins que ceux qui font les malheurs de la terre!

---

(1) Les Anglais l'appellent, du nom de leur roi George III, *Sydus Georgianum*, l'astre de George.

La science nous montre le terme de notre raison, l'ignorance l'éloigne toujours. Je me garde
bien, dans mes promenades solitaires, de m'informer à qui appartient le château que j'aperçois au
loin. L'histoire du maître gâte souvent celle du paysage. Il n'en est pas de même de celle de la nature;
plus on étudie ses ouvrages, plus on trouve de raisons de les admirer. Il n'y a qu'un cas où la science
des ouvrages des hommes nous est agréable, c'est
lorsque le monument que nous apercevons a été le
séjour d'un homme de bien. Quel est ce petit clo-
cher que je vois de Montmorency ? c'est celui de
Saint-Gratien, où Catinat a vécu en sage, et où
repose sa cendre. Mon ame circonscrite à un petit
village, part de là pour embrasser le grand siècle de
Louis XIV, et se jeter ensuite dans une sphère bien
plus sublime que celle du monde, qui est celle de
la vertu. Quand je ne peux me procurer ces perspectives, l'ignorance des lieux me sert plus que
leur connoissance. Je n'ai pas besoin de savoir que
cette forêt appartient à une abbaye ou à un duché,
pour la trouver majestueuse. Ses arbres antiques,
ses profondes clairières, ses solitudes silencieuses
me suffisent. Dès que je n'y aperçois pas l'homme,
j'y sens la Divinité. Pour peu que je veuille donner
carrière à mon sentiment, il n'y a point de paysage
que je n'ennoblisse. Ces vastes prairies sont des
mers ; ces coteaux embrumés sont des îles qui

s'élèvent sur l'horizon ; cette ville, là-bas, est une cité de la Grèce honorée par les pas de Socrate et de Xénophon. Grace à mon ignorance, je me laisse aller à l'instinct de mon ame. Je me jette dans l'infini. Je prolonge la distance des lieux par celle des siècles, et pour achever mon illusion, j'y fais séjourner la vertu.

## DU SENTIMENT DE LA MÉLANCOLIE.

La nature est si bonne, qu'elle tourne à notre plaisir tous ses phénomènes ; et si nous y prenons garde, nous verrons que les plus communs sont ceux qui nous sont les plus agréables.

Je goûte, par exemple, du plaisir lorsqu'il pleut à verse, que je vois les vieux murs mousseux tout dégouttans d'eau, et que j'entends les murmures des vents qui se mêlent aux frémissemens de la pluie. Ces bruits mélancoliques me jettent, pendant la nuit, dans un doux et profond sommeil. Je ne suis pas le seul homme sensible à ces affections. Pline parle d'un consul romain qui faisoit dresser, lorsqu'il pleuvoit, son lit sous le feuillage épais d'un arbre, afin d'entendre frémir les gouttes de pluie, et de s'endormir à leurs murmures.

Je ne sais à quelle loi physique les philosophes peuvent rapporter les sensations de la mélancolie ; pour moi je trouve que ce sont les affections de l'ame les plus voluptueuses. « La mélancolie est

» friande », dit Michel Montaigne. Cela vient, ce me semble, de ce qu'elle satisfait à la fois les deux puissances dont nous sommes formés, le corps et l'ame, le sentiment de notre misère et celui de notre excellence.

Ainsi, par exemple, dans le mauvais temps, le sentiment de ma misère humaine se tranquillise, en ce que je vois qu'il pleut et que je suis à l'abri ; qu'il vente, et que je suis dans mon lit bien chaudement. Je jouis alors d'un bonheur négatif. Il s'y joint ensuite quelques-uns de ces attributs de la Divinité, dont les perceptions font tant de plaisir à notre ame, comme de l'infinité en étendue, par le murmure lointain des vents. Ce sentiment peut s'accroître par la réflexion des loix de la nature, en me rappelant que cette pluie qui vient, je suppose de l'ouest, a été élevée du sein de l'Océan, et peut-être des côtes d'Amérique ; qu'elle vient balayer nos grandes villes, remplir les réservoirs de nos fontaines, rendre nos fleuves navigables ; et tandis que les nuées qui la versent s'avancent vers l'orient pour porter la fécondité jusqu'aux végétaux de la Tartarie, les graines et les dépouilles qu'elle emporte dans nos fleuves vont vers l'occident se jeter à la mer et donner de la nourriture aux poissons de l'océan Atlantique. Ces voyages de mon intelligence donnent à mon ame une extension convenable à sa nature, et me paroissent d'autant plus doux, que

mon corps, qui de son côté aime le repos, est
plus tranquille et plus à l'abri.

Si je suis triste , et que je ne veuille pas étendre
mon ame si loin, je goûte encore du plaisir à me
laisser aller à la mélancolie que m'inspire le mauvais
temps. Il me semble alors que la nature se conforme à ma situation comme une tendre amie. Elle
est d'ailleurs toujours si intéressante , sous quelque
aspect qu'elle se montre , que quand il pleut il me
semble voir une belle femme qui pleure. Elle me
paroît d'autant plus belle , qu'elle me semble plus
affligée. Pour éprouver ces sentimens , j'ose dire
voluptueux , il ne faut pas avoir des projets de promenade , de visite , de chasse ou de voyage , qui
nous mettent alors de fort mauvaise humeur , parce
que nous sommes contrariés. Il faut encore moins
croiser nos deux puissances , ou les heurter l'une
contre l'autre, c'est-à-dire porter le sentiment de
l'infini sur notre misère , en pensant que cette pluie
n'aura point de fin , et celui de notre misère sur les
phénomènes de la nature , en nous plaignant que
toutes les saisons sont dérangées , qu'il n'y a plus
d'ordre dans les élémens , et nous abandonner à
tous les mauvais raisonnemens où se livre un homme
mouillé. Il faut, pour jouir du mauvais temps, que
notre ame voyage , et que notre corps se repose.

C'est par l'harmonie de ces deux puissances de
nous-mêmes que les plus terribles révolutions de la

nature nous intéressent souvent davantage que ses
tableaux les plus rians. Le volcan de Naples attire
plus les voyageurs que les jardins délicieux qui bordent ses rivages ; les campagnes de la Grèce et de
l'Italie, couvertes de ruines, plus que les riches
cultures de l'Angleterre ; le tableau d'une tempête,
plus de curieux que celui d'un calme, et la chute
d'une tour, plus de spectateurs que sa construction.

### Plaisir de la Ruine.

J'ai cru quelque temps qu'il y avoit dans l'homme
je ne sais quel goût pour la destruction. Si le peuple
peut porter la main sur un monument, il le détruit.
J'ai vu à Dresde, aux jardins du comte de Bruhl,
de belles statues de femmes que les soldats prussiens
s'étoient amusés à mutiler à coups de fusil, lorsqu'ils s'emparèrent de cette ville. La plupart des
gens du peuple sont médisans ; ils aiment à détruire
la réputation de tout ce qui s'élève. Mais cet instinct
malfaisant ne vient point de la nature, il naît du
malheur des individus, à qui l'ambition est inspirée
par l'éducation, et interdite par la société, ce qui
les jette dans une ambition négative. Ne pouvant
rien élever, il faut qu'ils abattent tout. Le goût de
la ruine, dans ce cas, n'est point naturel, et est
simplement l'exercice de la puissance du misérable.
L'homme sauvage ne détruit que les monumens de
ses ennemis ; il conserve, avec le plus grand soin, ceux

de sa nation ; et ce qui prouve que, de sa nature,
il est bien meilleur que l'homme de nos sociétés,
c'est que jamais il ne médit de ses compatriotes.

Quoi qu'il en soit, le goût passif de la ruine est
universel à tous les hommes. Nos voluptueux font
construire des ruines artificielles dans leurs jardins,
les Sauvages se plaisent à se reposer mélancolique-
ment sur le bord de la mer, sur-tout dans les tempêtes ; ou dans le voisinage d'une cascade au milieu
des rochers. Les grandes destructions offrent des
effets pittoresques nouveaux ; ce fut la curiosité
d'en faire naître, jointe à la cruauté, qui porta
Néron à mettre le feu à Rome, pour avoir le spectacle d'un incendie. Le sentiment d'humanité à part,
ces longues flammes qui, au milieu de la nuit,
lèchent les cieux, pour me servir de l'expression
de Virgile, ces tourbillons de fumée rousse et
noire, ces nuées d'étincelles de toutes les couleurs,
ces réverbérations scarlatines dans les rues, au
haut des tours, sur la surface des eaux et sur les
monts lointains, plaisent même dans les tableaux
et les descriptions. Ce genre d'affection, qui n'est
point lié avec nos besoins physiques, a fait dire à
quelques philosophes, que notre ame étant un
mouvement, aimoit toutes les émotions extraordinaires. Voilà pourquoi, disent-ils, tant de gens
courent voir les exécutions à la Grève. A la vérité,
dans ces sortes de spectacles, il n'y a aucun effet

pittoresque. Mais ils ont avancé leur axiome aussi
légèrement que tant d'autres, dont leurs ouvrages
sont remplis. D'abord, c'est que notre ame aime autant le repos que le mouvement. Elle est une harmonie fort aisée à renverser par de grandes émotions;
et quand elle seroit de sa nature un mouvement, je
ne vois pas qu'elle dût aimer ceux qui la menacent
de sa destruction. Lucrèce, à mon avis, a bien
mieux rencontré, quand il dit que ces sortes de
goûts naissent du sentiment de notre sécurité, qui
redouble à la vue du danger dont nous sommes à
couvert. Nous aimons, dit-il, à voir des tempêtes
du rivage. C'est sans doute par ce retour sur lui-
même, que le peuple aime à raconter, dans les
soirées d'hiver, auprès du feu, en famille, des histoires effrayantes de revenans, d'hommes égarés la
nuit dans les bois, de voleurs de grand chemin.
C'est aussi par le même sentiment que les honnêtes
gens aiment à voir des tragédies, et à lire des descriptions de batailles, de naufrages et de ruines d'empires. La sécurité du bourgeois redouble par les
dangers du guerrier, du marin et du courtisan. Ce
genre de plaisir naît du sentiment de notre misère,
qui est, comme nous l'avons dit, un des instincts
de notre mélancolie. Mais nous avons encore en
nous un sentiment plus sublime qui nous fait aimer
les ruines, indépendamment de tout effet pittoresque, et de toute idée de sécurité; c'est celui de

la Divinité, qui se mêle toujours à nos affections mélancoliques, et qui en fait le plus grand charme. Nous en allons déterminer quelques caractères, en suivant les impressions que nous font les ruines de différens genres. Ce sujet est très-neuf et très-riche; mais le temps et mes forces ne me permettent pas de l'approfondir. J'en dirai toutefois deux mots en passant, pour disculper et relever de mon mieux la nature humaine.

Le cœur humain est si naturellement porté à la bienveillance, que le spectacle d'une ruine, qui ne nous rappelle que le malheur des hommes, nous inspire l'horreur, quelque effet pittoresque qu'elle nous présente. Je me trouvai à Dresde, en 1765, plusieurs années après son bombardement. Cette ville, petite, mais très-commerçante et très-jolie, formée plus qu'à demi de petits palais bien alignés, dont les façades étoient ornées en dehors de peintures, de colonnades, de balcons et de sculptures, étoit alors plus qu'à demi ruinée. L'ennemi y avoit dirigé la plupart de ses bombes sur l'église luthérienne de S. Pierre, bâtie en rotonde, et si solidement voûtée, qu'un grand nombre de ces bombes frappèrentl a coupole, sans pouvoir l'endommager, et rebondirent sur les palais voisins, qu'elles embrasèrent et firent écrouler en partie. Les choses y étoient encore au même état qu'à la fin de la guerre, quand j'y arrivai. On avoit seulement relevé le long de quelques rues les pierres qui les encombroient, ce qui formoit de chaque côté, de longs parapets de pierres noircies. Il y avoit des moitiés de palais encore debout, fendus depuis le toit jusqu'aux caves. On y distinguoit des bouts d'escaliers, des plafonds peints, de petits cabinets tapissés de papiers de la Chine, des fragmens de glaces de miroir, des cheminées de marbre, des dorures enfumées. Il n'étoit resté à d'autres que les massifs des cheminées qui s'élevoient au milieu des décombres, comme de longues pyramides noires et blanches. Plus du tiers de la ville étoit réduit dans ce déplorable état. On y voyoit aller et venir tristement les habitans qui étoient auparavant si gais, qu'on les appeloit les Français de l'Allemagne. Ces ruines, qui présentoient une multitude d'accidens très-singuliers par leurs formes, leurs couleurs et leurs groupes, jetoient dans une noire mélancolie, car on ne voyoit là que des traces de la colère d'un roi, qui n'étoit pas tombée sur les gros remparts d'une ville de guerre, mais sur les demeures agréables d'un peuple industrieux. J'ai vu même plus d'un Prussien en être touché. Je ne sentis point du tout, quoique étranger, ce retour de sécurité qui s'élève en nous à la vue d'un danger dont on est à couvert; mais au contraire une voix affligeante se fit entendre dans mon cœur, qui me disoit : « Si » c'étoit là ta patrie »!

Il n'en est pas ainsi des ruines occasionnées par le temps. Celles-là nous plaisent, en nous jetant dans l'infini ; elles nous portent à plusieurs siècles en arrière, et nous intéressent à proportion de leur antiquité. Voilà pourquoi les ruines de l'Italie nous affectent plus que les nôtres, celles de la Grèce plus que celles de l'Italie, et celles de l'Egypte plus que celles de la Grèce. La première fois que je vis un monument antique, ce fut auprès d'Orange. C'étoit l'arc de triomphe que Marius éleva après la défaite des Cimbres. Il est à quelque distance de la ville, au milieu des champs. C'est un massif oblong à trois arcades, à-peu-près comme la porte Saint-Denis. Quand j'en fus près, je n'avois pas assez d'yeux pour le regarder. Je m'écriai d'abord : Quoi ! voilà un ouvrage des Romains ! Et mon imagination me porta d'une traite à Rome, et au temps de Marius. Il me seroit difficile de décrire tous les sentimens qui s'élevèrent successivement en moi. D'abord ce monument, quoique élevé par le malheur des hommes, comme tous les arcs de triomphe en Europe, ne me fit aucune peine, parce que je me rappelai que les Cimbres étoient venus pour envahir l'Italie, comme des brigands. Je remarquai que si cet arc de triomphe étoit un monument des victoires des Romains sur les Cimbres, il en étoit un aussi du pouvoir du temps sur les Romains. J'y distinguai, dans le bas-relief de la frise, qui représente un

combat, une enseigne où on lisoit distinctement
ces lettres, S. P. Q. R. *Senatus Populus Que Ro-*
*manus ;* et une autre où il y avoit M. O... dont je
ne pus interpréter le sens. Pour les guerriers, ils
étoient si usés, qu'on ne leur voyoit plus ni armes
ni physionomie. Il y en avoit même qui n'avoient
plus de jambes. Le massif de ce monument étoit
d'ailleurs bien conservé, à l'exception d'un des
pieds-droits d'une arcade, qu'un curé du voisinage
avoit fait démolir pour réparer son presbytère.
Cette ruine moderne me fit naître d'autres réflexions
sur l'excellence de la construction des anciens dans
les monumens publics ; car, quoique le pied-droit
qui supportoit un côté d'une des arcades eût été
démoli, comme je l'ai dit, cependant la partie de
la voûte qui en étoit soutenue, étoit restée en l'air
sans appui, comme si ses voussoirs avoient été
collés les uns aux autres. Il me vint aussi dans l'idée
que le curé démolisseur étoit peut-être descendu
de ces anciens Cimbres, comme nous autres Français descendons des anciens peuples du Nord, qui
ont envahi l'Italie. Ainsi, la démolition exceptée,
que je n'approuvois pas par respect pour l'antiquité,
je pensois aux vicissitudes des choses humaines,
qui mettent les vainqueurs à la place des vaincus,
et les vaincus à celle des vainqueurs. Je me figurois
donc que, comme Marius avoit vengé l'honneur des
Romains et détruit la gloire des Cimbres, un des

descendans des Cimbres détruisoit à son tour celle de Marius ; et que les jeunes filles du voisinage venoient peut-être les jours de fête danser à l'ombre de cet arc de triomphe , sans se soucier ni de celui qui l'avoit bâti , ni de celui qui le démolissoit.

Les ruines où la nature combat contre l'art des hommes , inspirent une douce mélancolie  Elle nous y montre la vanité de nos travaux et la perpétuité des siens. Comme elle édifie toujours lors même qu'elle détruit , elle fait sortir des fentes de nos monumens , des giroflées jaunes , des chænopodium , des graminées , des cerisiers sauvages , des guirlandes de rubus , des lisières de mousses , et toutes les plantes saxatiles qui forment par leurs fleurs et leurs attitudes les contrastes les plus agréables avec les rochers. Je me suis arrêté autrefois avec plaisir dans le jardin du Luxembourg , à l'extrémité de l'allée des Carmes , pour y considérer un morceau d'architecture qui avoit été destiné , dans son origine , à faire une fontaine. D'un côté du fronton qui le couronne , est couché un vieux fleuve sur le visage duquel le temps a imprimé des rides plus vénérables que celles qu'y a tracées le ciseau du sculpteur : il en a fait tomber une cuisse , à la place de laquelle il a planté un érable. Il ne reste de la Naïade qui étoit vis-à-vis , de l'autre côté du fronton , que la partie inférieure du corps. Sa tête , ses épaules et ses bras ont disparu. Ses mains tiennent encore l'urne d'où sortent, au lieu de plantes fluviatiles, celles qui se plaisent dans les lieux les plus secs, des touffes de giroflées jaunes, des pissenlits et de longues gerbes de graminées saxatiles.

Une belle architecture donne toujours de belles ruines. Les plans de l'art s'allient alors avec la majesté de ceux de la nature. Je ne trouve rien qui ait un aspect plus imposant que les tours antiques et bien élevées que nos ancêtres bâtissoient sur le sommet des montagnes, pour découvrir de loin leurs ennemis, et du couronnement desquelles sortent aujourd'hui de grands arbres dont les vents agitent les cimes. J'en ai vu d'autres dont les machicoulis et les créneaux, jadis meurtriers, étoient tout fleuris de lilas, dont les nuances d'un violet brillant et tendre, formoient des oppositions charmantes avec les pierres de la tour, caverneuses et rembrunies.

L'intérêt d'une ruine augmente quand il s'y joint quelque sentiment moral, par exemple, quand ces tours dégradées ont été les asyles du brigandage. Tel a été, dans le pays de Caux, un ancien château appelé le château de Lillebonne. Les hauts murs qui forment son enceinte sont écornés aux angles, et sont si couverts de lierre, qu'il y a peu d'endroits où l'on aperçoive leurs assises. Du milieu de leurs cours où je ne crois pas qu'il soit facile de pénétrer, s'élèvent de hautes tours crénelées, du sommet desquelles sortent de grands arbres qui paroissent dans les airs comme une épaisse chevelure. On aperçoit çà et là, à travers les tapis de lierre qui en couvrent les flancs, des fenêtres gothiques, des embrasures et des brêches qui en font entrevoir les escaliers, et qui ressemblent à des entrées de cavernes. On ne voit voler autour de cette habitation désolée que des buses qui planent en silence; et si l'on y entend quelquefois la voix d'un oiseau, c'est celle de quelque hibou qui y fait son nid. Ce château est situé sur un tertre, au milieu d'une vallée étroite, formée par des montagnes couvertes de forêts. Quand je me rappelai, à la vue de ce manoir, qu'il étoit autrefois habité par de petits tyrans qui, avant que l'autorité royale fût suffisamment établie dans le royaume, exerçoient de là leurs brigandages sur leurs malheureux vassaux et même sur les passans, il me sembloit voir la carcasse et les ossemens de quelque grande bête féroce.

## Plaisir des Tombeaux.

Mais il n'y a point de monumens plus intéressans que les tombeaux des hommes, et sur-tout ceux de nos parens. Il est remarquable que tous les peuples naturels, et même la plupart des peuples civilisés, ont fait, des tombeaux de leurs ancêtres, le centre de leur dévotion et une partie essen-

tielle de leur religion. Il en faut excepter ceux dont
les pères se font haïr des enfans par une éducation
triste et cruelle, c'est-à-dire, les peuples occidentaux et méridionaux de l'Europe. Par-tout ailleurs
cette religieuse mélancolie est répandue. Les tombeaux des ancêtres sont, à la Chine, un des principaux embellissemens des faubourgs des villes et des
collines des campagnes. Ils sont les plus forts liens
de la patrie chez les peuples sauvages. Quand les
Européens ont quelquefois proposé à ceux-ci de
changer de territoire, ils leur ont répondu : « Dirons-
» nous aux os de nos pères, levez-vous, et suivez-
» nous dans une terre étrangère ? » Ils ont toujours
regardé cette objection sans solution. Les tombeaux
ont fourni aux poésies d'Young et de Gessner des
images pleines de charmes. Nos voluptueux qui
reviennent quelquefois aux sentimens de la Nature,
en font construire de factices dans leurs jardins.
A la vérité ce ne sont pas ceux de leurs parens.
D'où peut leur venir ce sentiment de mélancolie
funèbre au milieu des plaisirs ? N'est-ce pas de ce
que quelque chose subsiste encore après nous ? Si
un tombeau ne leur faisoit naître que l'idée de ce
qu'il doit renfermer, c'est-à-dire d'un cadavre, sa
vue révolteroit leur imagination. La plupart d'entre
eux craignent tant de mourir ! Il faut donc qu'à
cette idée physique il se joigne quelque sentiment
moral. La mélancolie voluptueuse qui en résulte,

naît, comme toutes les sensations attrayantes, de l'harmonie de deux principes opposés, du sentiment de notre existence rapide et de celui de notre immortalité, qui se réunissent à la vue de la dernière habitation des hommes. Un tombeau est un monument placé sur les limites des deux mondes.

Il nous présente d'abord la fin des vaines inquiétudes de la vie et l'image d'un éternel repos; ensuite il élève en nous le sentiment confus d'une immortalité heureuse, dont les probabilités augmentent à mesure que celui dont il nous rappelle la mémoire a été plus vertueux. C'est-là où se fixe notre vénération. Et cela est si vrai, que quoiqu'il n'y ait aucune différence entre la cendre de Socrate et celle de Néron, personne ne voudroit avoir dans ses bosquets celle de l'empereur romain, quand même elle seroit renfermée dans une urne d'argent; et qu'il n'y a personne qui ne mît celle du philosophe dans le lieu le plus honorable de son appartement, quand elle ne seroit que dans un vase d'argile.

C'est donc par cet instinct intellectuel pour la vertu, que les tombeaux des grands hommes nous inspirent une vénération si touchante. C'est par le même sentiment que ceux qui renferment des objets qui ont été aimables, nous donnent tant de regrets; car, comme nous le verrons bientôt, les attraits de l'amour ne naissent que des apparences de la vertu. Voilà pourquoi nous sommes émus à la

vue du petit tertre qui couvre les cendres d'un
enfant aimable, par le souvenir de son innocence ;
voilà encore pourquoi nous voyons avec tant d'attendrissement une tombe sous laquelle repose une
jeune femme, l'amour et l'espérance de sa famille
par ses vertus. Il ne faut pas, pour rendre recom-
mandables ces monumens, des marbres, des bronzes,
des dorures. Plus ils sont simples, plus ils donnent
d'énergie au sentiment de la mélancolie. Ils font plus
d'effet, pauvres que riches, antiques que modernes ;
avec des détails d'infortune qu'avec des titres d'honneur, avec les attributs de la vertu qu'avec ceux
de la puissance. C'est sur-tout à la campagne que
leur impression se fait vivement sentir. Une simple
fosse y fait souvent verser plus de larmes que les
catafalques dans les cathédrales (1). C'est-là que la
douleur prend de la sublimité ; elle s'élève avec les

---

(1) Nos artistes font verser des larmes à des statues de
marbre auprès des tombeaux des grands. Il faut bien y faire
pleurer des statues, quand les hommes n'y pleurent pas.
J'ai vu plusieurs enterremens de gens riches ; j'y ai vu bien
rarement quelqu'un verser des larmes, si ce n'est parfois
quelque vieux domestique qui se trouvoit peut-être sans
ressource. Il y a quelque temps que, passant par une rue
assez déserte du faubourg Saint-Marceau, je vis un cercueil
à l'entrée d'une petite maison. Il y avoit auprès de ce cercueil une femme à genoux qui prioit Dieu, et qui paroissoit
absorbée dans le chagrin. Cette femme ayant aperçu au bout
de la rue les prêtres qui venoient faire la levée du corps, se

vieux ifs des cimetières ; elle s'étend avec les plaines
et les collines d'alentour ; elle s'allie avec tous les
effets de la nature, le lever de l'aurore, le murmure des vents, le coucher du soleil et les ténèbres
de la nuit. Les travaux les plus rudes et les destinées
les plus humiliantes n'en peuvent éteindre l'impression dans les cœurs des plus misérables. «Pendant
» l'espace de deux ans, dit le Père du Tertre, notre
» nègre Dominique, après la mort de sa femme, ne
» manquoit pas un seul jour, si-tôt qu'il étoit revenu
» de la place, de prendre le garçon et la petite fille
» qu'il en avoit eus, et de les porter sur la fosse de
» la défunte, où il pleuroit devant eux une bonne
» demi-heure, ce que ses petits enfans faisoient
» souvent à son imitation». (*Hist. des Ant. tr.* 8,
*ch.* 1., §. 4.) Quelle oraison funèbre pour une épouse
et pour une mère! ce n'étoit cependant qu'une
pauvre esclave.

---

leva et s'enfuit, en se mettant les deux mains sur les yeux,
et en jetant des cris lamentables. Des voisins voulurent l'arrêter pour la consoler, mais ce fut en vain. Comme elle passa
auprès de moi, je lui demandai si elle regrettoit sa fille ou
sa mère. «Hélas ! monsieur, me dit-elle toute en pleurs,
» je regrette une dame qui me faisoit gagner ma pauvre vie;
» elle me faisoit aller en journée ». Je m'informai des voisins
quelle étoit cette dame bienfaisante : c'étoit la femme d'un
petit menuisier. Gens riches, quel usage faites-vous donc
des richesses pendant votre vie, puisque personne ne pleure
à votre mort ?

Il résulte encore de la vue des ruines un autre sentiment, indépendant de toute réflexion, c'est celui de l'héroïsme. De grands généraux ont employé plus d'une fois leur effet sublime pour exalter le courage de leurs soldats. Alexandre engage son armée, chargée des dépouilles de la Perse, à brûler ses bagages; et dès qu'elle y a mis le feu, elle est prête à le suivre au bout du monde. Guillaume, duc de Normandie, en débarquant en Angleterre, incendie ses propres vaisseaux, et ses troupes font la conquête de ce royaume. Mais il n'y a point de ruines qui élèvent en nous de si grands sentimens que celles de la nature. Elles nous montrent cette grande prison de la terre, où nous sommes renfermés, sujette elle-même à la destruction, et nous détachent subitement de nos préjugés et de nos passions, comme d'une représentation théâtrale, momentanée et frivole. Lorsque Lisbonne fut renversée par un tremblement de terre, ses habitans, en s'échappant de leurs maisons, s'embrassoient les uns les autres; grands et petits, amis et ennemis, inquisiteurs et juifs, connus et inconnus, chacun partageoit ses habits et ses vivres avec ceux qui n'avoient rien. J'ai vu arriver quelque chose de semblable, dans des tempêtes, sur des vaisseaux près de périr. Le premier effet du malheur, dit un écrivain célèbre, est de roidir l'ame, et le second de la briser. C'est que le premier mouvement de l'homme dans le malheur est de s'élever vers la Divinité ; et le second, de redescendre aux besoins physiques. Ce dernier effet est celui de la réflexion ; mais le sentiment moral et sublime s'empare presque toujours du cœur à l'aspect d'une grande destruction.

## Ruines de la Nature.

Lorsque les bruits de la fin du monde se répandirent en Europe il y a quelques siècles, une infinité de personnes se dépouillèrent de leurs biens ; et il ne faut pas douter qu'on ne vît encore arriver la même chose de nos jours, si de pareilles opinions s'accréditoient. Mais ces ruines totales et subites ne sont point à craindre dans les plans infiniment sages de la nature : rien ne s'y détruit qui n'y soit réparé.

Les ruines apparentes de la terre, comme les rochers qui en hérissent la surface en tant d'endroits, ont leur utilité. Les rochers ne nous paroissent des ruines que parce qu'ils ne sont ni équarris ni polis, comme les pierres de nos monumens ; mais leurs anfractuosités sont nécessaires aux végétaux et aux animaux qui doivent y trouver de la nourriture et des abris. Ce n'est que pour les êtres végétatifs et sensitifs que la nature a créé le règne fossile, et dès que l'homme en élève des masses inutiles à ces objets sur la surface de la terre, elle se hâte d'y imprimer son ciseau, afin de les employer à l'harmonie générale.

Si nous considérions la fin et l'origine de ses ouvrages, ceux des peuples les plus célèbres nous paroîtroient bien frivoles. Il n'étoit pas besoin que les nations élevassent de si grands assemblages de pierres pour m'inspirer du respect par leur anti-quité. Un petit caillou de nos rivières est plus ancien que les pyramides de l'Égypte : une multi-tude de villes ont été détruites depuis qu'il a été créé. Si je veux ajouter quelque sentiment moral aux monumens de la nature, je peux me dire à la vue d'un rocher : c'est peut-être ici que se reposoit le bon Fénélon en méditant son divin Télémaque ; on y gravera peut-être un jour qu'il a fait une révo-lution en Europe, en apprenant à ses rois que leur gloire consistoit dans le bonheur des hommes, et le bonheur des hommes dans les travaux de l'agri-culture : la postérité arrêtera ses regards sur la même pierre où je fixe aujourd'hui les miens. C'est ainsi que j'embrasse le passé et l'avenir à la vue d'un rocher tout brut, et que le consacrant à la vertu par une simple inscription, je le rends plus vénérable qu'en le décorant des cinq ordres de l'architecture.

### Du plaisir de la Solitude.

C'est encore la mélancolie qui rend la solitude si attrayante. La solitude flatte notre instinct ani-mal en nous offrant des abris d'autant plus tran-quilles, que les agitations de notre vie ont été plus grandes ; et elle étend notre instinct divin en nous donnant des perspectives où les beautés naturelles et morales se présentent avec tous les attraits du sentiment. C'est par l'effet de ces contrastes et de cette double harmonie qu'il n'y a point de solitude plus douce que celle qui est voisine d'une grande ville , ni de fête populaire plus agréable que celle qui est donnée près d'une solitude.

## DU SENTIMENT DE L'AMOUR.

Si l'amour n'étoit qu'une sensation physique , je ne voudrois que laisser raisonner et agir deux amans conséquemment aux loix physiques du mouvement du sang , de la filtration du chyle et des autres humeurs du corps , pour en dégoûter le plus vil libertin ; son acte principal même est accompagné du sentiment de la honte , dans les hommes de tous les pays. Il n'y a point de peuple qui se prostitue publiquement ; et quoique des voyageurs éclairés aient avancé que les habitans de l'île de Taïti avoient cet infâme usage , des observateurs plus attentifs ont vérifié depuis , qu'il n'étoit particulier dans cette nation qu'aux filles du plus bas étage , et que les autres classes y conservoient les apparences de modestie communes à tous les hommes.

Je ne saurois trouver dans la nature de cause directe de la pudeur. Si l'on dit que l'homme a honte de l'acte vénérien , parce qu'il le rend sem-

blable aux animaux, cette raison ne suffit pas; car
le sommeil, le boire et le manger l'en rapprochent
encore plus souvent, et toutefois il n'en a aucune
honte. A la vérité, il y a une cause de la pudeur
dans l'acte physique : mais d'où vient celle qui en
occasionne le sentiment moral? Non-seulement on
dérobe cet acte à la vue, mais même le souvenir.
La femme le regarde comme un témoignage de sa
foiblesse : elle apporte une longue résistance aux
attaques de l'homme. D'où vient que la nature a mis
dans son cœur cet obstacle, qui y triomphe souvent
du plus doux des penchans et de la plus fougueuse
des passions ?

Independamment des causes particulières de la
pudeur, qui me sont inconnues, je crois en trouver une dans les deux puissances dont l'homme est
formé. Le sens de l'amour étant, pour ainsi dire,
le centre auquel viennent aboutir toutes les sensations physiques, comme celles des parfums, de la
musique, des couleurs et des formes agréables, du
toucher, des douces températures et des saveurs ;
il en résulte une opposition très-forte avec cette
autre puissance intellectuelle, d'où dérivent les sentimens de la Divinité et de l'immortalité. Leur contraste est d'autant plus tranché, que l'acte du premier est en lui-même brut et aveugle; et que le
sentiment moral qui accompagne d'ordinaire l'amour
est plus développé et plus sublime. Aussi les amans,

pour subjuguer leur maîtresse, ne manquent jamais de faire précéder celui-ci, et d'employer tous leurs efforts pour l'amalgamer avec l'autre sensation. Ainsi la pudeur vient, à mon avis, du combat de ces deux puissances, et voilà pourquoi les enfans n'en ont point naturellement, parce que le sens de l'amour n'est pas encore développé en eux; que les jeunes gens en ont beaucoup, parce que ces deux puissances ont en eux toute leur énergie; et que la plupart de nos vieillards n'en ont point du tout, parce qu'ils ont perdu le sens de l'amour, par la défaillance de la nature en eux, ou son sentiment moral, par la corruption de la société, ou, ce qui arrive souvent, tous les deux ensemble, par le concours de ces deux causes.

Comme la nature a fait ressortir à cette passion qui devoit reperpétuer la vie humaine, toutes les sensations animales, elle y a réuni aussi tous les sentimens de l'ame; en sorte que l'amour présente à deux amans, non-seulement les sentimens qui se lient avec nos besoins et à l'instinct de notre misère, comme ceux de protection, de secours, de confiance, de support, de repos, mais encore tous les instincts sublimes qui élèvent l'homme au-dessus de l'humanité. C'est dans ce sens que Platon définissoit l'amour, une entremise des dieux envers les jeunes gens (1).

_____

(1) C'est par l'influence sublime de cette passion que les

Qui voudroit connoître la nature humaine, n'auroit qu'à étudier celle de l'amour ; il verroit naître
tous les sentimens dont j'ai parlé , et une foule d'autres que je n'ai ni le temps ni le talent de développer. Nous remarquerons d'abord que cette affection naturelle développe dans chaque être son caractère principal , en lui donnant toute son extension.
Ainsi, par exemple , c'est dans la saison où chaque

---

Thébains formèrent un bataillon de héros appelé la bande
sacrée ; ils périrent tous ensemble à la bataille de Chéronée.
On les trouva couchés tous sur la même ligne , l'estomac
percé de grands coups de piques, et le visage tourné vers
l'ennemi. Ce spectacle tira des larmes des yeux de Philippe
même, leur vainqueur. Lycurgue avoit employé aussi le
pouvoir de l'amour dans l'éducation des Spartiates, et il en
fit un des grands soutiens de sa république. Mais comme le
contre-poids animal de ce sentiment céleste ne se trouvoit
plus dans l'objet aimé , il jeta quelquefois les Grecs dans des
désordres qu'on leur a justement reprochés. Leurs législateurs ne jugèrent les femmes que propres à donner des enfans ;
ils ne virent pas qu'en favorisant l'amour entre les hommes,
ils affoiblissoient celui qui devoit réunir les sexes, et que
pour resserrer les liens de leur politique, ils rompoient ceux
de la nature.

La république de Lycurgue avoit encore d'autres défauts
naturels, entre autres, l'esclavage des Ilotes. Ces deux
points exceptés, je le regarde comme le plus sublime génie
qui ait existé ; encore peut-on l'excuser par les obstacles de
toute espèce qu'il rencontra dans l'établissement de ses loix.

Il y a dans les harmonies des différens âges de la vie

plante se reperpétue par ses fleurs et ses fruits ,
qu'elle acquiert toute sa perfection et les caractères
qui la déterminent invariablement. C'est dans la saison des amours, que les oiseaux qui chantent redoublent leur mélodie , et que ceux qui excellent par
leurs couleurs ont leurs beaux plumages , dont ils
prennent plaisir à faire éclater les nuances en se
rengorgeant, en faisant la roue avec leur queue ,
ou en étendant leurs ailes à terre. C'est alors que le

---

humaine, de si doux rapports, de la foiblesse des enfans à
la force de leurs parens, du courage et de l'amour entre les
jeunes gens des deux sexes à la vertu et à la religion des
vieillards sans passions, que je m'étonne qu'on n'ait pas
présenté au moins un tableau d'une société humaine, con-
cordante ainsi avec tous les besoins de la vie et les loix de
la nature. Il y en a quelques essais dans le Télémaque,
entre autres, dans les mœurs des peuples de la Bœtique;
mais ils ne sont qu'indiqués. Je crois qu'une pareille société,
ainsi liée dans toutes ses parties, atteindroit au plus grand
degré de bonheur social où puisse parvenir la nature humaine
sur la terre, et seroit inébranlable à tous les orages de la
politique. Loin de craindre ses voisins, elle en feroit la conquête sans armes, comme l'ancienne Chine, par le seul
spectacle de sa félicité et par l'influence de ses vertus. J'avois
eu dessein d'étendre cette idée, à l'instigation de J. J. Rousseau, en faisant l'histoire d'un peuple de la Grèce, bien
connu des poètes, parce qu'il a vécu suivant la nature, et
par cette raison, presqu'ignoré de nos écrivains politiques;
mais le temps ne m'a permis que d'en ébaucher le plan, et
d'en achever tout au plus le premier livre.

fort taureau présente sa tête et menace de la corne,
que le coursier léger s'exerce à la course dans les
plaines, que les bêtes féroces remplissent les forêts
de rugissemens, et que la femelle du tigre, exhalant
l'odeur du carnage, fait retentir les solitudes de
l'Afrique de ses miaulemens affreux, et paroît remplie d'attraits à ses cruels amans.

C'est aussi dans l'âge d'aimer, que se développ-
pent toutes les affections naturelles au cœur humain.
C'est alors que l'innocence, la candeur, la sincé-
rité, la pudeur, la générosité, l'héroïsme, la foi
sainte, la piété, s'expriment en graces ineffables
dans l'attitude et les traits de deux jeunes amans.
L'amour prend dans leurs ames pures tous les caractères de la religion et de la vertu. Ils fuient les
assemblées tumultueuses des villes, les routes corrompues de l'ambition, et cherchent dans les lieux
les plus reculés quelque autel champêtre où ils
puissent jurer de s'aimer éternellement. Les fontaines, les bois, le lever de l'aurore, les constellations de la nuit, reçoivent tour à tour leurs sermens.
Souvent égarés dans une ivresse religieuse, ils se
prennent l'un et l'autre pour une divinité. Toute
maîtresse fut adorée, tout amant fut idolâtre. L'herbe
qu'ils foulent aux pieds, l'air qu'ils respirent, les
ombrages où ils se reposent, leur paroissent consacrés par leur atmosphère. Ils ne voient dans l'univers d'autre bonheur que de vivre et de mourir

ensemble., ou plutôt ils ne voient plus la mort. L'amour les transporte dans des siècles infinis, et la mort ne leur paroît que le moyen d'une éternelle réunion. Mais si quelque obstacle vient à les séparer, ni les espérances de la fortune, ni les amitiés des douces compagnes, ne peuvent les consoler. Ils ont touché au ciel, ils languissent sur la terre; ils vont, dans leur désespoir, se retirer dans des cloîtres et redemander à Dieu toute leur vie le bonheur qu'ils n'ont entrevu qu'un instant. Long-temps même après leur séparation, quand la froide vieillesse a glacé leurs sens, quand ils ont été distraits par mille et mille soucis étrangers qui leur ont fait oublier tant de fois qu'ils étoient des hommes, leur cœur palpite encore à la vue du tombeau qui renferme l'objet qu'ils ont aimé. Ils l'avoient quitté dans le monde, ils espèrent le revoir dans les cieux. Infortunée Héloïse! quel sentiment sublime éleva dans votre ame la cendre d'Abailard!

Ces émotions célestes ne peuvent être les effets d'un acte animal. L'amour n'est point une petite convulsion, comme l'appelle le divin Marc-Aurèle. C'est aux charmes de la vertu et au sentiment de ses attributs divins qu'il doit tant d'énergie. Le vice même est obligé, pour plaire, d'en emprunter les traits et le langage. Si les femmes de théâtre captivent tant d'amans, c'est qu'elles les séduisent par les illusions de l'innocence, de la bienveillance et de la grandeur d'ame, dans les rôles de bergères, d'héroïnes et de déesses qu'elles ont coutume de représenter. Leurs graces si vantées ne sont que les apparences des vertus. Si quelquefois, au contraire, la vertu déplaît, c'est qu'elle se montre sous les apparences de la dureté, de l'humeur, de l'ennui, ou de quelqu'autre vice qui nous rebute.

Ainsi la beauté naît de la vertu, et la laideur du vice ; et ces caractères s'impriment souvent dès la plus tendre enfance par l'éducation. On peut m'objecter qu'il y a des hommes beaux et vicieux, et qu'il y en a de laids et vertueux. Socrate et Alcibiade en ont été de fameux exemples dans l'antiquité ; mais ces exemples même prouvent pour moi. Socrate fut malheureux et vicieux dans l'âge où la physionomie prend ses principaux caractères, depuis l'enfance jusqu'à l'âge de dix-sept ans. Il étoit né pauvre ; son père voulut le contraindre d'apprendre le métier de sculpteur, malgré sa répugnance. Il fallut qu'un oracle s'opposât à la tyrannie paternelle. Socrate avoua, d'après le jugement d'un physionomiste, qu'il étoit sujet aux femmes et au vin, qui sont les vices où le malheur jette ordinairement les hommes : il se réforma à la fin lui-même, et rien n'étoit plus beau que ce philosophe quand il parloit de la Divinité. Pour l'heureux Alcibiade, né au sein de la fortune, les leçons de Socrate et l'amour de ses parens et de ses concitoyens développèrent

à la fois en lui la beauté de son corps et de son
ame ; mais ayant été à la fin entraîné dans le désordre par de mauvaises sociétés, il ne lui resta que
la physionomie de la vertu. Quelque séduisant que
soit son premier aspect, on y démêle bientôt la laideur du vice sur le visage des beaux hommes devenus méchans. On y découvre, malgré leur sourire,
je ne sais quoi de faux et de perfide. Cette disso-
nance se fait sentir jusque dans leur voix. Tout est
masqué en eux, comme leur visage. Nous observerons encore que toutes les formes des êtres expriment des sentimens intellectuels, non-seulement
aux yeux de l'homme qui étudie la nature, mais à
ceux des animaux, qui sont d'abord éclairés par
leur instinct sur ces connoissances, dont la plupart
sont si obscures pour nous. Ainsi, par exemple,
chaque espèce d'animal a des traits qui expriment
son caractère. Aux yeux étincelans et inquiets du
tigre, on distingue sa férocité et sa perfidie. La
gourmandise du porc s'annonce par la bassesse de
son attitude et l'inclinaison de sa tête vers la terre.
Tous les animaux connoissent très-bien ces caractères, car les loix de la nature sont universelles.
Par exemple, quoiqu'il y ait aux yeux d'un homme
peu attentif une différence assez légère entre un
renard et une espèce de chien qui lui ressemble,
une poule ne s'y méprendra pas. Elle verra celui-ci
sans frayeur auprès d'elle, et elle prendra l'épou-

vante à la vue de l'autre. Nous remarquerons encore
que chaque animal exprime dans ses traits quelque
passion dominante, telles que la cruauté, la volupté,
la ruse, la stupidité. Mais l'homme seul, quand il
n'a point été altéré par les vices de la société, porte
sur son visage l'empreinte d'une origine céleste. Il
n'y a point de trait de beauté qu'on ne puisse rapporter à quelque vertu : celui-ci à l'innocence, cet
autre à la candeur, ceux-là à la générosité, à la
pudeur, à l'héroïsme. C'est à leur influence que
l'homme doit le respect et la confiance que lui portent les animaux dans tous les pays où ils n'ont point
été dénaturés par de fréquentes persécutions. Quelques charmes qu'il y ait dans l'harmonie des couleurs et des formes de la figure humaine, on ne voit
pas que son effet physique dût influer sur les animaux, s'il n'y joignoit l'empreinte de quelque puissance morale. L'embonpoint des formes ou la fraîcheur des couleurs devroit plutôt exciter l'appétit
des bêtes féroces que leur respect et leur amour.
Enfin, comme nous distinguons leur caractère passionné, elles distinguent pareillement le nôtre, et
savent très-bien juger si nous sommes cruels ou pacifiques. Le gibier qui fuit les sanguinaires chasseurs
se rassemble autour des paisibles bergers.

On a avancé que la beauté étoit arbitraire chez
tous les peuples ; mais nous avons réfuté ailleurs
cette opinion par des preuves de fait. Les mutila-

tions des Nègres, leurs découpures de peau, leurs
nez écrasés, leurs fronts comprimés ; les têtes plates,
longues, rondes et pointues des Sauvages du nord
de l'Amérique ; les lèvres percées des Brésiliens ;
les grandes oreilles des peuples de Laos en Asie, et
de quelques nations de la Guiane, sont des effets
de la superstition ou d'une mauvaise éducation. Les
animaux féroces eux-mêmes sont frappés de ces dif-
formités. Tous les voyageurs rapportent unanime-
ment que quand les lions ou les tigres affamés, ce
qui est fort rare, attaquent de nuit quelque cara-
vane, ils se jettent d'abord sur les animaux, et
ensuite sur les Indiens ou les noirs. La figure européenne, avec sa simplicité, leur en impose beaucoup plus, que défigurée par les caractères africains
ou asiatiques.

Quand elle n'a point été altérée par les vices de
la société, son expression est sublime. Un Napoli-
tain appelé Jean-Baptiste Porta, s'est avisé d'y trouver des rapports avec les figures des bêtes. Il a fait,
à cette occasion, un livre dont les gravures représentent des têtes d'hommes ressemblantes à des têtes
de chien, de cheval, de mouton, de porc et de
bœuf. Son système favorise nos opinions modernes,
et s'allie assez bien avec les altérations que les passions apportent à la figure humaine. Mais je voudrois bien savoir d'après quel animal Pigal a fait
ce charmant Mercure que j'ai vu à Berlin, et d'après

les passions de quelles bêtes les sculpteurs grecs
firent le Jupiter du Capitole, la Vénus pudique et
l'Apollon du Vatican. Dans quels animaux ont-ils
étudié ces expressions divines?

Je suis persuadé, comme je l'ai dit, qu'il n'y a
pas un beau trait dans une figure qu'on ne puisse
rapporter à quelque sentiment moral relatif à la vertu
et à la Divinité. On pourroit rapporter de même les
traits de la laideur à quelque affection vicieuse,
comme à la jalousie, à l'avarice, à la gourmandise
et à la colère. Pour démontrer à nos philosophes
combien ils s'égarent lorsqu'ils veulent faire des passions les seuls mobiles de la vie humaine, je voudrois qu'on leur présentât les expressions de toutes
les passions réunies dans une seule tête ; par
exemple, l'air lubrique et obscène d'une courtisane
avec l'air fourbe et féroce d'un ambitieux, et qu'on y
joignît encore quelques traits de la haine et de l'envie, qui sont des ambitions négatives. Une tête qui
les réuniroit toutes seroit plus hideuse que celle de
Méduse ; elle ressembleroit à celle de Néron.

Chaque passion a un caractère animal, comme
l'a très-bien trouvé Jean-Baptiste Porta. Mais chaque
vertu a aussi le sien ; et une physionomie n'est jamais plus intéressante que quand on y distingue
une affection céleste combattant contre une passion.
Je ne sais même s'il est possible d'exprimer une
vertu autrement que par un triomphe de cette

espèce. C'est ainsi que la pudeur paroît si aimable
sur le visage d'une jeune personne, parce que c'est
le combat de la plus forte des passions animales
avec un sentiment sublime. L'expression de la sensibilité rend aussi un visage très-touchant, parce
que l'ame s'y montre dans un état de souffrance, et
que cette vue excite en nous une vertu, qui est le
sentiment de la pitié. Si la sensibilité de cette figure
est active, c'est-à-dire si elle naît elle-même de la
vue du malheur d'autrui, elle nous frappe encore
davantage, parce qu'elle y devient l'expression divine de la générosité.

Je crois que les tableaux et les statues les plus
célèbres de l'antiquité n'ont dû leur grande réputation qu'à l'expression de ce double caractère,
c'est-à-dire, à l'harmonie qui naît des deux sentimens opposés de la passion et de la vertu. Ce qu'il
y a de certain, c'est que les chefs-d'œuvre de la
sculpture et de la peinture des anciens, les plus
vantés, comportoient tous ce genre de contraste.
On en voit assez d'exemples dans leurs statues,
comme dans la Vénus pudique et dans le Gladiateur mourant, qui conserve encore dans sa chute,
le respect de sa gloire au moment où la mort le
saisit. Tel étoit encore l'Amour lançant la foudre,
d'après Alcibiade enfant, que Pline attribue à Praxi-
tèle ou à Scopas. Un enfant aimable lançant de ses
petites mains la foudre de Jupiter, devoit faire naître

à la fois le sentiment de l'innocence et celui de la
terreur. Au caractère du dieu se joignoit celui d'un
homme également attrayant et redoutable. Je crois
que les tableaux des anciens exprimoient encore
mieux ces harmonies de sentimens opposés. Pline,
qui nous a conservé la mémoire des plus fameux,
cite, entre autres, un tableau d'Athénion de Maro-
née, représentant Ulysse cauteleux et fin, qui reconnoît Achille déguisé en fille, en lui présentant des
hardes de femme, parmi lesquelles il y avoit une
épée. Le mouvement brusque avec lequel Achille
se saisit de cette épée, devoit faire un contraste
charmant avec ses habits et son maintien composé
de nymphe; et il en devoit résulter un autre dans
Ulysse qui ne devoit pas être moins intéressant,
avec son air cauteleux et l'expression de sa joie
contenue par sa prudence, de peur qu'en découvrant Achille il ne vînt à se découvrir lui-même.
Un autre plus touchant d'Aristide de Thèbes, représentoit Biblis mourante de l'amour qu'elle portoit
à son frère. On y devoit distinguer le sentiment de
la vertu, qui repoussoit loin d'elle un amour cri-
minel, et celui de l'amitié fraternelle qui rappeloit
l'amour sous les apparences même de la vertu. Ces
cruelles consonnances, le désespoir d'être trahie
par son propre cœur, le desir de mourir pour cacher
sa honte, le desir de vivre pour revoir l'objet aimé,
la santé flétrie par de si douloureux combats,

devoient exprimer, au milieu des langueurs de la
mort et de la vie, les contrastes les plus intéressans sur le visage de cette fille infortunée. Dans un
autre tableau du même Aristide, on admiroit une
mére blessée à la mamelle, au siége d'une ville,
et qui donnoit à téter à son enfant. Elle sembloit
craindre, dit Pline, qu'il ne suçât son sang avec
son lait. Alexandre en faisoit tant de cas, qu'il le
fit transporter à Pella, lieu de sa naissance. Ce
devoit être une noble victoire que celle où l'amour
maternel triomphoit d'une douleur corporelle.
Nous avons vu que le Poussin avoit fait de cette
vertu, l'expression principale de son tableau du
déluge. Rubens l'a mise d'une manière admirable
dans le visage de sa Médicis, où l'on distingue à la
fois la douleur et la joie de l'enfantement. Il relève
encore la violence de la passion physique, par l'attitude nonchalante où est jetée la reine dans un fauteuil, et par son pied nu sorti de sa pantoufle ; et
de l'autre, la sublimité du sentiment moral qu'elle
éprouve, par les hautes destinées de son enfant qui
lui est présenté par un dieu, et qui est couché dans
un berceau de grappes de raisin et d'épis de blé,
symboles de la félicité de son règne. C'est ainsi
que les grands maîtres ne se contentoient pas d'opposer mécaniquement des groupes et des vides, des
ombres et des lumières, des enfans et des vieillards, des pieds et des mains ; mais ils recherchoient,

avec le plus grand soin ces contrastes de nos puissances intérieures, qui s'expriment sur le visage de
l'homme en traits ineffables, et qui devoient faire
le charme éternel de leurs tableaux. Les ouvrages de
Le Sueur sont pleins de ces contrastes de sentiment,
et il y fait si bien accorder ceux de la nature élémen-
taire, qu'il en résulte la plus douce et la plus profonde mélancolie. Mais il a été plus aisé à son
pinceau de les rendre, qu'il ne l'est à ma plume de
les exprimer. Je n'en citerai plus qu'un exemple
tiré du Poussin, admirable par ses compositions,
mais dont le temps a bien maltraité les couleurs.
C'est dans son tableau de l'enlèvement des Sabines.
Pendant que les soldats romains emportent à brasse-
corps les filles effrayées des Sabins, il y a un officier romain qui en veut enlever une jeune et jolie,
qui s'est réfugiée dans les bras de sa mère. Il n'ose
user de violence envers elle, et il parle à la mère
avec tout l'empressement de l'amour et du respect.
Il semble lui dire : « Elle sera heureuse avec moi.
» Que je la doive à l'amour et non pas à la crainte!
» Je veux moins vous ôter une fille que vous donner
» un fils ». C'est ainsi qu'en se conformant, dans
les habillemens de ses personnages, à la simplicité
de leur siècle, qui les rendoit à-peu-près semblables dans toutes les conditions, il n'a pas distingué
l'officier du soldat par les habits, mais par les
mœurs. Il a saisi, à son ordinaire, le caractère

moral de son sujet, qui est d'un bien autre effet que celui du costume. J'aurois bien voulu voir de la main de cet homme de génie, les mêmes Sabines, devenues épouses et mères entre les deux armées des Sabins et des Romains, « accourant, comme » dit Plutarque, les unes d'un côté, les autres d'un » autre, avec pleurs, cris et clameurs, se jetant » à travers les armes et les morts gisans sur la terre, » de manière qu'il sembloit qu'elles fussent force- » nées ou possédées de quelque esprit, les unes » portant leurs petits enfans de mamelle entre leurs » bras, les autres déchevelées, et toutes appelant, » ores les Sabins, et ores les Romains, par les plus » doux noms qui soient entre les hommes (1). »

Les plus grands effets de l'amour naissent, comme nous l'avons dit, de sentimens contraires, qui viennent à se confondre, comme ceux de la haine naissent souvent de sentimens semblables qui viennent à se choquer. Voilà pourquoi il n'y a point de sentiment plus agréable que de rencon- trer un ami dans un homme que nous estimions notre ennemi, ni de peine plus sensible que de reconnoître pour ennemi celui que nous croyons être notre ami. Ce sont ces effets harmoniques qui rendent souvent un service passager plus recom- mandable que de longs bons offices, et l'offense

_____

(1) Plutarque, Vie de Romulus.

d'un moment plus odieuse que l'inimitié de toute
une vie ; parce que , dans le premier cas , des sentimens très-opposés viennent à se réunir , et dans
le second , des sentimens très-unis viennent à se
heurter. De-là vient encore qu'un seul défaut , au
milieu des bonnes qualités d'un homme de bien ,
nous paroît souvent plus déplaisant que tous les
vices d'un libertin où il apparoît une vertu , parce
que , par l'effet des contrastes , ces deux qualités
sortent davantage , et dominent sur les autres dans
les deux caractères. C'est aussi par la foiblesse de
notre esprit , qui , s'attachant toujours à un point
unique dans toutes ses considérations , s'arrête à la
qualité la plus saillante pour déterminer son jugement. On ne sauroit dire dans combien d'erreurs
nous tombons , faute d'étudier ces principes élémentaires de la nature. On pourroit sans doute les
étendre bien plus loin ; mais il me suffit d'en dire
assez pour démontrer leur existence , et pour donner à d'autres le desir d'en faire l'application.

Ces harmonies acquièrent plus d'énergie par les
contrastes voisins qui les détachent , par les consonnances qui les répètent , et par les autres loix
élémentaires dont nous avons parlé ; mais quand il
s'y joint quelqu'un des sentimens moraux dont nous
donnons ici une foible esquisse , alors il en résulte
un effet ravissant. Ainsi , par exemple , une harmonie devient en quelque sorte céleste , quand elle

renferme un mystère qui suppose toujours quelque chose de merveilleux et de divin. J'en éprouvai un jour un effet très-agréable, en parcourant un recueil d'estampes anciennes, qui représentoient l'histoire d'Adonis. Vénus avoit enlevé Adonis enfant à Diane, et l'élevoit avec l'Amour. Diane voulut le ravoir, parce qu'il étoit fils d'une de ses nymphes. Un jour donc que Vénus, descendue de son char attelé de colombes, se promenoit avec ces deux enfans dans une vallée de Cythère, Diane, à la tête de ses nymphes armées, se mit en embuscade dans une forêt où Vénus devoit passer. Vénus apercevant son ennemie qui venoit à elle, et ne pouvant ni s'enfuir, ni s'opposer à ce qu'elle lui enlevât Adonis, s'avisa, sur-le-champ, de lui faire venir des ailes, et le présentant avec l'Amour à Diane, elle lui dit de prendre celui des deux enfans qu'elle croyoit lui appartenir. Tous deux étant également beaux, tous deux de même âge, tous deux ailés, la chaste déesse des bois n'osa choisir ni l'un ni l'autre, et ne prit point Adonis, de peur de prendre l'Amour.

Il y a plusieurs beautés sentimentales dans cette fable. Je la racontai un jour à J. J. Rousseau, à qui elle fit le plus grand plaisir. « Rien ne me plaît » tant, dit-il, qu'une image agréable qui renferme » un sentiment moral ». Nous étions alors dans la plaine de Neuilly, près d'un parc où l'on voyoit un

groupe de l'Amour et de l'Amitié, sous la forme
d'un jeune homme et d'une jeune fille de quinze à
seize ans, qui s'embrassoient sur la bouche. A cette
vue il me dit : « On a fait une image obscène
» d'après une idée charmante. Rien n'eût été plus
» agréable que de représenter l'un et l'autre dans
» leur état naturel ; l'Amitié comme une grande
» fille qui caresse l'Amour enfant ». Comme nous
étions sur ce sujet intéressant, je lui citai la fin de
cette fable touchante de Philomèle et Progné.

> Le désert est-il fait pour des talens si beaux ?
> Venez faire aux cités éclater leurs merveilles.
> Aussi bien, en voyant les bois,
> Sans cesse il vous souvient que Thérée autrefois
> Parmi des demeures pareilles,
> Exerça sa fureur sur vos divins appas. —
> Et c'est le souvenir d'un si cruel outrage
> Qui fait, reprit sa sœur, que je ne vous suis pas :
> En voyant les hommes, hélas !
> Il m'en souvient bien davantage.

« Quelle série d'idées, s'écria-t-il ! que cela est
» touchant » ! Sa voix s'étouffa, et les larmes lui
vinrent aux yeux. Je sentis qu'il étoit encore ému
par des convenances secrètes entre les talens et
les destinées de cet oiseau, et sa propre situation.

On peut donc voir dans les deux sujets allégo-
riques de Diane et d'Adonis, et de l'Amour et de

l'Amitié, qu'il y a réellement en nous deux puissances distinctes dont les harmonies exaltent l'ame,
quand l'image physique nous jette dans un sentiment moral, comme dans le premier exemple, et
la rabaissent au contraire quand un sentiment moral
nous ramène à une sensation physique, comme dans
l'exemple de l'Amour et de l'Amitié.

Les sous-entendus ajoutent encore aux expressions morales, parce qu'ils sont conformes à la
nature expansive de l'ame. Ils lui font parcourir
un vaste champ d'idées. Ce sont ces sous-entendus
qui donnent tant d'effet à la fable du Rossignol.
Joignez-y encore une multitude d'oppositions que
je n'ai pas le loisir d'analyser.

Plus l'image physique est éloignée de nous, plus
le sentiment moral a d'étendue; et plus la première
est circonscrite, plus le sentiment a d'énergie.
Voilà sans doute ce qui rend nos affections si profondes lorsque nous regrettons la mort de nos amis.
Notre douleur alors se porte d'un monde à l'autre,
et d'un objet plein de charmes à un tombeau. Voilà
pourquoi ce passage de Jérémie renferme une mélancolie sublime :

*Cap. 31, v. 15.* Vox in Ramâ audita est, ploratus et ululatus
multus : Rachel plorans filios suos et noluit
consolari, quia non sunt.

Toutes les consolations qu'on peut donner sur la

terre viennent se briser contre ce mot de la douleur maternelle, *non sunt*.

Le jet unique de Saint-Cloud me plaît plus que toutes ses cascades. Cependant quoique l'image physique n'aille pas se perdre dans l'infini, elle peut y porter la douleur quand elle réfléchit le même sentiment. Je trouve dans Plutarque un grand effet de cette consonnance progressive : « Brutus, dit-il, » désespérant que ses affaires se pussent bien porter, » délibéra de sortir de l'Italie, et s'en alla à pied par » le pays de Lucanie, en la ville d'Elée, qui est » assise sur le bord de la mer, là où Porcie étant » sur le point de se départir d'avec lui pour s'en » aller à Rome, tâchoit le plus qu'elle pouvoit à » dissimuler la douleur qu'elle en portoit en son » cœur. Mais un tableau la découvrit à la fin, quoi- » qu'elle se fût au demeurant jusques-là toujours » constamment et vertueusement portée. Le sujet » de la peinture étoit pris des narrations grecques ; » comment Andromaque accompagnoit son mari » Hector, ainsi qu'il sortoit de la ville de Troye pour » aller à la guerre, et comment Hector lui rebailloit » son petit enfant ; mais elle avoit les yeux et le » regard toujours fichés sur lui. La conformité de » cette peinture avec sa passion la fit fondre en » larmes, en retournant plusieurs fois le jour à » revoir cette peinture, elle se prenoit toujours à » pleurer ; ce que voyant Acilius, l'un des amis de

» Brutus, récita les vers qu'Andromaque dit à ce
» propos en Homère :

> » Hector, tu tiens lieu de père et de mère
> » En mon endroit, de mari et de frère.

» Adonc Brutus, en se souriant : Voire, mais, dit-il,
» je ne puis de ma part dire à Porcie ce que Hector
» répondit à Andromaque au même lieu du poète :

> » Il ne te faut d'autre chose mêler
> » Que d'enseigner tes femmes à filer.

» Car il est bien vrai que la naturelle foiblesse de
» son corps ne lui permet pas de pouvoir faire les
» mêmes actes de prouesse que nous pourrions faire,
» mais de courage elle se porta aussi vertueusement
» en la défense du pays comme l'un de nous ».

Cette peinture étoit sans doute sous le péristyle
de quelque temple bâti sur le bord de la mer. Brutus
étoit au moment de s'embarquer sans faste et sans
suite. Sa femme, fille de Caton, l'avoit accompagné, peut-être à pied. Près de le quitter, elle jette,
pour se consoler, ses regards sur cette peinture
consacrée aux dieux. Elle y voit les adieux d'Hector
et d'Andromaque, qui devoient être éternels. Elle
se trouble, et pour se rassurer, elle ramène ses
yeux sur son époux. La comparaison s'achève, son
courage l'abandonne, ses larmes débordent, l'amour
conjugal l'emporte sur l'amour de la patrie. Deux

vertus en opposition. Joignez-y les caractères d'une
nature sauvage, qui s'allient si bien avec la douleur
humaine ; une profonde solitude ; les colonnes et
la coupole de ce temple antique, rongées de l'air
marin, et marbrées de mousses qui les rendent semblables à du bronze vert ; un soleil couchant qui en
dore le faîte ; une mer qui brise au loin, le long
des côtes de la Lucanie ; les tours d'Elée qu'on aperçoit dans la gorge d'un vallon entre deux montagnes
escarpées, et cette douleur de Porcie qui nous
élance au siècle d'Andromaque ! Quel tableau à
faire à l'occasion d'un tableau ! Artistes, si vous
pouvez le rendre, Porcie à son tour fera verser des
larmes.

Je pourrois multiplier à l'infini les preuves des
deux puissances qui nous gouvernent. J'en ai dit
assez sur une passion dont l'instinct est si aveugle,
pour faire voir que nous y sommes régis et attirés
par d'autres loix que celles de la digestion. Nos
affections prouvent que notre ame est immortelle,
puisqu'elles s'étendent dans toutes les circonstances
où elles sentent les attributs de la Divinité, tel que
celui de l'infini, et qu'elles ne s'arrêtent avec délices sur la terre, que sur les attraits de la vertu et
de l'innocence.

## DE QUELQUES AUTRES SENTIMENS DE LA DIVINITÉ, ET ENTRE AUTRES, DE CELUI DE LA VERTU.

Il y a encore un grand nombre de loix sentimentales, dont je n'ai pu m'occuper ici : telles sont
celles d'où dérivent les pressentimens, les augures,
les songes, les retours d'événemens heureux et
malheureux aux mêmes époques, &c. Leurs effets
sont attestés chez les peuples policés et sauvages,
par les écrivains profanes et sacrés, et par tout
homme attentif aux loix de la nature. Ces communications de l'ame, avec un ordre de choses invisibles, sont rejetées de nos savans modernes, parce
qu'elles ne sont pas du ressort de leurs systêmes et
de leurs almanachs ; mais que de choses existent
qui ne sont pas dans les convenances de notre raison,
et qui n'en ont pas été même aperçues !

Il y a des loix particulières qui prouvent l'action
immédiate de la Providence sur le genre humain, et
qui sont opposées aux loix générales de la physique.
Par exemple, les principes de la raison, des passions et du sentiment, ainsi que les organes de la
parole et de l'ouïe, sont les mêmes chez tous les
hommes ; cependant les langues des nations diffèrent par toute la terre. Pourquoi l'art de la parole
est-il si différent parmi des êtres qui ont les mêmes
besoins, et pourquoi varie-t-il sans cesse des pères
aux enfans, en sorte que nous autres Français n'en-

III.

P

tendons plus la langue des Gaulois, et qu'un jour
nos descendans n'entendront plus la nôtre ? Le
bœuf du Bengale mugit comme celui de l'Ukraine,
et le rossignol fait entendre encore dans nos climats
les mêmes harmonies que celles qui ravirent le
poète de Mantoue sur les rivages du Pô.

On ne sauroit dire, avec de célèbres écrivains,
que les langues sont caractérisées par les climats ;
car, si elles en éprouvoient les influences, elles ne
changeroient pas dans chaque pays, où chaque climat est invariable. La langue des Romains a été
d'abord barbare, ensuite majestueuse, et est devenue à la fin molle et efféminée. Elles ne sont pas
rudes au nord et douces au midi, comme l'a prétendu J. J. Rousseau, qui a donné sur ce point
trop d'extension aux loix physiques. La langue des
Russes, dans le nord de l'Europe, est fort douce,
étant un dialecte du grec ; et le jargon des provinces
méridionales de la France est rude et grossier. Les
Lapons, qui habitent les bords de la mer Glaciale,
ont un langage qui flatte l'oreille ; et les Hottentots,
qui habitent le climat très-tempéré du Cap de Bonne-
Espérance, gloussent comme des coqs-d'Inde. La
langue des Indiens du Pérou est pleine de fortes
aspirations et de consonnances qui se choquent. On
peut, sans sortir de son cabinet, reconnoître les
divers caractères des langues de chaque peuple,
aux noms que présentent les cartes géographiques

de leur territoire; et se convaincre que leur rudesse ou leur douceur n'a aucune relation avec celle de leurs latitudes.

D'autres observateurs ont prétendu que c'étoient les grands écrivains d'une nation qui en détermi- noient et en fixoient la langue; mais les grands écri- vains du siècle d'Auguste n'empêchèrent pas que la langue latine ne se corrompît avant le règne de Marc-Aurèle. Ceux du siècle de Louis XIV com- mencent déjà à vieillir parmi nous. Si la postérité fixe le caractère d'une langue aux siècles où ont paru de grands écrivains, ce n'est point, comme on le prétend, parce qu'elle est alors plus pure, car on y trouve autant de ces inversions de phrases, de ces décompositions de mots, et de ces syntaxes embarrassées qui rendent l'étude métaphysique de toute grammaire ennuyeuse et barbare, mais c'est parce que les écrits de ces grands hommes étin- cellent des maximes de la vertu, et nous présentent mille perspectives de la Divinité. Je ne doute pas que les sentimens sublimes qui les inspirent ne les éclairent encore dans l'ordre et la disposition de leurs ouvrages, puisqu'ils sont les sources de toute harmonie. Voilà, à mon avis, d'où résulte le charme inaltérable qui en fait aimer la lecture dans tous les temps aux hommes de toutes les nations ; voilà pourquoi Plutarque a effacé la plupart des écrivains de la Grèce, quoiqu'il ne fût ni du siècle de Péri-

clès, ni de celui d'Alexandre, et que sa traduction
gauloise, faite par le bon Amyot, ira plus loin dans
la postérité que la plupart des ouvrages originaux
écrits même sous le siècle de Louis xiv. C'est la
bonté morale d'une génération qui caractérise une
langue, et la fait passer sans altération à celle qui
la suit : voilà pourquoi les langues, les coutumes et
les formes des habits passent en Asie inviolablement
de génération en génération, parce que les pères
s'y font aimer de leurs enfans. Mais ces raisons
n'expliquent pas la diversité de langue qui existe
d'une nation à l'autre. Il me paroîtra toujours sur-
naturel que des hommes qui jouissent des mêmes
élémens, et qui sont assujétis aux mêmes besoins,
ne se servent pas des mêmes mots pour les exprimer. Le soleil éclaire toute la terre, et il porte différens noms chez différens peuples.

Voici encore l'effet d'une loi peu observée ; c'est
qu'il ne s'élève aucun homme célèbre, dans quelque genre que ce soit, qu'il ne paroisse en même
temps, ou dans sa nation, ou dans la nation voisine, un antagoniste avec des talens et une réputation tout-à-fait opposés : tels ont été Démocrite et
Héraclite, Alexandre et Diogène, Descartes et Newton, Corneille et Racine, Bossuet et Fénélon, Vol-
taire et J. J. Rousseau. J'avois rassemblé sur ces
deux derniers hommes célèbres, contemporains et
morts dans la même année, une multitude de traits

qui prouvoient qu'ils ont contrasté toute leur vie en talens, en mœurs et en fortunes; mais j'ai abandonné leur parallèle pour m'occuper de ce travail, que j'ai cru plus utile.

Cette balance dans les hommes illustres ne paroîtra pas extraordinaire, si on considère qu'elle est une suite de la loi générale des contraires qui gouverne le monde, et d'où résultent toutes les harmonies de la nature : elle doit donc se manifester particulièrement dans le genre humain, qui en est le centre, et elle se montre en effet dans l'équilibre admirable avec lequel les deux sexes naissent en nombre égal. Elle ne se fixe pas sur les individus en particulier, car on voit des familles qui sont toutes de filles, et d'autres toutes de garçons; mais elle embrasse l'agrégation d'une ville entière, et d'un peuple dont les enfans mâles et femelles naissent toujours en nombre à-peu-près égal. Quelque inégalité de sexe qu'il y ait dans les variétés des naissances dans les familles, l'égalité se retrouve dans l'ensemble du peuple.

Mais voici une autre balance aussi merveilleuse, et à laquelle je ne crois pas qu'on ait fait attention. Comme il y a beaucoup d'hommes qui périssent par les guerres, les voyages maritimes et les travaux pénibles et dangereux, il s'ensuivroit, à la longue, que le nombre des femmes devroit aller tous les jours en augmentant. En supposant qu'il ne périt chaque année que la dixième partie des hommes plus que de femmes, la balance des sexes devroit devenir de plus en plus inégale. La ruine sociale devroit augmenter par la régularité même de l'ordre naturel. Cependant la chose n'arrive pas ; les deux sexes sont toujours à-peu-près aussi nombreux : leurs occupations sont différentes, mais leurs destins sont les mêmes. Les femmes qui poussent souvent les hommes à des entreprises hasardeuses pour entretenir leur luxe, ou qui fomentent parmi eux des haines et même des guerres pour satisfaire leur vanité, sont emportées dans la sécurité de leurs plaisirs par des maladies auxquelles les hommes ne sont pas sujets, mais qui résultent souvent des peines morales, physiques et politiques que ceux-ci ont éprouvées à leur occasion. Ainsi, l'équilibre de la naissance entre les sexes est rétabli par l'équilibre de la mort.

La nature a multiplié ces contrastes harmoniques dans tous ses ouvrages, par rapport à l'homme ; car les fruits qui servent à nos besoins ont souvent en eux-mêmes des qualités opposées qui se compensent mutuellement.

Ces effets, comme nous l'avons vu ailleurs, ne sont point des résultats mécaniques des climats, aux qualités desquels ils sont souvent opposés. Tous les ouvrages de la nature ont les besoins de l'homme pour fin, comme tous les sentimens de l'homme ont

la Divinité pour principe. Ce sont les intentions
finales de la nature qui ont donné à l'homme l'intelligence de tous ses ouvrages, comme c'est l'instinct de la Divinité qui a rendu l'homme supérieur
aux loix de la nature. C'est cet instinct qui, diver-
sement modifié par les opinions, porte les peuples
de la Russie à se baigner dans les glaces de la Néva
au plus fort de l'hiver, ainsi que les peuples du
Bengale dans les eaux du Gange ; qui a rendu, sous
les mêmes latitudes, les femmes esclaves aux Phi-
lippines, et despotiques à l'île Formose ; les hommes
efféminés aux Moluques, et intrépides à Macaçar,
et qui forme dans les habitans d'une même ville, des
tyrans, des citoyens et des esclaves.

Le sentiment de la Divinité est le premier mobile
du cœur humain. Examinez un homme dans ces
momens imprévus, où les plans secrets d'attaque et
de défense dont s'environne sans cesse l'homme
social sont supprimés, non pas à la vue d'une grande
ruine qui les renverse totalement, mais seulement
à la vue d'un animal ou d'une plante extraordinaire :
« Ah mon Dieu ! s'écrie-t-il, que voilà qui est admi-
» rable » ! et il appelle les premiers passans pour
partager son étonnement. Son premier mouvement
est d'élever sa joie à Dieu, et le second de l'étendre
aux hommes ; mais bientôt la raison sociale le rappelle à l'intérêt personnel. Lorsqu'il voit un certain
nombre de spectateurs rassemblés autour de l'objet

de sa curiosité, « C'est moi, dit-il, qui l'ai vu le
» premier ». Puis, s'il est savant, il ne manque pas
d'y appliquer son système. Bientôt il calcule ce que
cette découverte lui rapportera, il y ajoute quelques
circonstances pour la faire paroître plus merveilleuse,
et il emploie tout le crédit de sa coterie pour la vanter
et pour persécuter ceux qui ne sont pas de son opinion. Ainsi, tout sentiment naturel nous élève à
Dieu jusqu'à ce que le poids de nos passions et des
institutions humaines nous ramène à nous seuls.
Voilà pourquoi J. J. Rousseau avoit raison de dire
« que l'homme étoit bon, mais que les hommes
» étoient méchans ».

Ce fut l'instinct de la Divinité qui rassembla
d'abord les hommes, et qui devint la base de la
religion et des loix qui devoient cimenter leur réunion. Ce fut sur lui que s'appuya la vertu quand
elle se proposa d'imiter la Divinité, non-seulement
par l'exercice des arts et des sciences que les anciens
Grecs appeloient pour cet effet « de petites ver-
» tus », mais dans le résultat de l'intelligence et de
la puissance divine, qui est la bienfaisance. Elle
consista dans les efforts faits sur nous-mêmes pour
le bien des hommes, dans l'intention de plaire à
Dieu seul. Elle donna à l'homme le sentiment de
son excellence en lui inspirant le mépris des biens
terrestres et passagers, et le desir des choses célestes
et immortelles. Ce fut cet attrait sublime qui fit du

courage une vertu, et qui fit marcher l'homme vers
la mort parmi tant de soins de conserver la vie.
Brave d'Assas, qu'espériez-vous sur la terre en versant votre sang la nuit, sans témoin, aux champs
de Klosterkam, pour le salut de l'armée française?
Et vous, généreux Eustache de Saint-Pierre, quelle
récompense attendiez-vous de votre patrie, lorsque
vous parûtes devant ses tyrans la corde au cou, prêt à
périr d'une mort infâme pour sauver vos concitoyens?
Qu'importoient à vos cendres insensibles les statues
et les éloges que la postérité devoit leur offrir un
jour? Pouviez-vous même espérer ce prix de vos
sacrifices ou inconnus, ou couverts d'opprobres?
Pouviez-vous être flatté dans l'avenir des vains hommages d'un monde séparé de vous par des barrières
éternelles? Et vous, plus glorieux encore à la vue
de Dieu, citoyens obscurs qui succombez sans gloire,
à qui vos vertus attirent la honte, la calomnie, les
persécutions, la pauvreté, le mépris de la part même
de ceux qui dispensent les honneurs parmi les
hommes, marcheriez-vous dans des routes si âpres
et si rudes, si une lueur divine ne luisoit à vos
yeux (1)?

---

(1) Il est impossible d'avoir de la vertu sans religion. Je
ne parle pas des vertus de théâtre qui nous attirent les
approbations du public, par des moyens souvent si méprisables, qu'on peut bien les regarder comme des vices. Les
païens eux-mêmes les ont tournées en ridicule. Voyez ce

C'est le respect de la vertu qui est la source de
celui que nous portons à l'antique noblesse, et qui
a mis, à la longue, des différences injustes et odieuses

qu'en dit Marc-Aurèle. J'entends par vertu, le bien qu'on
fait aux hommes sans espoir de récompense de leur part, et
souvent aux dépens de sa fortune, et même de sa réputation. Analysez tous ceux dont les traits vous ont paru frappans, il n'y en a aucun qui ne vous montre la Divinité,
éloignée ou présente. J'en citerai un peu connu, et, par son
obscurité même, bien loyal.

Dans la dernière guerre d'Allemagne, un capitaine de
cavalerie est commandé pour aller au fourrage. Il part à la
tête de sa compagnie, et se rend dans le quartier qui lui
étoit assigné. C'étoit un vallon solitaire, où on ne voyoit
guère que des bois. Il y aperçoit une pauvre cabane; il y
frappe, il en sort un vieux hernouten à barbe blanche.
« Mon père, lui dit l'officier, montrez-moi un champ où je
» puisse faire fourrager mes cavaliers. — Tout-à-l'heure »,
reprit l'hernouten. Ce bonhomme se met à leur tête, et
remonte avec eux le vallon. Après un quart-d'heure de
marche, ils trouvent un beau champ d'orge : « Voilà ce qu'il
» nous faut, dit le capitaine. — Attendez un moment, lui
» dit son conducteur, vous serez content ». Ils continuent à
marcher, et ils arrivent, à un quart de lieue plus loin, à un
autre champ d'orge. La troupe aussi-tôt met pied à terre,
fauche le grain, le met en trousse, et remonte à cheval.
L'officier de cavalerie dit alors à son guide : « Mon père,
» vous nous avez fait aller trop loin sans nécessité; le pre-
» mier champ valoit mieux que celui-ci. — Cela est vrai,
» monsieur, reprit le bon vieillard, mais il n'étoit pas à
» moi ».

parmi les hommes, tandis que dans l'origine il ne
devoit apporter parmi eux , que des distinctions
respectables. Les Asiatiques , plus équitables, n'ont

---

Ce trait va au cœur. Je défie un athée d'en faire un semblable. J'observerai que les hernoutens sont une espèce de
quakers répandus dans quelques cantons de l'Allemagne.
Quelques théologiens ont écrit que les hérétiques n'étoient
pas capables de vertu, et que leur vertu étoit sans mérite.
Comme je ne suis pas théologien, je ne m'engagerai point
dans cette discussion métaphysique, quoique j'eusse à opposer à leur opinion le sentiment de S. Jérôme , et même celui
de S. Pierre, par rapport aux païens, lorsque celui-ci dit
au centenier Corneille : « En vérité, je vois bien que Dieu
» n'a point d'égards aux diverses conditions des personnes,
» mais qu'en toute nation, celui qui le craint, et dont les
» œuvres sont justes, lui est agréable ». (*Actes des Apôtres*,
chap. 10, v. 34 et 35.) Mais je voudrois bien savoir ce que
ces théologiens pensent de la charité du Samaritain qui étoit
un schismatique. Il me semble qu'ils n'ont rien à objecter
au jugement de Jésus-Christ. Comme la simplicité et la
profondeur de ses réponses divines font un contraste admirable avec la mauvaise foi et les subtilités des docteurs de
ce temps-là, je vais rapporter ce trait de l'Evangile tout
entier.

« Alors un docteur de la loi se levant, lui dit pour le
» tenter : Maître, que faut-il que je fasse pour posséder la
» vie éternelle? Jésus lui répondit : Qu'y a-t-il d'écrit dans
» la loi? qu'y lisez-vous? Il lui répondit : Vous aimerez le
» Seigneur votre Dieu de tout votre cœur, de toute votre
» ame, de toutes vos forces et de tout votre esprit, et votre
» prochain comme vous-même. Jésus lui dit: Vous avez

attaché la noblesse qu'aux lieux illustrés par la vertu.
Un vieux arbre, un puits, un rocher, des objets
stables, leur ont paru seuls capables de leur en
perpétuer le souvenir. Il n'y a pas, en Asie, un
arpent de terre qui ne soit illustre. Les Grecs et les
Romains qui en sont sortis, comme tous les peuples du monde, et qui ne s'en éloignèrent pas
beaucoup, imitèrent en partie les coutumes de nos
premiers pères. Mais les autres nations qui se répandirent dans le reste de l'Europe, où elles furent
long-temps errantes, et qui s'écartèrent de ces

---

» très-bien répondu; faites cela, et vous vivrez. Mais cet
» homme voulant faire paroître qu'il étoit juste, dit à Jésus:
» Et qui est mon prochain? Et Jésus prenant la parole, lui
» dit : Un homme qui descendoit de Jérusalem à Jéricho,
» tomba entre les mains des voleurs qui le dépouillèrent, le
» couvrirent de plaies et s'en allèrent, le laissant à demi-
» mort. Il arriva ensuite qu'un prêtre descendit par le même
» chemin, lequel l'ayant aperçu, passa outre. Un lévite qui
» vint aussi au même lieu, l'ayant considéré, passa outre
» encore. Mais un Samaritain passant son chemin, vint à
» l'endroit où étoit cet homme, et l'ayant vu, il en fut tou-
» ché de compassion; il s'approcha donc de lui, il versa de
» l'huile et du vin dans ses plaies, et les banda; et l'ayant
» mis sur son cheval, il l'amena dans l'hôtellerie et eut soin
» de lui. Le lendemain, il tira deux deniers qu'il donna à
» l'hôte, et lui dit : Ayez bien soin de cet homme; et tout
» ce que vous dépenserez de plus, je vous le rendrai à mon
» retour. Lequel de ces trois vous semble avoir été le pro-
» chain de celui qui tomba entre les mains des voleurs? Le

anciens monumens de la vertu, aimèrent mieux les chercher dans la postérité de leurs grands hommes, et en voir des images vivantes parmi leurs enfans. Voilà, ce me semble, pourquoi les Asiatiques n'ont point de noblesse, et pourquoi les Européens n'ont point de monumens.

Cet instinct de la Divinité fait le charme de nos lectures les plus agréables. Les écrivains auxquels on revient toujours, ne sont pas les plus spirituels, c'est-à-dire, ceux qui abondent dans cette raison sociale qui ne dure qu'un moment; mais ceux qui

---

» docteur lui répondit : Celui qui a exercé la miséricorde » envers lui. Allez donc, lui dit Jésus, et faites de même ».

Je me garderai bien d'ajouter ici aucune réflexion. J'observerai seulement que l'action du Samaritain est bien supérieure à celle de l'hernouten : car quoique le second fasse un plus grand sacrifice, il y est en quelque sorte déterminé par la force : il falloit qu'il y eût un champ fourragé. Mais le Samaritain obéit entièrement aux impulsions de l'humanité. Son action est libre et sa charité gratuite. Ce trait, comme tous ceux de l'Evangile, renferme en peu de mots une foule d'instructions lumineuses sur le second de nos devoirs. Il seroit impossible de les remplacer par d'autres, imaginés même à plaisir. Pesez toutes les circonstances de la charité inquiète du Samaritain. Il panse les plaies d'un malheureux; il le met sur son propre cheval; il expose sa vie en s'arrêtant et en allant à pied dans un lieu fréquenté par les voleurs. Il pourvoit ensuite dans l'hôtellerie, aux besoins tant présens que futurs de cet infortuné, et il continue sa route sans rien attendre de sa reconnoissance.

nous rendent l'action de la Providence toujours présente. Voilà pourquoi Homère, Virgile, Xénophon,
Plutarque, Fénélon, et la plupart des écrivains
anciens sont immortels, et plaisent à toutes les
nations. C'est par cette même raison que les livres
de voyages, quoique la plupart écrits sans art, et
quoique décriés par une multitude d'états de notre
société, qui y trouvent indirectement leur censure,
sont cependant les plus intéressans de notre littérature moderne, non-seulement parce qu'ils nous font
connoître de nouveaux bienfaits de la nature, en
nous parlant des fruits et des animaux des pays
étrangers, mais à cause des dangers de terre et de
mer auxquels leurs auteurs échappent souvent
contre toute espérance humaine. Enfin, c'est parce
que la plupart de nos livres savans s'écartent de ce
sentiment naturel, que leur lecture est si sèche et
si rebutante, et que la postérité préférera Hérodote à David Hume, et la mythologie des Grecs à
tous nos traités de physique, parce qu'on aime
encore mieux entendre raconter des fables de la
Divinité dans l'histoire des hommes, que de voir la
raison des hommes dans l'histoire de la Divinité.

Ce sentiment sublime inspire le goût du merveilleux à l'homme qui par sa foiblesse naturelle,
devroit toujours ramper sur la terre dont il est
formé. Il balance en lui le sentiment de sa misère,
qui l'attache aux plaisirs de l'habitude, et il exalte

son ame en lui donnant sans cesse le desir de la
nouveauté. Il est l'harmonie de la vie humaine, et
la source de tout ce que nous y trouvons de délicieux et de ravissant. C'est de lui que se couvrent
les illusions de l'amour, qui croit toujours voir un
objet divin dans l'objet aimé. C'est lui qui présente
à l'ambition des perspectives sans fin. Un paysan ne
semble desirer rien au monde que de devenir le
marguillier de son village. Ne vous y trompez pas !
Ouvrez-lui une carriére sans obstacle : il est palefre-
nier ; il devient brigand, chef de voleurs, général
d'armées, roi; il finira par se faire adorer. Ce sera
Tamerlan, ou Mahomet. Un vieux et riche bourgeois, cloué par la goutte dans son fauteuil, n'a
plus, dit-il, d'autre ambition que de mourir en
paix. Mais il se voit revivre éternellement dans sa
postérité. Il s'applaudit en secret, de la voir monter
à l'aide de son argent, par tous les échelons des
dignités et de l'honneur. Lui-même ne pense pas
que bientôt il n'aura plus rien de commun avec
elle, et que pendant qu'il se félicite d'être le principe de sa gloire future, elle met déjà la sienne à
cacher la honte de son origine. L'athée même,
avec sa sagesse négative, est entraîné par cette
impulsion. En vain il se démontre le néant et la
révolution de toutes choses : son cœur combat sa
raison. Il se flatte intérieurement que son livre ou
son tombeau lui attirera un jour les hommages de la

postérité, ou, peut-être, que le livre et le tombeau
de son ennemi cesseront de les recevoir. Il ne
méconnoît la Divinité, que parce qu'il se met à sa
place.

Avec le sentiment de la Divinité, tout est grand,
noble, beau, invincible dans la vie la plus étroite;
sans lui, tout est foible, déplaisant et amer au sein
même des grandeurs. Ce fut lui qui donna l'empire
à Sparte et à Rome, en montrant à leurs habitans
vertueux et pauvres, les dieux pour protecteurs et
pour concitoyens. Ce fut sa destruction qui les livra
riches et vicieux à l'esclavage, lorsqu'ils ne virent
plus d'autres dieux dans l'univers que l'or et les
voluptés. L'homme a beau s'environner des biens
de la fortune; dès que ce sentiment disparoît de son
cœur, l'ennui s'en empare. Si son absence se prolonge, il tombe dans la tristesse, ensuite dans une
noire mélancolie, et enfin dans le désespoir. Si cet
état d'anxiété est constant, il se donne la mort.
L'homme est le seul être sensible qui se détruise
lui-même dans un état de liberté. La vie humaine,
avec ses pompes et ses délices, cesse de lui paroître
une vie quand elle cesse de lui paroître immortelle
et divine (1).

---

(1) Plutarque remarque qu'Alexandre ne se livra au désordre qui souilla la fin de son auguste carrière, que parce
qu'il se crut abandonné des dieux. Non-seulement ce senti-

Quel que soit le désordre de nos sociétés, cet instinct céleste se plaît toujours avec les enfans des

---

ment cause nos maux quand il disparoît de nos plaisirs, mais quand, par l'effet de nos passions ou de nos institutions qui pervertissent les loix naturelles, il se porte sur nos maux même. Ainsi, par exemple, quand après avoir donné des loix mécaniques aux opérations de notre ame, nous venons à porter sur nos maux physiques et passagers le sentiment de l'infini ; c'est alors que, par une juste réaction, notre misère devient insupportable. Je n'ai esquissé que foiblement l'action des deux principes de l'homme ; mais, à quelque sensation de douleur ou de plaisir qu'on veuille les appliquer, on sentira la différence de leur nature et leur réaction perpétuelle.

A propos d'Alexandre abandonné des dieux, je serois surpris que l'expression de cette situation n'eût pas inspiré le génie de quelque artiste de la Grèce. Voici ce que je trouve à ce sujet dans Addisson : « Il y a dans la même galerie » (à Florence) un beau buste d'Alexandre-le-Grand, le » visage tourné vers le ciel avec un certain air noble de cha- » grin et de déplaisir. J'ai vu deux ou trois anciens bustes » d'Alexandre, du même air et de la même posture ; et je » suis porté à croire que le sculpteur avoit dans l'esprit, ou » le conquérant pleurant pour de nouveaux mondes, ou » quelques autres circonstances semblables de son histoire ». (Addisson, Voyage d'Italie, tome 4 de Misson. pag. 293 et 294.) Je pense que la circonstance de l'histoire d'Alexandre à laquelle il faut rapporter ces bustes, est celle où il se plaint aux dieux de l'avoir abandonné. Je ne doute pas qu'elle n'eût fixé l'excellent jugement d'Addisson, s'il se fût rappelé l'observation de Plutarque.

III.

Q

hommes. Il inspire les hommes de génie, en se montrant à eux sous les attributs éternels. Il présente au géomètre les progressions ineffables de l'infini, au musicien des harmonies ravissantes, à l'historien les ombres immortelles des hommes vertueux. Il élève un Parnasse au poète, et un Olympe aux héros. Il luit sur les jours infortunés du peuple. Il fait soupirer, au milieu du luxe de Paris, le pauvre habitant de la Savoie après les Saints couverts de neige de ses montagnes. Il erre sur les vastes mers, et rappelle des doux climats de l'Inde, le matelot européen aux rivages orageux de l'occident. Il donne une patrie à des malheureux, et des regrets à ceux qui n'ont rien perdu. Il couvre nos berceaux des charmes de l'innocence, et les tombeaux de nos pères des espérances de l'immortalité. Il repose au milieu des villes tumultueuses sur les palais des grands rois et sur les temples augustes de la religion. Souvent il se fixe dans des déserts, et attire sur des rochers les respects de l'univers. C'est ainsi qu'il vous a couvertes de majesté, ruines de la Grèce et de Rome ; et vous aussi, mystérieuses pyramides de l'Egypte ! C'est lui que nous cherchons sans cesse au milieu de nos occupations inquiètes ; mais dès qu'il se montre à nous dans quelque acte inopiné de vertu, ou dans quelqu'un de ces événemens qu'on nomme des coups du ciel, ou dans quelques-unes de ces émotions sublimes indéfinissables, qu'on appelle par excellence des traits de sentiment, son premier effet est de produire en nous un mouvement de joie très-vif, et le second, de nous faire verser des larmes. Notre ame, frappée de cette lueur divine, se réjouit à la fois d'entrevoir la céleste patrie, et s'afflige d'en être exilée.

> ..............Oculis errantibus alto
> Quæsivit cœlo lucem, ingemuitque reperta.
> *Æneid, lib. iv.*

# ÉTUDE XIII.

## Application des Loix de la Nature aux maux de la Société.

J'AI exposé, dans cet Ouvrage, les erreurs de nos opinions, les maux qui en sont résultés pour les mœurs et pour le bonheur social; j'ai réfuté ces opinions et jusqu'aux méthodes de nos sciences; j'ai recherché quelques loix de la nature; j'en ai fait une application, j'ose dire heureuse, à l'ordre végétal; mais tout ce grand travail seroit vain, à mon avis, si je ne l'employois à trouver quelques remèdes aux maux de la société.

Un Prussien, qui a beaucoup écrit de nos jours, s'est abstenu de rien dire sur l'administration de son pays, « parce qu'étant passager, dit-il, sur le » vaisseau de l'état, ce n'est pas à lui à se mêler de » sa manœuvre ». Cette pensée, comme tant d'autres qu'il a prises dans nos livres, est une phrase de bel-esprit. Elle ressemble à celle de cet homme, qui, voyant le feu prendre dans une maison, s'en fut sans l'éteindre, « parce que, disoit-il, la maison » n'étoit pas à lui ». Pour moi, je me crois d'autant plus obligé de parler du vaisseau de l'état, que j'y suis passager, et que je dois m'intéresser à la prospérité de sa navigation. Je dois employer

le loisir où me met mon passage même, à avertir
les pilotes des désordres que j'y aperçois. Il me
semble que ce sont là les exemples que nous ont
donnés les Montesquieu, le Fénélon, et tant d'hommes à jamais illustres, qui ont consacré, dans
chaque pays, leurs veilles au bonheur de leurs
compatriotes. Tout ce qu'on peut m'objecter avec
fondement, c'est ma propre insuffisance. Mais j'ai
vu beaucoup d'injustices; j'en ai été moi-même la
victime. Les images du désordre m'ont fait naître
des idées d'ordre. D'ailleurs mes erreurs peuvent
servir à faire paroître la sagesse de ceux qui les
relèveront. Quand je ne présenterois qu'une idée
utile à mon prince, dont les bienfaits m'ont sou-
tenu jusqu'ici, quoique mes services soient restés
sans récompense, j'aurai obtenu la plus précieuse
de toutes, si je peux me flatter d'avoir essuyé les
larmes de quelque infortuné : ce souvenir effacera
les miennes au dernier moment.

Les hommes qui profitent des maux de la patrie
me reprocheront d'en être l'ennemi, avec leur
phrase ordinaire, que les choses ont toujours été
ainsi, et que tout va bien, parce que tout va bien
pour eux. Mais ce ne sont pas ceux qui découvrent
les maux de leur patrie qui en sont les ennemis, ce
sont ceux qui la flattent. Certainement les écrivains,
comme Horace et Juvénal, qui présageoient à Rome
sa destruction, au milieu même de sa grandeur,

étoient plus attachés à son bonheur que ceux qui
en flattoient les tyrans qui profitoient de ses désordres. Combien l'empire Romain a-t-il survécu à la
prédiction des premiers ? Les bons princes même
qui en prirent dans la suite le gouvernement, ne
purent le rétablir, parce qu'ils furent trompés par
les écrivains contemporains, qui n'osèrent jamais
attaquer les causes morales et politiques de la corruption. Ils se contentèrent de porter leur réforme
sur eux-mêmes, et n'eurent pas même le courage
de l'étendre à leur famille. Ainsi ont régné les Titus
et les Marc-Aurèle. Ils ne furent que de grands philosophes sur le trône. Pour moi je croirois avoir
déjà bien mérité de ma patrie, quand je ne lui aurois
dit que cette terrible vérité : qu'elle renferme dans
son sein plus de sept millions de pauvres, et que
leur nombre va en croissant chaque année, depuis
le siècle de Louis XIV.

A Dieu ne plaise que je souhaite la destruction
des différens ordres de l'état. Je ne desire que de
les ramener à l'esprit de leur institution naturelle.
Plût à Dieu que le clergé méritât, par ses vertus, la
première place accordée à la sainteté de ses fonctions; et que la noblesse protégeât les citoyens et
ne se rendît redoutable qu'aux ennemis du peuple;
que la finance, faisant couler ses trésors dans les
canaux de l'agriculture et du commerce, laissât au
mérite les chemins ouverts à tous les emplois; que

chaque femme, exemptée, par la foiblesse de sa
constitution, de la plupart des fardeaux de la société,
s'occupât à remplir ses douces destinées d'épouse
et de mère en faisant le bonheur d'une seule famille;
que revêtue de graces et de beauté, elle se consi-
dérât comme une fleur de cette chaîne de plaisirs
dont la nature a attaché l'homme à la vie; et que
tandis qu'elle feroit la couronne et la joie de son
époux en particulier, la chaîne entière de son sexe
resserrât les nœuds du bonheur national!

Je ne cherche point à mériter les applaudissemens
du peuple; il ne me lira pas: d'ailleurs, il est vendu
aux riches et aux puissans. A la vérité il en médit
sans cesse, et il applaudit même ceux qui agissent
envers eux avec quelque fermeté; mais il les abandonne dès qu'il les voit les objets de la haine des
riches; il tremble aux menaces de ceux-ci, ou il
rampe à leurs pieds à la moindre marque de bienveillance. J'entends par peuple, non-seulement la
dernière classe de la société, mais un grand nombre d'autres qui se croient bien au-dessus.

Le peuple n'est point mon idole. Si les puissances qui le gouvernent sont corrompues, il en
est lui-même la cause. On se récrie contre les règnes
de Néron et de Caligula; mais ces princes méchans
furent les fruits de leur siècle, comme de mauvais
fruits sont produits par de mauvais arbres: ils n'auroient point été des tyrans, s'ils n'avoient trouvé

parmi les Romains des délateurs, des espions, des
satellites, des empoisonneurs, des filles prostituées,
des bourreaux et des flatteurs qui leur disoient que
tout alloit bien. Je ne crois point la vertu le partage du peuple, mais je la crois répartie dans toutes
les conditions, rare chez les petits, chez les médiocres et chez les grands, et si nécessaire au maintien de tous les ordres de la société, que si elle
y étoit entièrement détruite, la patrie s'écrouleroit
comme un temple dont on auroit sapé les fondemens.

Mais, si ce ne sont ni les louanges ni les vertus
du peuple qui m'intéressent particulièrement, ce
sont ses travaux. C'est du peuple que sortent la plupart de mes plaisirs et de mes maux ; c'est lui qui
me nourrit, qui m'habille, qui me loge, et qui s'occupe souvent de mon superflu, tandis qu'il manque
quelquefois du nécessaire ; c'est de lui aussi que
sortent les épidémies, les vols, les séditions, et
n'y eût-il pour moi que le simple spectacle de son
bonheur ou de son malheur, il ne sauroit m'être
indifférent. Sa joie me donne involontairement de
la joie, et sa misère m'attriste. Je ne suis pas quitte
envers lui, en payant ses services avec de l'argent.
C'est une maxime d'homme riche et dur : « Je suis
» quitte envers cet ouvrier, dit-il, je l'ai payé ».
L'argent que je donne au peuple pour ses services
ne crée rien de nouveau pour son usage, cet argent
circuleroit également, et peut-être plus utilement

pour lui, quand je n'existerois pas. Le peuple donc
porte, sans aucun retour de ma part, le poids de
mon existence : c'est bien pis, quand il est encore
chargé de celui de mes désordres. Je lui suis comp-
table de mes vices et de mes vertus plus qu'aux
magistrats. Si je lui enlève une portion de sa subsistance, je forcerai celui à qui elle manquera de
devenir un mendiant ou un voleur ; si j'y corromps
une fille, je lui enlève une mère de famille ; si je
manque de religion à ses yeux, j'affoiblis les espérances qui le soutiennent dans ses travaux. D'ailleurs,
la religion me fait un commandement formel de
l'aimer. Quand elle m'ordonne d'aimer les hommes,
c'est le peuple qu'elle me désigne, et non pas les
grands ; c'est à lui qu'elle attache toutes les puissances de la société, qui n'existent que par lui et
pour lui. Bien éloignée de notre politique moderne,
qui présente les peuples aux rois comme leurs domaines, elle présente les rois aux peuples comme
leurs défenseurs et leurs pères. Les peuples ne sont
point faits pour les rois, mais les rois pour les peuples.
Je dois donc, moi qui ne suis rien et qui ne peux
rien, tendre au moins de tous mes vœux vers sa félicité.

D'ailleurs, je dois rendre cette justice au nôtre,
que je n'en connois point en Europe de plus généreux, quoique ce soit le plus misérable que j'y
connoisse, à la liberté près. Je pourrois citer une
multitude de traits de sa bienfaisance, si le temps

me le permettoit. Nos beaux-esprits tirent souvent des caricatures de nos poissardes et de nos paysans, parce qu'ils n'ont d'autre but que d'amuser les riches ; mais ils leur donneroient de grandes leçons de vertus, s'ils savoient étudier celles du peuple ; pour moi, j'y ai trouvé plus d'une fois des lingots d'or sur du fumier.

J'ai remarqué, par exemple, que beaucoup de petits marchands livrent leurs marchandises à un plus bas prix à un homme pauvre qu'à un riche, et quand je leur en ai demandé la raison, ils m'ont répondu : « Il faut, Monsieur, que tout le monde » vive ». J'ai observé aussi que beaucoup de gens du petit peuple ne marchandent jamais lorsqu'ils achètent à des pauvres comme eux : « Il faut, disent- » ils, qu'ils gagnent leur vie ». Un jour, je vis un petit enfant acheter des herbes à une fruitière ; elle lui en remplit son tablier pour deux sous ; et, comme je m'étonnois de la quantité qu'elle lui en donnoit, elle me dit : « Monsieur, je n'en donne- » rois pas tant à une grande personne ; mais je me » ferois un grand scrupule de tromper un enfant ». J'avois dans la rue de la Magdeleine un porteur d'eau, Auvergnat, appelé Christal, qui a nourri pendant cinq mois, *gratis*, un tapissier qui lui étoit inconnu, et qui étoit venu à Paris pour un procès, « Parce que, me dit-il, ce tapissier, le long de la » route, dans la voiture publique, avoit donné de

» temps en temps le bras à sa femme malade ». Ce
même homme avoit un fils de dix-huit ans, né pa-
ralytique et imbécille, qu'il nourrissoit avec le plus
tendre attachement, sans jamais avoir voulu le
mettre aux Incurables, quoique des personnes
qui en avoient le crédit, le lui eussent offert. « Dieu,
» me disoit-il, me l'a donné, c'est à moi à en pren-
» dre soin ». Je ne doute pas qu'il ne le nourrisse
encore, quoiqu'il soit obligé de le faire manger
lui-même, et que sa femme soit souvent malade.
Je me suis arrêté une fois avec admiration à con-
templer un pauvre honteux assis sur une borne,
dans la rue Bergère, près des boulevards. Il passoit
près de lui des messieurs bien vêtus, qui ne lui
donnoient jamais rien; mais il y avoit peu de servantes ou de femmes chargées de hottes, qui ne
s'arrêtassent pour lui faire la charité. Il étoit en
perruque bien poudrée, le chapeau sous le bras,
en redingote, en linge blanc, et si proprement
arrangé, qu'on eût dit, quand ces pauvres gens lui
faisoient l'aumône, que c'étoit lui qui la leur donnoit.
On ne peut certainement pas rapporter ce sentiment de générosité dans le peuple à aucun retour
secret d'intérêt sur lui-même, ainsi que le prétendent les ennemis du genre humain, qui ont voulu
nous expliquer les causes de la pitié. Aucune de
ces pauvres bienfaitrices ne se mettoit à la place de
cet infortuné, qui, disoit-on, avoit été horloger,

et avoit perdu la vue ; mais elles étoient émues par cet instinct sublime, qui nous intéresse plus aux malheurs des grands qu'à ceux des autres hommes, parce que nous mesurons la grandeur de leurs maux sur celle de leur élévation et de leur chute. Un horloger aveugle étoit un Bélisaire pour des servantes.

Je ne finirois pas sur ces traits; ils seroient dignes de l'admiration des riches s'ils étoient tirés de l'histoire des Sauvages ou de celle des empereurs romains, s'ils étoient à deux mille ans ou à deux mille lieues de nous. Ils amuseroient leur imagination et tranquilliseroient leur avarice. Certainement notre peuple mérite d'être aimé. Je pourrois prouver que sa bonté morale est le plus ferme soutien du gouvernement, et que, malgré ses besoins, c'est lui qui subvient à la mauvaise paye de nos soldats, et qui sustente de son nécessaire le nombre prodigieux de pauvres dont le royaume est plein.

SALUS POPULI SUPREMA LEX ESTO, disoient les anciens : le bonheur du peuple est la loi suprême, parce que son malheur est le malheur général. Cet axiome doit être d'autant plus sacré aux législateurs et aux réformateurs, qu'aucune loi ne peut être durable, et qu'aucun plan de réforme ne peut avoir lieu, que préalablement le bonheur du peuple ne soit établi. Ce sont ses malheurs qui font naître les abus, qui les entretiennent et qui les renouvellent. C'est pour n'avoir pas bâti sur cette base fondamentale que tant d'illustres réformateurs ont vu s'écrouler l'édifice de leur politique. Si Agis et Cléomène échouèrent dans la réforme de Sparte, c'est parce que les Ilotes malheureux virent avec indifférence un systême de bonheur où ils n'étoient pas compris. Si la Chine a été conquise par les Tartares, c'est que les Chinois mécontens gémissoient sous la tyrannie de leurs mandarins, sans que leur prince en sût rien. Si la Pologne a été partagée de nos jours par ses voisins, c'est que ses paysans esclaves et ses gentilshommes domestiques ne l'ont pas défendue. Si tant de réformes au sujet du clergé, du militaire, de la finance, de la justice, du commerce et du concubinage ont été tentées chez nous inutilement, c'est que le malheur du peuple reproduit sans cesse les mêmes abus.

Je n'ai point vu dans tous mes voyages de pays plus florissant que la Hollande. On compte au moins cent quatre-vingt mille habitans dans sa capitale. Un commerce immense offre dans cette ville mille objets de tentation; cependant on n'y entend point parler de vols : on ne s'y sert pas même de soldats pour y monter la garde. Lorsque j'y étois, en 1762, il y avoit onze ans qu'on n'y avoit exécuté personne à mort. Les loix y sont cependant sévères; mais le peuple, qui trouve aisément à gagner sa vie, n'est point tenté de les enfreindre. Il est même digne de remarque que, quoiqu'il ait gagné des millions à

imprimer toutes nos extravagances en morale , en
politique et en religion , ses opinions ni ses mœurs
n'en ont point été altérées , parce qu'il est content
de son sort. Les crimes ne naissent que de l'indigence et de l'extrême opulence. Lorsque j'étois à
Moscou, un vieillard génevois qui étoit dans cette
ville du temps de Pierre 1, me dit que depuis qu'on
avoit ouvert au peuple différens moyens de subsister par l'établissement des fabriques et du commerce, les séditions, les assassinats, les vols et les
incendies y étoient bien plus rares qu'autrefois. S'il
n'y avoit pas eu à Rome des foules de misérables ,
il ne s'y seroit pas élevé des Catilina. La police , à
la vérité , prévient à Paris les désordres d'éclat : on
peut dire même qu'il se commet moins de crimes
dans cette capitale que dans les autres villes du
royaume , à proportion de leur population ; mais la
tranquillité du peuple à Paris, vient de ce qu'il y
trouve plus de moyens de subsistance que dans les
autres villes du royaume , parce que les riches de
toutes les provinces viennent y demeurer. Après
tout , les frais de police en gardes , en espions , en
maisons de force et en prisons, sont à la charge de
ce même peuple , et se tournent en frais de châtimens lorsqu'ils pourroient se tourner en bienfaits.
D'ailleurs , ces moyens ne sont que des répercus-
sions qui jettent le peuple dans des désordres obscurs qui ne sont pas moins dangereux.

Le premier moyen de diminuer l'indigence du peuple, c'est d'affoiblir l'opulence extrême des riches. Ce n'est point elle qui fait vivre le peuple, comme le prétendent les politiques modernes. Ils ont beau calculer les richesses d'un Etat, la masse en est certainement limitée ; et si elle se trouve toute entière dans les mains d'une petite portion de citoyens, elle n'est plus au service de la multitude. Comme ils voient toujours en détail les hommes dont ils se soucient fort peu, et en gros capitaux l'argent qu'ils aiment beaucoup, ils trouvent qu'il est plus avantageux pour le royaume que cent mille écus de rente soient réunis sur la même tête, que répartis entre cent familles, « parce que, disent- » ils, les grands capitalistes font de grandes entre- » prises » ; mais ils sont en cela dans une perni- cieuse erreur. Le financier qui les possède ne fait vivre que quelques laquais de plus, et étend le reste de son superflu à des objets de luxe et de corrup- tion : encore faut-il qu'il en jouisse à sa manière ; car s'il est avare, cet argent est tout-à-fait perdu pour la société. Mais cent familles de bons citoyens vont vivre à l'aise avec un pareil revenu. Elles élè- veront un grand nombre d'enfans, et elles feront vivre une multitude d'autres familles du peuple par des arts utiles et amis des bonnes mœurs.

Il faudroit donc pour affoiblir l'opulence, sans toutefois faire d'injustice aux riches, détruire la

vénalité des emplois, qui les donne tous à la portion de la société qui peut s'en passer le plus aisément pour vivre, puisqu'elle les donne à ceux qui
ont de l'argent. Il faudroit détruire la duplicité, la
triplicité et la quadruplicité, qui les accumulent
sur une seule tête, ainsi que les survivances qui
les perpétuent dans les mêmes familles. Par cette
abolition on détruiroit sans doute cette aristocratie
de l'or qui s'étend de plus en plus au sein de la
monarchie, et qui mettant une barrière impénétrable
entre le prince et ses sujets, devient à la longue le
plus dangereux de tous les gouvernemens. Par-là
on releveroit la dignité des emplois, qui seront plus
dignes d'estime lorsqu'ils seront la récompense du
mérite et non le prix de l'argent : on affoibliroit le
respect de l'or, qui a corrompu nos mœurs, et on
releveroit celui qui est dû à la vertu : on rouvriroit
à tous les ordres de l'Etat la carrière publique, qui
est depuis un siècle le patrimoine de quatre à cinq
mille familles qui se passent tous les emplois de
main en main, sans en faire part aux autres citoyens
qu'à proportion qu'ils cessent de l'être, c'est-à-dire
qu'ils leur vendent leur liberté, leur honneur et leur
conscience.

On a persuadé à nos rois qu'il étoit plus sûr pour
eux de se fier à la bourse de leurs sujets qu'à leur
probité. Voilà l'origine de la vénalité dans l'état
civil ; mais ce sophisme tombe lorsque l'on consi-

dère qu'elle ne subsiste ni dans l'état ecclésiastique, ni dans l'état militaire, et que ces grands corps sont, quant à leurs individus, ce qu'il y a encore de mieux ordonné dans l'Etat, du moins par rapport à leur police et à leurs intérêts particuliers.

La cour emploie fréquemment les variétés des modes pour faire vivre le peuple du superflu des riches. Ce palliatif est bon, quoiqu'il ait de dangereux inconvéniens; mais au moins il faut qu'il tourne au profit des pauvres, et qu'on interdise en France tout commerce de luxe étranger, car il seroit bien inhumain que les riches qui tirent tout l'argent de la nation, en fissent passer tous les ans une partie considérable aux Indes, à la Chine, pour se procurer des mousselines, des soies et des porcelaines qu'ils peuvent trouver dans le royaume. Le commerce des Indes et de la Chine ne convient qu'à des peuples qui n'ont, comme les Hollandais et les Anglais, ni mûriers ni vers à soie. C'est à ceux-là aussi qu'il convient d'acheter du thé et d'en boire, parce qu'ils n'ont pas de vin dans leur pays. Mais toutes les fois que nous achetons au Bengale une pièce de coton, nous empêchons un habitant de nos îles de cultiver les plantes qui en auroient produit la matière, et une famille en France de la filer et de l'ourdir. C'est encore une obligation morale de rendre aux femmes les métiers qui leur appartiennent, comme ceux d'accoucheuses, de coiffeuses, de couturières, de

marchandes de linge et de modes, et tous ceux qui
ne demandent que de l'adresse et une vie sédentaire, afin d'en retirer un grand nombre de l'oisiveté et de la prostitution où la plupart d'entre elles
cherchent les moyens de soutenir une vie misérable.

On rouvrira encore un grand canal de subsistance au peuple, en supprimant les priviléges des
compagnies de commerce et de manufactures. Ces
compagnies, dit-on, font vivre tout un pays. Leurs
établissemens, en effet, en imposent au premier
coup d'œil, sur-tout dans une campagne. Ils présentent de grandes avenues d'arbres, de vastes bâtimens,
des cours multipliées, des palais; mais ils font aller
les entrepreneurs en carrosse, et le reste du village
en sabots. Je n'ai pas vu de paysans plus misérables
que dans les villages où il y a des manufactures privilégiées. Les priviléges contribuent plus qu'on ne
pense à arrêter l'industrie d'un pays. Je citerai à
cette occasion ce que dit un anonyme anglais, très-
estimable par son jugement sain et par son impar-
tialité. « J'ai passé, dit-il, par Montreuil, Abbe-
» ville, Péquigni.... La seconde de ces villes a aussi
» son château; ses habitans indigens exaltent beau-
» coup leur manufacture de drap; mais elle est moins
» considérable que celles de bien des villages du
» pays d'York (1) ». Je pourrois aussi opposer aux

(1) Voyage en France, en Italie et aux îles de l'Archipel,
en 1750, quatre vol. petit in-12.

manufactures de draps des villages du pays d'York, celles de mouchoirs, de toiles de coton, d'étoffes de laine des villages du pays de Caux, qui y sont très-florissantes, et dont les paysans sont fort riches, parce qu'il n'y a point parmi eux de priviléges. Les entrepreneurs privilégiés se trouvant sans concurrence dans un pays, en taxent les ouvriers à volonté. D'ailleurs ils ont mille ruses pour les réduire à la plus petite paie possible. Ils leur donnent, par exemple, de l'argent d'avance ; et quand ils en ont fait des débiteurs insolvables, ce qui est l'affaire de quelques écus, alors ils les ont à leur discrétion. Je connois une branche considérable de pêche maritime presque totalement perdue dans un de nos ports, par ce genre sourd de monopole. Les bourgeois de cette ville achetèrent d'abord le poisson des pêcheurs pour le saler et le vendre; ensuite ils firent construire des bateaux de pêche ; après cela ils avancèrent de l'argent aux femmes des pêcheurs pendant l'absence de leurs maris. Ceux-ci étant de retour, furent obligés, pour s'acquitter envers les bourgeois, de se mettre à leurs gages. Quand les bourgeois ont été les maîtres des bateaux, des pêcheurs et de leurs poissons, ils ont réglé à leur gré les conditions de la pêche. La plupart des pêcheurs se sont dégoûtés alors de la modicité de leurs profits, et la pêche, qui rendoit autrefois cette ville très-florissante, y est aujourd'hui réduite presque à rien.

D'un autre côté, si je desire qu'on ne s'empare
point des moyens de subsistance que la nature
donne à chaque état de la société, et à chaque sexe,
je voudrois encore moins que des monopoleurs
s'emparasssent de ceux qu'elle donne à chaque
homme en particulier. Par exemple, l'auteur d'un
livre, d'une machine ou de quelque invention utile
ou agréable, dans laquelle un homme a mis son
temps, ses peines, son génie enfin, devroit être
pour le moins aussi bien fondé à tirer à perpétuité
un droit sur ceux qui vendent son livre ou se servent
de son invention, qu'un seigneur l'est à percevoir
des droits de lods et ventes sur ceux qui bâtissent
sur son terrein, et sur ceux même qui y revendent
leurs maisons. Ce droit me paroîtroit encore plus
fondé sur le droit naturel que celui des lods et ventes.
Si le public s'empare tout d'un coup d'une invention utile, c'est à l'état à en dédommager l'auteur, afin
que la gloire de celui-ci ne tourne point à sa ruine. Si
cette loi équitable existoit, on ne verroit pas vingt
libraires vivre fort à l'aise aux dépens d'un auteur qui
n'a quelquefois pas de pain. On n'auroit pas vu de
nos jours la postérité de Corneille et de La Fontaine
réduite à l'aumône, tandis que des libraires à Paris ont
acquis des châteaux en vendant leurs ouvrages.

Les grandes propriétés en terre sont encore plus
nuisibles que celles en argent et en emplois, parce
qu'elles ôtent à la fois aux autres citoyens le patrio-

tisme social et le naturel. D'ailleurs, elles deviennent à la longue le partage de ceux qui ont les
emplois et l'argent; elles mettent à leur discrétion
tous les sujets de l'état, et elles ne donnent à ceux-
ci d'autre ressource pour subsister, que de se corrompre en flattant les passions de ceux qui ont entre
les mains la richesse et la puissance, ou de s'expatrier. Ces trois causes combinées, et sur-tout la
dernière, ont entraîné la ruine de l'empire Romain,
comme le remarquoit fort bien Pline dès le règne
de Trajan. Elles ont déjà fait sortir de la France
plus de sujets que la révocation de l'édit de Nantes.
Lorsque j'étois en Prusse, en 1765, on y comptoit
dans les cent cinquante mille hommes de troupes
réglées qu'entretenoit alors le roi, cinquante mille
déserteurs français. Je ne crois point qu'on m'en
ait exagéré le nombre, car j'ai remarqué que toutes
les grandes gardes où j'ai passé étoient composées
d'un tiers de Français, et on trouve de ces grandes
gardes aux portes de toutes les villes, et dans tous
les villages qui sont sur les grandes routes, sur-tout
vers la frontière. Pendant que j'étois au service de
Russie, on comptoit à Moscou près de trois mille
maîtres de langues de ma nation, parmi lesquels
j'ai connu beaucoup de personnes de famille honorable, des avocats, de jeunes ecclésiastiques, des
gentilshommes et même des officiers. L'Allemagne
est pleine de nos malheureux compatriotes. On ne

voit dans les cours du midi et du nord, que des danseurs et des comédiens français. C'est ce que nous avons de commun aujourd'hui avec les Italiens, et qui nous l'a été avec les Grecs du Bas-Empire. Nous cherchons pour subsister, une autre patrie que celle qui nous a vus naître. On ne voit point errer ainsi les autres nations de l'Europe, si ce ne sont des Suisses qui commercent, mais qui reviennent chez eux après avoir fait fortune. Nos compatriotes ne reviennent point, parce que les états précaires qu'ils exercent, ne leur permettent pas d'amasser de quoi vivre un jour dans la patrie. Nos gens de lettres qui n'ont pas sorti, où qui réfléchissent peu, crient de temps en temps contre la révocation de l'édit de Nantes. Mais s'ils croient rappeler en France les enfans des réfugiés français, ils se trompent beaucoup. Certainement ceux qui sont riches et qui sont bien établis dans les pays étrangers, ne quitteront pas leurs établissemens pour retourner en France; il n'y reviendroit donc que les protestans pauvres. Mais qu'y feroient-ils, lorsque tant de catholiques nationaux sont obligés de s'expatrier faute de subsistance? Je me suis étonné plus d'une fois de ce que nos prétendus politiques redemandent tant de citoyens à la religion, et de ce qu'ils en abandonnent, par leur silence, un si grand nombre à l'avidité de nos grands propriétaires. Il faut dire la vérité : ils ont écrit plus par haine pour les prêtres que par amour pour les hommes. L'esprit de tolérance qu'ils veulent établir est un vain prétexte dont ils se couvrent, car les protestans qu'ils veulent rappeler sont tout aussi intolérans qu'ils accusent les catholiques de l'être, comme l'ont fait voir il y a quelques années, dans le pays même de la liberté, en Angleterre, ceux qui ont mis le feu à la chapelle de l'ambassadeur d'Espagne. L'intolérance est un vice de l'éducation européenne, et qui se manifeste en littérature, en systêmes et en pantins. Il y a encore une autre raison de ces clameurs : c'est la même raison qui les fait parler pour l'anoblissement du commerce, et garder le silence sur celui de l'agriculture, le plus noble de tous les états par sa nature même. C'est, puisqu'il faut le dire, parce que les riches commerçans et les grands propriétaires donnent de bons soupers, où se trouvent de jolies femmes qui font et défont les réputations en tout genre, et que les laboureurs et les gens qui s'expatrient n'en donnent. point. La table est aujourd'hui le grand ressort de l'aristocratie des riches. C'est par son moyen qu'une opinion, d'où dépend quelquefois la ruine d'un état, prend de la pondération. C'est encore là que l'honneur d'un homme de guerre, d'un évêque, d'un magistrat, d'un homme de lettres, dépend souvent d'une femme qui a perdu le sien.

La politique moderne a avancé encore une très-

grande erreur, en disant que les richesses se mettent toujours de niveau dans un état. Quand une
fois les indigens s'y sont multipliés à un certain
point, c'est à qui d'entre ces malheureux se donnera
à meilleur marché. Tandis que d'une part l'homme
riche, tourmenté par ses compatriotes affamés qui
lui demandent de l'occupation, hausse le prix de son
argent; ceux-ci, pour être préférés, baissent le prix
de leur travail, tant qu'à la fin ils ne trouvent plus
à subsister. Alors on voit tomber dans les meilleurs
pays, l'agriculture, les manufactures et le commerce. Consultez à ce sujet les relations des diverses
contrées de l'Italie, et, entre autres, ce que M. Bry-
done dit dans un voyage très-bien raisonné (1),
malgré les réclamations d'un chanoine de Palerme,
du luxe et des prodigieuses richesses de la noblesse

---

(1) Je cite beaucoup de livres de voyages, parce que ce
sont ceux que j'aime et que j'estime le plus de la littérature
moderne. J'ai beaucoup voyagé, et je puis assurer que je les
ai trouvés presque toujours d'accord sur les productions et
les mœurs de chaque pays, quand ils n'y portent pas l'esprit
de leur nation ou de leur parti. (Il en faut excepter un petit
nombre, dont le ton romancier frappe d'abord.) Tout le
monde les décrie, et tout le monde les consulte. C'est chez
eux que puisent sans cesse les géographes, les physiciens,
les naturalistes, les navigateurs, les commerçans, les écrivains politiques, les philosophes, les compilateurs en tout
genre, les historiens des nations étrangères, et même ceux
de notre pays, quand ils veulent connoître la vérité.

et du clergé de la Sicile, et de la misère extrême
de ses paysans, vous verrez si l'argent s'y met de
niveau. J'ai été à Malte, qui n'est en aucune façon
comparable en fertilité de sol à la Sicile, car ce n'est
qu'un rocher tout blanc; mais ce rocher est fort riche
de richesses étrangères, par le revenu perpétuel des
commanderies de l'ordre de Saint-Jean, dont les
fonds sont situés dans tous les états catholiques de
l'Europe, et par les responsions ou dépouilles des
chevaliers qui meurent dans les pays étrangers, et
qu'on y apporte tous les ans. Il pourroit l'être bien
davantage par la commodité de son port, le plus
avantageusement situé de tous ceux de la Méditerranée; cependant le paysan y est très-misérable. Il
n'est vêtu, pour tout habit, que d'un caleçon qui
lui vient aux genoux, et d'une chemise sans man-
ches. Quelquefois il se tient sur la place publique,
la poitrine, les jambes et les bras nus, à demi-
brûlé du soleil, pour se louer moyennant vingt-
quatre sous par jour, avec une voiture à quatre
places attelées d'un cheval, depuis le point du jour
jusqu'à minuit, et pour parcourir tel endroit de
l'île qu'il plaît aux voyageurs, sans qu'ils soient
tenus de donner un verre d'eau ni à lui ni à sa
bête. Il conduit sa carriole courant toujours pieds
nus dans les roches devant son cheval qu'il tient par
la bride, et devant l'oisif chevalier qui ne lui parle
bien souvent qu'en le traitant de faquin, tandis

que son conducteur ne lui répond que le bonnet à
la main, en l'appelant votre seigneurie illustrissime.
Le trésor de la république est plein d'or et d'argent,
et on n'y paie le peuple que d'une monnoie de cuivre, appelée pièce de quatre tarins, qui vaut de
valeur idéale, seize de nos sous, et de valeur intrin-
sèque, environ deux de nos liards. Elle a pour
timbre cette devise, *non æs sed fides*. « Ce n'est
» pas le cuivre, c'est la confiance ». Quelle distance les propriétés exclusives et l'or mettent entre
les hommes ? Un grave porte-faix, en Hollande,
vous demande en *gout gueldt*, c'est-à-dire en bon
argent, pour porter votre malle du bout d'une rue
à l'autre, autant que ce que reçoit l'humble bastaze
de Malte pour vous voiturer tout un jour avec trois
de vos amis. Le Hollandais est bien vêtu, et sa
poche est pleine de pièces d'or et d'argent. Sa monnoie est timbrée d'une devise bien différente de
celle de Malte, on y lit : *Concordiâ res parvæ cres-
cunt*. « Les petites choses croissent par leur con-
» corde ». Il y a en effet autant de différence de
puissance et de félicité d'un état à l'autre, qu'entre
les devises et les matières de leur monnoie.

C'est dans la nature qu'il faut chercher la subsistance d'un peuple, et dans sa liberté le canal par
où elle doit couler. L'esprit de monopole en a détruit parmi nous beaucoup de branches qui comblent
nos voisins de richesses ; telles sont, entre autres,

les pêches de la baleine, de la morue et du hareng. Je conviens cependant à cette occasion, qu'il y a des entreprises qui demandent le concours d'un grand nombre de mains, tant pour leur conservation et leur protection, que pour accélérer leurs opérations; telles sont les pêches maritimes; mais c'est à l'Etat à se charger de leur administration. Aucunes compagnies n'ont eu chez nous l'esprit patriotique; elles ne s'établissent, pour ainsi dire, que pour former de petits états particuliers. Il n'en est pas de même chez les Hollandais. Par exemple, comme ils vont pêcher le hareng au-delà de l'Ecosse, car ce poisson est d'autant meilleur qu'on le pêche plus avant dans le nord, ils ont des vaisseaux de guerre pour en protéger la pêche. Ils en ont d'autres à large ventre, appelés buzes, qui le prennent nuit et jour avec des filets, et des vaisseaux de course très-fins voiliers, qui le chargent et l'emportent tout frais en Hollande. Il y a de plus des prix proposés pour le premier vaisseau qui en apporte à Amsterdam avant les autres. Le poisson du premier baril y est payé à l'hôtel-de-ville, à raison d'un ducat d'or, ou onze livres cinq sous la pièce, et celui du reste de la cargaison, à raison d'un florin ou de quarante-cinq sous. Ces encouragemens engagent les pêcheurs à s'avancer le plus qu'ils peuvent au nord, pour aller au-devant de ces poissons, qui y sont et d'une grandeur et d'une délicatesse

bien supérieures à ceux que nous prenons dans le
voisinage de nos côtes. Les Hollandais ont élevé
une statue à celui qui le premier a trouvé l'invention de les fumer et d'en faire ce qu'on appelle des
harengs saurs. Ils ont cru, avec raison, que le citoyen
qui procure à sa patrie un nouveau moyen de subsistance et une nouvelle branche de commerce, mérite
d'être mis sur la même ligne que ceux qui l'éclairent
ou qui la défendent. On voit par ces attentions avec
quelle vigilance ils veillent sur tout ce qui peut contribuer à l'abondance publique. Il est inconcevable
quel parti ils ont tiré d'une infinité de productions
que nous laissons perdre, et de leur pays sablonneux, marécageux, et naturellement pauvre et
ingrat. Je n'en ai point vu où il y ait une si grande
abondance de toutes choses. Ils n'ont point de
vignes, et il y a plus de vins dans leurs caves que
dans celles de Bordeaux; ils n'ont point de forêts,
et il y a plus de bois de construction dans leurs
chantiers qu'il n'y en a aux sources de la Meuse et
du Rhin, d'où ils tirent leurs chênes; ils ont fort
peu de terres labourées, et il y a plus de blés de
la Pologne dans leurs greniers, que ce royaume
n'en réserve pour la nourriture de ses habitans. Il
en est de même des choses de luxe; car, quoiqu'ils
soient fort simplement vêtus et logés, il y a peut-être
plus de marbre à vendre dans leurs magasins, qu'il
n'y en a de taillé dans les carrières de l'Italie et de

l'Archipel, plus de diamans et de perles dans leurs cassettes, que dans celles des bijoutiers de Portugal, et plus de bois de rose, d'acajou, de sandal et de cannes d'Inde, qu'il n'y en a dans tout le reste de l'Europe, quoique leur pays ne produise que des saules et des tilleuls. Le bonheur des habitans présente un spectacle encore plus intéressant. Je n'y ai pas vu un seul mendiant, ni une maison à laquelle il manquât une brique ou un carreau de vitre. Mais c'est le coup d'œil de la Bourse d'Amsterdam qui est digne d'admiration! C'est un grand bâtiment d'une architecture assez simple, dont la cour quadrangulaire est entourée d'une colonnade. Chacune de ses colonnes, qui sont en grand nombre, porte au-dessus de son chapiteau le nom de quelqu'une des principales villes du monde, comme Constantinople, Livourne, Canton, Pétersbourg, Batavia, &c. et est pour ainsi dire le centre de son commerce en Europe. Il y en a peu où il ne se traite chaque jour pour des millions d'affaires. La plupart des gens qui s'y rassemblent, sont habillés de brun et sans manchettes. Ce contraste me parut d'autant plus frappant, que cinq jours auparavant je m'étois trouvé à la même heure au Palais-Royal, rempli de gens vêtus d'habits de couleurs brillantes, galonnés d'or et d'argent, qui ne parloient que d'opéra, de littérature, de filles entretenues, ou de telles autres bagatelles, et qui n'avoient pas, pour la plupart, un

écu à eux dans leur poche. Il y avoit avec nous un
jeune négociant de Nantes, dont les affaires étoient
dérangées, et qui étoit venu se réfugier en Hollande, où il ne connoissoit personne. Il s'étoit
ouvert sur sa position à mon compagnon de voyage,
appelé M. Le Breton. Ce M. Le Breton étoit un
officier Suisse au service de Hollande, moitié militaire, moitié négociant, le meilleur homme du
monde, qui le rassura d'abord, et le recommanda
dès son arrivée à son frère aîné, négociant, qui
demeuroit dans la même pension où nous fûmes
loger. M. Le Breton l'aîné mena cet infortuné voyageur à la Bourse, et le recommanda, sans compli-
ment et sans humiliation, à un agent du commerce,
qui demanda seulement au jeune négociant Français
une feuille de son écriture; ensuite il crayonna son
nom sur un portefeuille, et il lui dit de revenir le
lendemain au même lieu et à la même heure. Je ne
manquai pas de m'y trouver avec lui et M. Le Breton.
L'agent parut, et présenta à mon compatriote une
liste de sept ou huit places de commis à choisir
chez des négocians, dont les unes valoient huit
cents livres de notre argent avec la nourriture;
d'autres, quatorze cents livres sans la pension. Il
fut ainsi placé sur-le-champ sans aucune sollici-
tation. Je demandai à M. Le Breton l'aîné d'où
venoit l'active vigilance de cet agent, à l'égard d'un
étranger et d'un inconnu. Il me répondit : « C'est

» son métier ; il a pour revenu le premier mois des
» appointemens de ceux qu'il place. Ne vous en
» étonnez pas , ajouta-t-il ; on fait ici commerce de
» tout, depuis un soulier dépareillé jusqu'à des
» escadres ».

Il ne faut cependant pas se laisser éblouir par les
illusions d'un grand commerce , et c'est en quoi
notre politique nous a souvent égarés. Les fabriques
et les manufactures font, dit-on, entrer des millions
dans un état ; mais les laines fines , les teintures,
l'or et l'argent, et les autres apprêts qu'on tire des
étrangers, sont des tributs qu'il faut leur rendre.
Le peuple n'en eût pas moins fabriqué pour son
compte les laines du pays , et si ses draps eussent
été de moindre qualité, ils eussent au moins tourné
à son usage. Le commerce illimité d'un pays ne
convient qu'à un peuple qui a un territoire ingrat·
et borné, comme aux Hollandais. Ils exportent,
non leur superflu , mais celui des autres nations ; et
ils ne courent pas risque de manquer du nécessaire,
comme il arrive fréquemment à plusieurs puissances
territoriales. A quoi sert à un peuple d'habiller toute
l'Europe de ses laines , s'il va tout nu ; de recueillir
les meilleurs vins, s'il ne boit que de l'eau ; et d'ex-
porter les plus belles farines, s'il ne mange que du
pain de son ? On pourroit trouver des exemples très-
communs de ces abus en Pologne , en Espagne, et
dans les pays qui passent pour être mieux gouvernés.

C'est dans l'agriculture principalement que la
France doit chercher les principaux moyens de
subsistance pour son peuple. D'ailleurs, l'agriculture conserve les mœurs et la religion. Elle rend
les mariages faciles, nécessaires et heureux. Elle
fait naître beaucoup d'enfans, qu'elle emploie dès
qu'ils savent à peine marcher ; à recueillir les biens
de la terre ou à garder les troupeaux ; mais elle ne
produit tous ces avantages que dans les petites propriétés. Nous l'avons dit, et nous ne saurions trop
le répéter, les petites propriétés doublent et qua-
druplent dans un pays les récoltes et les cultivateurs. Au contraire, les grandes propriétés changent
un pays en vastes solitudes. Elles font naître chez
les riches laboureurs l'amour du faste des villes, et
le dégoût des occupations champêtres. Ceux-ci
mettent leurs filles dans des couvens, pour les façon-
ner en demoiselles, et font étudier leurs enfans,
pour en faire des avocats ou des abbés. Ils ôtent
aux enfans des bourgeois leurs ressources ; car si
les gens de campagne tendent toujours à s'établir
dans les villes, ceux des villes ne reviennent jamais
aux campagnes, parce qu'elles sont flétries par les
tailles et les corvées.

Les grandes propriétés exposent l'état à un autre
inconvénient dangereux, auquel je ne crois pas
qu'on ait fait encore attention. Les terres qu'elles
cultivent reposent au moins une fois tous les trois

ans, et souvent tous les deux ans. Il doit donc
arriver, comme dans toutes les choses qui se font
au hasard, que tantôt il y a un grand nombre de
ces terres qui reposent à la fois, et que tantôt il
n'y en a qu'un petit nombre. Certainement dans
les années où la plus grande partie de ces terres est
en jachères, on doit recueillir beaucoup moins de
blé dans le royaume qu'à l'ordinaire. Cet inconvénient, dont je ne sache pas que les gouvernemens
se soient jamais occupés, est la cause des disettes
ou des chertés imprévues qui arrivent de temps en
temps, non-seulement en France, mais dans les
diverses contrées de l'Europe. La nature a partagé
avec l'homme l'administration de l'agriculture. Elle
s'est réservé les vents, les pluies, le soleil, le développement des plantes, et elle est bien exacte à
ordonner les élémens suivant les saisons; mais elle
a laissé à l'homme les convenances des végétaux
avec les terreins, les proportions que leur culture
doit avoir avec la société qui s'en nourrit, et tous
les autres soins que demandoient leur conservation,
leur distribution et leur police. Je crois cette remarque assez importante pour établir parmi nous
la nécessité d'un ministre particulier de l'agriculture (1). S'il ne pouvoit empêcher les combinaisons

─────────

(1) Il y a bien d'autres raisons qui motiveroient la nécessité d'un ministre de l'agriculture. Les canaux d'arrosage

du hasard dans les terres qui peuvent se rencontrer
en jachères toutes à la fois, il empêcheroit du moins
que dans les années où elles sont dans leur plus
grand rapport, on ne transportât les grains du pays,
puisque c'est une preuve quasi sûre que l'année
suivante elles rapporteront d'autant moins, qu'elles
seront alors en repos pour la plupart.

Les petites propriétés ne sont point sujettes à
ces vicissitudes ; elles rapportent tous les ans et
presque en toute saison. Comparez, comme je l'ai
déjà dit, la quantité de fruits, de racines, de légumes,
d'herbes et de graines qu'on recueille toute l'année
et en tout temps sur le terrein des environs de
Paris, appelé le Pré-Saint-Gervais, dont le fonds
d'ailleurs médiocre, est situé à mi-côte, et exposé
au nord, avec les productions d'une égale portion
de terrein, prise dans les plaines du voisinage, et

---

absorbés par le luxe des seigneurs, ou par le commerce des
villes ; les mares et les voieries qui empoisonnent les villages, et entretiennent des foyers perpétuels d'épidémies ;
la sûreté des grands chemins ; la police de leurs auberges ;
les milices et les corvées des paysans ; les injustices qu'ils
éprouvent, sans qu'ils osent quelquefois se plaindre ; lui
offriroient une multitude d'établissemens utiles à faire, ou
d'abus à réformer. Je sais que la plupart de ces fonctions
sont réparties dans divers départemens ; mais elles ne peuvent
avoir d'harmonie et d'ensemble, que lorsqu'elles seront
réunies sur une même tête.

cultivée par la grande culture : vous en verrez la prodigieuse différence. Il y en a encore une aussi grande
dans le nombre et le caractère moral de leurs cultivateurs. J'ai ouï dire à un ecclésiastique respectable que les premiers alloient régulièrement à confesse tous les mois, et que bien souvent il n'y avoit
pas dans leurs confessions matière à absolution. Je ne
parle pas de l'agrément infini qui résulte de leurs
travaux, de leurs champs d'œillets, de violettes, de
blé, de petits pois, de pied-d'alouettes, des bordures
de lilas et de vigne, qui divisent leurs petites possessions, des quartiers de prairies qui y font voir çà
et là des clairières, des bocages de saules et de peupliers, qui laissent apercevoir sous leurs ombrages,
à plusieurs lieues de distance, ou des montagnes
qui se perdent à l'horizon, ou des châteaux inconnus,
ou les clochers des villages de la plaine, dont on
entend parfois les carillons champêtres. On y trouve
çà et là des fontaines d'une eau limpide, dont la
source est couverte d'une voûte close de toutes
parts de grandes dalles de pierre, qui la font ressembler à un monument antique. J'y ai quelquefois lu
ces mots crayonnés avec du charbon :

*Colin et Colette, ce 8 mars.*
*Antoinette et Bastien, ce 6 mai.*

Ces inscriptions m'ont fait plus de plaisir que
celles de l'académie. Quand les familles qui culti-

vent ce lieu enchanté sont dispersées avec leurs
enfans dans ses fonceaux ou sur ses croupes, et
que l'on entend au loin la voix d'une jeune fille
qui chante sans qu'on l'aperçoive, ou qu'on voit un
jeune homme monté sur un pommier, avec son
panier et son échelle, qui regarde çà et là et prête
l'oreille, comme un autre Vertumne ; il n'y a point
de parc avec ses statues, ses marbres et ses bronzes, qui lui soit comparable.

O riches ! qui voulez vous entourer de parcs délicieux, enfermez dans leurs murs des villages heureux ! Combien de terres abandonnées dans le
royaume pourroient offrir le même spectacle ! J'ai
vu la Bretagne et d'autres provinces couvertes à
perte de vue de landes, où il ne croît que du jan,
espèce de genêt épineux, noir et jaunâtre. Nos
compagnies d'agriculture, qui y ont employé en
vain leurs grandes charrues, les ont jugées frappées
d'une perpétuelle stérilité ; mais ces landes montrent, par d'anciennes divisions de champs, et par
des ruines de masures et d'anciens fossés, qu'elles
ont été autrefois cultivées. Elles sont encore entourées de métairies qui prospèrent sur le même sol.
Combien d'autres seroient encore plus fécondes,
telles que celles de Bordeaux, qui sont couvertes
de grands pins ! Une terre qui produit un grand
arbre, peut certainement nourrir un épi de blé.
Nous avons donné, en parlant de l'ordre végétal,

les moyens de reconnoître les analogies naturelles des plantes, avec chaque latitude et chaque territoire. Il n'y a point de terrein, fût-il de sable tout pur ou de vase, où, par un bienfait particulier de la Providence, quelqu'une de nos plantes domestiques ne puisse réussir. Mais avant tout, il faudroit ressemer les bois qui abritoient jadis ces lieux, exposés maintenant à l'action des vents qui mangent les germes de tout ce qu'on y sème. Ces moyens, et plusieurs autres, ne peuvent être du ressort des compagnies avides, ni de leurs grands alignemens, ni des corvées de la province, mais de l'assiduité locale et patiente de familles libres, qui soient propriétaires pour elles-mêmes, qui ne soient point soumises à des tyrans, et qui ne dépendent que du prince. C'est par ces moyens patriotiques que les Hollandais ont réussi à faire venir à Schéveling, village auprès de la Haye, des chênes dans du sable marin tout pur, comme je l'ai vu moi-même. Nous le répétons, ce n'est point dans les grands domaines, c'est dans les paniers des vendangeurs et dans les tabliers des moissonneuses, que Dieu verse du ciel les fruits de la terre.

Ces grands espaces de terre perdue dans le royaume, ont attiré l'attention de la cupidité ; mais il y en a une bien plus grande quantité qui lui est échappée, parce qu'on n'a pu en faire ni des marquisats, ni des vicomtés, et que d'ailleurs les grandes

charrues y sont tout-à-fait inutiles. Ce sont,
entre autres, les lisières des chemins, qui sont en
nombre infini. Nos grandes routes, à la vérité, sont
fécondes pour la plupart, puisqu'elles sont bordées
d'ormes. L'orme est sans doute utile, il sert au
charronnage ; mais nous avons un arbre qui lui est
bien préférable, parce que l'insecte n'attaque jamais
son bois, qu'il est excellent pour la charpente, et
qu'il donne en abondance des fruits nourrissans :
c'est le châtaignier. On pouvoit juger de la durée et
de la beauté de son bois, par l'ancienne charpente
de la foire S. Germain, avant qu'elle fût brûlée : les
solives en étoient d'une grosseur et d'une longueur
prodigieuse, et parfaitement saines, quoiqu'elles
eussent plus de quatre cents ans d'antiquité. On peut
encore voir la durée de ce bois dans la charpente de
l'ancien château de Marcoussi, qui a été bâti sous
Charles VI, à cinq lieues de Paris. Nous avons tout-
à-fait négligé cet arbre, qu'on ne laisse plus croître
qu'en taillis dans nos forêts. Cependant son port
est très-majestueux, son feuillage est beau, et il
porte une si grande abondance de fruits, en étages
multipliés les uns sur les autres, qu'il n'y a point
de terrein de la même étendue semé en froment, qui
puisse rapporter une subsistance aussi abondante.
A la vérité, comme nous l'avons vu en parlant des
caractères des végétaux, cet arbre ne se plaît que sur
les lieux secs et élevés ; mais nous en avons un autre

pour les vallées et les lieux humides, qui n'est guère
moins utile par son bois et ses fruits, et dont le port
est aussi majestueux : c'est le noyer. Ces beaux arbres pareroient magnifiquement nos grandes routes.
On y en pourroit aussi mettre d'autres qui sont propres à chaque territoire. Ils annonceroient aux voyageurs les provinces du royaume; la vigne, la Bour-
gogne; le pommier, la Normandie; le mûrier, le
Dauphiné; l'olivier, la Provence. Leurs tiges chargées de fruits détermineroient bien mieux que les
poteaux surmontés de carcans et que les affreux
gibets des justices criminelles, les limites de chaque
province et les douces et diverses seigneuries de
la nature.

On peut m'objecter que les passans en recueilleroient les productions, mais ils ne touchent guère
aux raisins des vignobles, qui bordent quelquefois
les chemins. D'ailleurs, quand ils les recueilleroient,
quel grand inconvénient y auroit-il? Quand le roi
de Prusse fit planter plusieurs grandes routes de la
Poméranie, d'arbres fruitiers, on lui représenta
que les fruits en seroient volés : « Les hommes au
» moins en profiteront », répondit-il. Nos chemins
de traverse présentent peut-être encore plus de
terrein perdu que nos grandes routes. Si vous songez
que c'est par eux que communiquent les petites
villes, les bourgs, les villages, les hameaux, les
abbayes, les châteaux, et même de simples mai-

sons de campagne; que plusieurs d'entre eux aboutissent au même lieu, et que chacun d'eux a au
moins de largeur celle d'un chariot; vous trouverez
que l'espace qu'ils emploient doit être très-considé-
rable. Il faudroit d'abord commencer par les ali-
gner, car la plupart vont en serpentant, ce qui
leur donne quelquefois un tiers plus de longueur
qu'ils n'en devroient avoir. J'avoue cependant que
je trouve leurs sinuosités agréables, sur-tout sur la
croupe des collines, sur la pente des montagnes,
dans les lieux agrestes et au milieu des forêts. Mais
on les rendroit susceptibles d'un autre genre de
beauté, en les bordant d'arbres fruitiers qui s'élèvent
peu, et qui fuyant en perspective, augmenteroient
à la vue l'étendue du pays. Ces arbres donneroient
encore de l'ombre aux voyageurs. A la vérité, les
laboureurs disent que ces ombres, si agréables aux
passans, nuisent à leurs grains. Ils ont sans doute
raison, pour plusieurs espèces de grains; mais il y
en a qui réussissent mieux dans les lieux un peu
ombragés, que par-tout ailleurs, comme on peut
le voir au Pré-Saint-Gervais. De plus, les laboureurs
seroient dédommagés avec usure par le bois des
arbres fruitiers, et par la récolte des fruits. On
pourroit même encore concilier les intérêts des
laboureurs et des voyageurs, en plantant seulement
les chemins qui vont du nord au sud, et le côté
méridional de ceux qui vont de l'est à l'ouest, de

sorte que l'ombre de leurs arbres ne tomberoit presque point sur les terres labourées.

Il faudroit encore, pour augmenter les subsistances nationales, remettre en terres à blé beaucoup de terres qui sont en pâturages. Il n'y a presque point de prairies dans la Chine, qui est si peuplée. Les Chinois sèment du blé et du riz par-tout, et ils nourrissent leurs bestiaux de la paille qui en provient. Ils disent « qu'il vaut mieux que les bêtes » vivent avec l'homme, que l'homme avec les bêtes ». Leurs troupeaux n'en sont pas moins gras. Les chevaux allemands, si vigoureux, ne sont nourris que de paille hachée, où l'on mêle un peu d'orge ou d'avoine. Nos paysans adoptent de jour en jour des usages tout-à-fait contraires à cette économie. Ils mettent, comme je l'ai observé en plusieurs provinces, beaucoup de terres qui jadis produisoient du blé, en médiocres pâturages, pour éviter les frais de culture, et sur-tout ceux de la dixme, parce que les curés ne la perçoivent point sur les prairies. J'ai vu en Basse-Normandie, beaucoup de terres qui ont été ainsi dénaturées, au grand détriment du bien public. Voici ce qu'on me raconta à la vue d'un ancien champ de blé qui avoit subi une pareille métamorphose. Le curé, fâché de perdre une partie de son revenu, sans pouvoir s'en plaindre, dit au maître de ce champ, en forme de conseil : « Maître Pierre, il me semble que si vous

» ôtiez les cailloux de ce terrein-là , que vous le
» fumiez bien, que vous le labouriez bien, et que
» vous y semiez du blé, vous pourriez encore y
» faire de bonnes moissons ». Le laboureur fin et
rusé, qui pressentit l'intention de son décimateur,
lui répondit : « Vous avez raison, M. le curé, si
» vous voulez faire à ce champ toutes les façons que
» vous dites là, je ne vous en demande que la
» dixme ».

On ne donnera à notre agriculture toute l'activité
dont elle est capable, qu'en lui rendant sa dignité
naturelle. Il faut donc engager une multitude de
bourgeois aisés et oisifs qui végètent dans nos petites
villes, à aller vivre à la campagne. Pour les y déterminer, il faut exempter les cultivateurs des droits
humilians de taille, de corvée, et même de ceux
de la milice, auxquels ils sont assujettis. L'Etat sans
doute doit être servi dans ses besoins ; mais pourquoi
a-t-on attaché à ses services des caractères d'humiliation ? Ne peut-on pas les faire remplir avec de
l'argent ? Il en faudroit beaucoup, disent nos politiques. Oui, sans doute ; mais nos bourgeois ne paient-
ils pas aussi beaucoup d'impositions dans nos villes
pour suppléer à ces mêmes services ? D'ailleurs, plus
la campagne auroit d'habitans, moins ses contribua-
bles seroient chargés. Un homme bien élevé aime
encore mieux qu'il en coûte à sa bourse qu'à son
amour-propre.

Par quelle fatale contradiction avons-nous rendu
la plus grande partie des terres de la France rotu-
rières, tandis que nous avons ennobli celles du
nouveau monde ? Le même cultivateur, qui paieroit
la taille en France, et iroit, la pioche à la main,
travailler sur les grandes routes, peut faire entrer
ses enfans dans la maison du roi, s'il est habitant
d'une des îles de l'Amérique. Ce genre d'ennoblis-
sement n'a pas été moins funeste à ces terres étrangères, où il a introduit l'esclavage, qu'aux terres
de la patrie, aux laboureurs desquelles il a enlevé
une multitude de ressources. La nature appeloit
dans l'Amérique déserte la surabondance des peuples de l'Europe : elle y avoit tout disposé, avec
des attentions maternelles, pour dédommager les
Européens de l'éloignement de leur patrie. Il n'est
pas besoin là de se brûler au soleil pour moissonner
les grains, ou de se morfondre à la gelée pour faire
paître les troupeaux, ou de fendre la terre avec de
lourdes charrues pour lui faire produire des alimens,
ou de fouiller ses entrailles pour en tirer le fer, la
pierre, l'argile, et les matières premières de nos
meubles et de nos maisons. La nature, facile, y a
placé sur des arbres, à l'ombre et à la portée de la
main, tout ce qui est nécessaire et agréable à la vie
humaine. Elle y a mis le laitage et le beurre dans les
noix du cocotier, les crèmes parfumées dans les
pommes d'atte, du linge de table et des mets dans les

grandes feuilles satinées et dans les figues du bananier, des pains tout prêts à cuire dans les patates et les racines du manioc, du duvet plus fin que la laine des brebis dans les gousses du cotonnier, de la vaisselle de toutes les formes dans les courges du calebassier. Elle y avoit ménagé des habitations impénétrables à la pluie et aux rayons du soleil, sous les rameaux épais du figuier d'Inde, qui s'élevant vers les cieux, et descendant ensuite vers la terre où ils prennent racine, forment, par leurs nombreuses arcades, des palais de verdure. Elle avoit dispersé, pour les délices et le commerce, le long des fleuves, au sein des rochers et dans le lit des torrens, le maïs, la canne à sucre, le cacao, le tabac, avec une multitude d'autres végétaux utiles; et, par la ressemblance des latitudes de ce nouveau monde avec celle des diverses contrées de l'ancien, elle promettoit à ses futurs habitans d'adopter, en leur faveur, le café, l'indigo et les productions végétales les plus précieuses de l'Afrique et de l'Asie. Pourquoi l'ambition de l'Europe a-t-elle fait couler le sang et les larmes des hommes dans ces heureux climats ! Ah ! si la liberté et la vertu en avoient rassemblé les premiers cultivateurs, que de charmes l'industrie française eût ajoutés à la fécondité du sol et à l'heureuse température des tropiques !

Il n'y a là ni frimas, ni chaleurs excessives à craindre; et, quoique le soleil y passe deux fois,

l'année au zénith, chaque jour, lorsqu'il s'élève sur
l'horizon, il amène avec lui, de dessus la mer, un
vent frais qui rafraîchit jusqu'au soir les forêts,
les montagnes et les vallons. Que de retraites heureuses eussent trouvées, dans ces îles fortunées, nos
pauvres soldats et nos paysans sans possessions! Que
de frais de garnison y eussent été épargnés! Que de
petites seigneuries y fussent devenues les récompenses ou de braves officiers, ou de bons citoyens! Que
d'habiles marins s'y seroient formés, par la pêche des
tortues dont les écueils voisins sont couverts, ou par
celle des morues du banc de Terre-Neuve, encore
plus abondante! Il n'en eût guère coûté à l'Etat que
les frais d'établissement des premières familles. Avec
quelle facilité on eût pu les étendre au loin successivement, en les formant, à la manière même des
Caraïbes, de proche en proche, et aux frais de la
communauté! Certainement si on eût suivi cette
marche naturelle, notre puissance s'étendroit aujourd'hui jusqu'au centre du continent de l'Amérique, et y seroit inexpugnable.

On a persuadé à la cour, que de la prospérité de
nos colonies naîtroit leur indépendance; et on cite
en preuves les colonies Anglo-Américaines. Mais
ce n'est pas pour les avoir rendues trop heureuses
que l'Angleterre les a perdues; c'est au contraire,
pour les avoir opprimées. De plus, l'Angleterre a fait
une grande faute en y introduisant trop d'étrangers.

Il y a d'ailleurs beaucoup de différence du génie de
l'Anglais au nôtre. L'Anglais porte par-tout sa patrie
avec lui; s'il fait fortune dans un pays, il en embellit
le séjour, il y introduit les manufactures de sa nation, il y vit et il y meurt; ou s'il revient dans sa
patrie, il retourne habiter le lieu de sa naissance.
Les Français ne sentent pas ainsi; tous ceux que
j'ai vus aux îles, s'y regardent toujours comme des
étrangers. Pendant vingt ans de séjour dans une
habitation, ils ne planteront pas un arbre devant la
porte de leur maison, pour s'y procurer de l'ombre;
à les entendre, ils s'en vont tous l'année prochaine.
S'ils font en effet fortune, ils partent, et même souvent sans la faire, et ils s'en retournent, non pas
dans leur province ou dans leur village, mais à Paris.
Ce n'est pas ici le lieu de développer la cause de
cette haine nationale pour le lieu de la naissance, et
cette prédilection pour la capitale; elle est une suite
de plusieurs causes morales, et, entre autres, de
l'éducation. Quoi qu'il en soit, ce tour d'esprit suffiroit seul pour empêcher nos colonies d'être jamais
indépendantes. Les frais énormes que nous coûte
leur conservation, et la facilité avec laquelle on les
prend, auroient dû nous faire revenir de ce pré-
jugé. Elles sont toutes dans un tel état de foiblesse,
que si leur commerce cessoit quelques années avec
la métropole, elles manqueroient bientôt des choses
de première nécessité; il est même très-digne de

remarque qu'on n'y manufacture pas une seule den-
rée du pays. On y cultive de très-beau coton, mais on
n'en fait point de toile comme en Europe ; on ne sait
pas même le filer comme les sauvages, ni tirer,
comme eux, parti des fils de pitte, de ceux du bananier ou des feuilles du palmiste. Il y croît des cocotiers qui font la richesse des Indes orientales, et on
n'y fait presque aucun usage de leur fruit ni de leur
caire. On y recueille de l'indigo, mais on ne l'y
emploie à aucune teinture. Il n'y a donc que le sucre
auquel on donne les dernières façons, parce qu'il
ne peut entrer dans le commerce sans être fabriqué;
encore est-on obligé de le raffiner en Europe, pour
lui donner sa perfection.

Il y a eu, à la vérité, quelques séditions dans nos
colonies, mais elles ont été bien plus fréquentes
dans leur état de foiblesse que dans celui de leur
opulence. C'est le mauvais choix des sujets qu'on
y a fait passer, qui les a remplies en tout temps de
discorde. Comment peut-on espérer que des citoyens
qui ont troublé une société ancienne, puissent concourir à en faire prospérer une nouvelle ? Les
Romains et les Grecs employoient la fleur de leur
jeunesse et leurs meilleurs citoyens pour fonder
leurs colonies : elles sont devenues des royaumes
et des empires. Ce sont les célibataires militaires,
marins, de robe et de tout état ; ce sont les états
majors, si nombreux et si inutiles, qui remplissent

les nôtres des passions de l'Europe; du goût des modes, d'un vain luxe, d'opinions corrompues et de mauvaises mœurs. On n'eût craint rien de semblable de la part de nos simples cultivateurs. Le travail du corps charme les soucis de l'ame; il en fixe l'inquiétude naturelle, il fait fleurir parmi les peuples la santé, le patriotisme, la religion et le bonheur. Mais je veux qu'à la longue ces colonies se fussent séparées de la France. La Grèce versa-t-elle des larmes quand ses colonies florissantes portèrent sa gloire et ses loix sur les côtes de l'Asie et sur les bords du Pont-Euxin et de la Méditerranée? Fut-elle dans les alarmes quand elles devinrent les tiges d'où sortirent de puissans royaumes et d'illustres républiques? Pour s'en être séparées, devinrent-elles ses ennemies, et n'en fut-elle pas au contraire souvent protégée? Quel grand inconvénient y eût-il eu, que des rejetons de l'arbre de la France eussent porté des lis en Amérique et ombragé le Nouveau-Monde de leurs majestueux rameaux?

Avouons la vérité : peu d'hommes, dans les conseils des rois, s'occupent du bonheur des hommes. Quand on perd de vue ce grand objet, on perd bientôt de vue le bonheur national et la gloire du prince. Nos politiques, en tenant nos colonies dans un état perpétuel de dépendance, d'agitation et de pénurie, ont méconnu le caractère de l'homme, qui ne

s'attache au lieu qu'il habite que par le bonheur.
En y introduisant l'esclavage des Noirs, ils leur ont
donné des liens avec l'Afrique, et ont rompu ceux
qui devoient les attacher à leurs pauvres concitoyens : ils ont de plus méconnu le caractère européen, qui craint sans cesse sous un climat chaud,
de voir son sang se dénaturer comme celui de ses
esclaves, et qui soupire toujours après de nouvelles
alliances avec ses compatriotes, pour faire circuler
dans les veines de ses petits-enfans les couleurs
vives et fraîches du sang européen, et les sentimens
de la patrie, encore plus intéressans. En leur donnant perpétuellement de nouveaux chefs militaires
et civils, des magistrats qui leur sont étrangers, qui
les tiennent sous un joug dur, des hommes enfin
avides de fortune, ils ont méconnu le caractère
français qui n'avoit pas besoin de ces barrières pour
le retenir dans l'amour de la patrie, puisqu'il en
regrette par-tout les productions, les honneurs, et
jusqu'aux désordres. Ils n'ont donc réussi à en faire
ni des colons pour l'Amérique, ni des patriotes pour
la France, et ils ont méconnu à la fois les intérêts
de leur nation et de leurs rois, qu'ils vouloient
servir.

Je me suis étendu un peu sur ces abus, parce
qu'ils ne sont pas sans remède à plusieurs égards, et
qu'il y a encore des terres dans le Nouveau-Monde
où on peut changer la nature de nos établissemens :

III.                                    T

mais ce n'est pas ici le temps ni le lieu d'en développer les moyens. Après avoir proposé quelques
remèdes sur le mal physique de la nation, passons
à son mal moral, qui en est la source. La principale
cause est l'esprit de division qui règne entre les
différens ordres de l'Etat. Il y a deux moyens d'y
remédier : le premier est de détruire les motifs de
division, le second est d'augmenter les motifs de
réunion.

La plupart de nos écrivains vantent l'esprit de
société de notre nation ; et les étrangers, en effet,
la regardent comme celle qui est la plus sociable de
l'Europe. Les étrangers ont raison, parce qu'en
effet nous les accueillons et les recherchons avec
empressement ; mais nos écrivains ont tort. Oserai-je
le dire ? c'est parce que nous n'aimons point nos
compatriotes, que nous caressons tant les étrangers.
Pour moi, je n'ai vu cet esprit d'union ni dans les
familles, ni dans les corps, ni dans les gens de la
même province ; je n'en excepte que les habitans
d'une seule province, que je ne veux pas nommer ;
dès qu'ils en sont sortis, ils se recherchent avec le
plus grand empressement. Mais, puisqu'il faut le
dire, c'est plutôt par antipathie pour les autres habitans du royaume, que par amour pour leurs compatriotes ; car, de tout temps, leur province a été
célèbre par ses divisions intestines. En général, le
véritable esprit patriotique, qui est le premier sen-

timent de l'humanité, est fort rare en Europe, et principalement chez nous.

Sans pousser plus loin ce raisonnement, cher-chons-en des preuves qui soient à la portée de tout le monde. Lorsque vous lisez quelque relation des coutumes et des mœurs des peuples de l'Asie, vous êtes touché du sentiment d'humanité qui rapproche parmi eux les hommes les uns des autres, malgré le flegme silencieux qui règne dans leurs assemblées. Si, par exemple, un Asiatique en voyage prend son repas, ses valets et son chamelier viennent se ranger autour de lui, et se mettent à sa table. Si un étranger vient à passer, il s'y met aussi : et après avoir fait une inclinaison de tête au chef de famille, et loué Dieu, il continue sa route sans que per-sonne lui demande qui il est, d'où il vient et où il va. Cette coutume hospitalière est commune aux Arméniens, aux Géorgiens, aux Turcs, aux Per-sans, aux Siamois, aux noirs de Madagascar et aux diverses nations de l'Afrique et de l'Amérique. Dans ces pays l'homme est encore cher à l'homme. Si vous entrez au contraire à Paris dans une salle d'auberge où il y ait une douzaine de tables, et qu'il y vienne successivement une douzaine de per-sonnes, vous voyez chacune d'elles prendre sa place en particulier à une table séparée, sans dire un mot. S'il n'arrivoit pas successivement de nou-veaux convives, chacun des douze premiers man-

geroit seul comme un chartreux. D'abord il règne
entre eux un profond silence, jusqu'à ce que quelque
étourdi mis de bonne humeur par son dîné, et pressé
du besoin de se communiquer, s'avise d'ouvrir la
conversation. Alors toute la société lève les yeux
sur l'orateur, et l'examine d'un coup d'œil de la
tête aux pieds. S'il a l'air de ce qu'on appelle un
homme comme il faut, c'est-à-dire riche, on lui
laisse le dé. Il trouve même des flatteurs qui confirment sa nouvelle et qui applaudissent à son opinion littéraire ou à son propos libertin. Mais s'il n'a
rien qui le distingue, eût-il mis en avant une sen-
tence de Socrate, à peine est-il au commencement
de sa thèse, qu'on l'interrompt pour le contredire.
Ses critiques sont contredits à leur tour par d'autres
beaux-esprits qui entrent dans la lice; alors la conversation devient générale et tumultueuse. Les sar-
casmes, les mots durs, les sous-entendus perfides,
les injures grossières mettent fin pour l'ordinaire à
la séance, et chacun des convives se retire fort content de soi et fort mécontent des autres. Vous re-
trouverez les mêmes scènes dans nos cafés et dans
nos promenades. On s'y rend pour tâcher de se
faire admirer, et pour critiquer les autres. Ce n'est
point l'esprit de société qui nous rassemble, c'est
l'esprit de division. Chez ce qu'on appelle la bonne
compagnie, c'est encore pis. Si on veut y être bien
reçu, il faut payer son dîné aux dépens de la mai-

son où l'on a soupé la veille. Heureux encore si
vous vous tirez d'affaire avec quelques anecdotes
scandaleuses, et si, pour plaire au mari, vous n'êtes
pas obligé de le tromper en faisant l'amour à sa
femme !

La première source de ces divisions vient de notre
éducation : elle nous enseigne dès l'enfance à nous
préférer à autrui, en nous excitant à être les premiers parmi nos compagnons d'étude. Comme cette
vaine émulation ne présente à la plupart des citoyens
aucune carrière à parcourir dans le monde, chacun d'eux s'y préfère par sa province, par sa naissance, par son état, par sa figure, par son habit,
par le saint de sa paroisse. De là viennent nos haines
sociales, et tant de sobriquets injurieux du Nor-
mand au Gascon, du Parisien au Champenois, du
noble au vilain, de l'homme de robe à l'ecclésiastique, du janséniste au moliniste, &c...... On se
préfère sur-tout en opposant ses bonnes qualités
aux défauts d'autrui. Voilà pourquoi la médisance
est si facile, si agréable, et qu'elle est en général le
mobile de toutes nos conversations.

Un homme de grande qualité me disoit un jour
qu'il n'y avoit point d'homme, quelque misérable
qu'il fût, qu'on ne trouvât supérieur à soi-même
par quelque avantage où il nous surpasse, soit en
jeunesse, en santé, en talens, en figure, en quelque bonne qualité, quelles que fussent d'ailleurs

nos perfections. Cela est vrai à la lettre; mais cette manière d'envisager les membres d'une société est celle de la vertu, et ce n'est pas la nôtre. Comme la maxime contraire est également vraie, notre orgueil s'arrête à celle-là, et il s'y trouve déterminé par les mœurs du monde et par notre éducation même, qui nous inspire dès l'enfance le besoin de cette préférence personnelle.

Nos spectacles concourent encore à augmenter parmi nous l'esprit de division. Nos comédies les plus vantées représentent pour l'ordinaire des tuteurs trompés par leurs pupilles, des pères par leurs enfans, des maris par leurs femmes, des maîtres par leurs valets. Les parades du peuple lui offrent à-peu-près les mêmes tableaux; et comme s'il n'étoit pas assez porté au désordre, elles y ajoutent des scènes d'ivresse, d'obscénités, de vols et de commissaires battus : elles lui apprennent à mépriser à la fois les mœurs et les magistrats. Les spectacles réunissent les corps des citoyens et aliènent leurs esprits.

La comédie, dit-on, guérit les vices par le ridicule; *castigat ridendo mores.* Cet adage est aussi faux que tant d'autres qui font la base de notre morale. La comédie nous apprend à nous moquer d'autrui, et rien de plus. Personne n'y dit : Le portrait de cet avare me ressemble; mais on y reconnoît fort bien celui de son voisin. Horace a fait il y

a long-temps cette remarque. Mais quand on viendroit à s'y reconnoître, je ne vois pas que la réfor-
mation du vice s'ensuivît. Est-ce qu'un médecin
pourroit guérir un malade en lui présentant un miroir et en se moquant de lui ? Si on se moque de
mon vice, le rire d'autrui, loin de m'en tirer, m'y
enfonce ; je m'exerce à le cacher ; je deviens hypc-
crite ; sans compter que le ridicule s'adresse bien
plus souvent à la vertu qu'au vice. Ce n'est pas de
la femme infidèle ou du fils libertin dont on se
moque, c'est de l'époux facile ou du père indulgent.
Pour justifier notre goût, nous citons celui des
Grecs ; mais nous oublions que leurs vains spectacles portèrent l'attention publique sur des objets
frivoles, qu'on y tourna souvent en ridicule la
vertu des plus illustres citoyens, et qu'ils augmen-
tèrent parmi eux les haines et les jalousies qui accé-
lérèrent leur ruine.

Ce n'est pas que je blâme le rire, et que je croie,
avec Hobbes, qu'il vienne d'orgueil. Les enfans
rient, et certainement ce n'est pas d'orgueil. Ils
rient à la vue d'une fleur, au son d'un grelot. On
rit de joie, de contentement, de bien-être. Mais le
ridicule est bien différent du ris naturel. Il n'est
pas, comme celui-ci, l'effet de quelque harmonie
agréable dans nos sensations ou dans nos sentimens.
Mais il naît d'un contraste heurté entre deux objets,
dont l'un est grand et l'autre est petit, dont l'un est

fort et l'autre est foible. Ce qu'il y a de singulier,
c'est qu'il est produit par les mêmes oppositions
qui produisent la terreur, avec cette différence, que
dans le ridicule, l'ame passe d'un objet redoutable
à un objet frivole; et dans la terreur, d'un objet
frivole à un objet redoutable. L'aspic de Cléopâtre
dans un panier de fruits; les doigts qui écrivirent au
milieu d'un festin le jugement de Balthazar; le son
de la cloche qui annonce la mort de Clarisse; le
pied d'un Sauvage imprimé dans une île déserte sur
le sable, effraient plus l'imagination que tout l'appareil des combats, des supplices, des brigands et
de la mort. Ainsi, pour imprimer une profonde terreur, il faut d'abord présenter un objet frivole et
de peu d'apparence; et pour exciter un grand ridicule, il faut débuter par une idée imposante. On
peut y joindre encore quelque autre contraste,
comme celui de la surprise, et quelqu'un de ces
sentimens qui nous jettent dans l'infini comme celui
du mystère; alors l'ame ayant perdu son équilibre,
se précipite dans l'effroi ou dans le rire, suivant la
pente qu'on lui a dressée. Nous voyons fréquemment ces effets contraires produits par les mêmes
moyens. Par exemple, si une nourrice veut faire
rire son enfant, elle se masque la tête de son tablier,
aussi-tôt l'enfant devient sérieux; puis elle se découvre tout d'un coup, et il se met à rire. Veut-elle
lui faire peur, ce qui n'arrive que trop souvent, elle

lui sourit d'abord, et l'enfant pareillement à elle :
puis tout-à-coup elle prend un air sérieux ou se
masque le visage, et l'enfant se met à pleurer. Je
n'en dirai pas davantage sur ces oppositions vio-
lentes ; j'en tirerai seulement cette conséquence,
que ce sont les peuples les plus malheureux qui ont
le plus de penchant pour le ridicule. Effrayés par
des fantômes politiques et moraux, ils cherchent
d'abord à en perdre le respect ; et ils n'ont pas de
peine à en venir à bout, puisque la nature, pour
venir au secours de l'homme opprimé, a mis dans
la plupart des choses d'institution humaine, les
sources du ridicule à côté de celles de la terreur. Ils
n'ont rien à faire qu'à renverser les objets de leur
comparaison. C'est ainsi qu'Aristophane renversa
la religion de son pays, par sa comédie des Nuées.
Voyez les écoliers, ils tremblent d'abord devant
leur régent : la première chose qu'ils font pour se
familiariser avec son idée, est de le tourner en ridicule, et c'est à quoi ils réussissent ordinairement
fort bien. L'amour du ridicule n'est donc point un
signe de bonheur dans un peuple, mais il est une
preuve de son malheur. Voilà pourquoi les anciens
Romains étoient si graves lorsqu'ils étoient heureux, et que leurs descendans, qui sont aujourd'hui
misérables, sont renommés par leurs pasquinades,
et fournissent l'Europe d'arlequins et de comédiens.

Je ne disconviens pas que les spectacles, tels que

les tragédies , ne pussent contribuer à rapprocher
les citoyens. Les Grecs les ont souvent employés à
cet usage ; mais en adoptant leurs drames nous nous
écartons de leur intention. Ce n'étoient pas les malheurs des autres nations qu'ils représentoient sur
leurs théatres , c'étoient ceux qu'ils avoient éprouvés , et des événemens tirés de leurs propres histoires. Nos tragédies nous remplissent d'une pitié
étrangère. Nous pleurons sur les malheurs de la
famille d'Agamemnon, et nous voyons d'un œil sec
celles qui sont misérables à notre porte. Nous n'apercevons pas même leurs maux , attendu qu'elles ne
sont pas sur le théatre. Cependant nos héros , bien
représentés sur la scène , suffiroient pour porter
jusqu'à l'enthousiasme le patriotisme du peuple.
Quels concours et quels applaudissemens a attirés
l'héroïsme d'Eustache de Saint-Pierre dans le Siége
de Calais ! La mort de Jeanne d'Arc produiroit
encore de plus grands effets , si un homme de génie
osoit effacer le ridicule dont on a couvert parmi nous
cette fille respectable et infortunée , à qui la Grèce
eût élevé des autels.

J'en dirai ici ma pensée en deux mots , pour en
faire naître le desir à quelque homme vertueux. Je
voudrois donc que, sans s'écarter de l'histoire , on
la représentât honorée de la faveur de son roi , des
applaudissemens de l'armée , et au comble de la
gloire , délibérant de retourner dans son hameau

pour y vivre en simple bergère, inconnue et igno-
rée. Sollicitée ensuite par Dunois, elle se détermine
à s'exposer à de nouveaux dangers pour l'amour de
sa patrie. Enfin, prisonnière dans un combat, elle
tombe entre les mains des Anglais. Interrogée par des
juges inhumains, parmi lesquels sont des évêques
de sa propre nation, la simplicité et l'innocence de
ses réponses la rendent victorieuse des questions
insidieuses de ses ennemis. Elle est condamnée par
eux à une prison perpétuelle. Je voudrois qu'on vît
le souterrain où elle doit passer le reste de ses malheureux jours, avec ses longs soupiraux, ses grilles
de fer, ses voûtes épaisses, le misérable grabat destiné à son repos, la cruche d'eau et le pain noir
qui doivent lui servir de nourriture ; qu'on entendît
ses réflexions touchantes sur le néant des grandeurs, ses regrets naïfs sur le bonheur de la vie
champêtre, ensuite des retours d'espérance sur le
secours de son prince, et de désespoir à la vue
de l'abîme affreux qui s'est fermé sur elle. On verroit ensuite le piége que ses ennemis perfides lui
dressent pendant son sommeil, en mettant auprès
d'elle les armes dont elle les avoit combattus. Elle
aperçoit à son réveil ces monumens de sa gloire.
Entraînée par un amour de femme, et en même
temps de héros, elle couvre sa tête du casque dont
le panache avoit montré à l'armée française décou-
ragée, le chemin de la victoire ; elle prend cette

épée si formidable aux Anglais dans ses foibles
mains ; et dans le temps que le sentiment de sa
gloire fait couler de ses yeux des larmes de joie,
ses lâches ennemis se présentent à elle tout-à-coup,
et d'une voix unanime la condamnent à la plus hor-
rible des morts. C'est alors qu'on verroit, ce qui est
digne de l'attention même du ciel, la vertu aux
prises avec le malheur extrême ; on entendroit ses
plaintes douloureuses sur l'indifférence de son prince,
qu'elle a si noblement servi ; on la verroit se troubler à l'idée du supplice affreux qui lui est préparé,
et encore plus par la crainte de la calomnie qui doit
flétrir à jamais sa mémoire ; on l'entendroit, dans
ses terribles combats, douter s'il existe une providence protectrice des innocens. Cependant il faut
marcher à la mort : c'est dans ce moment que je
voudrois voir tout son courage se ranimer. Je voudrois qu'on la représentât sur le bûcher où elle finit
ses jours, méprisant les vaines espérances que le
monde présente à ceux qui le servent, se représentant à elle-même l'opprobre éternel dont sa mort
couvrira ses ennemis, la gloire immortelle qui illus-
trera à jamais le lieu de sa naissance, et celui même
de son supplice. Je voudrois que ses dernières paroles, animées par la religion, fussent plus sublimes
que celles de Didon, lorsqu'elle s'écrie sur le bûcher :

Exoriare aliquis nostris ex ossibus ultor.

Je voudrois enfin que ce sujet, traité par un homme de génie, à la manière de Shakespeare, qui ne l'eût certainement pas manqué si Jeanne d'Arc eût été anglaise, produisît une pièce patriotique ; que cette illustre bergère devînt parmi nous la patrone de la guerre, comme Sainte Geneviève l'est de la paix ; que son drame fût réservé pour les circonstances périlleuses où l'état peut se rencontrer ; qu'on en donnât alors la représentation au peuple, comme on montre à celui de Constantinople, en pareil cas, l'étendard de Mahomet ; et je ne doute pas qu'à la vue de son innocence, de ses services, de ses malheurs, de la cruauté de ses ennemis, et de l'horreur de son supplice, notre peuple, hors de lui, ne s'écriât : « La guerre, la guerre contre » les Anglais (1) » !

Ces moyens, quoique plus puissans que les milices et les engagemens par force et par ruse, qui

---

(1) A Dieu ne plaise que je veuille exciter notre peuple à haïr les Anglais, si dignes aujourd'hui de toute notre estime ! Mais comme leurs écrivains, et même leur gouvernement, se sont permis plus d'une fois de nous rendre odieux sur les théâtres de leur nation, j'ai voulu leur montrer qu'il nous étoit bien aisé d'user de représailles. Puisse plutôt le génie de Fénélon, dont ils font tant de cas qu'un de leurs plus aimables beaux-esprits, le lord Littleton, l'a mis au-dessus de celui de Platon, réunir un jour nos cœurs et nos esprits !

servent à nous donner des soldats, sont encore insuf-
fisans pour faire de vrais citoyens. Ils nous accou-
tument à n'aimer la patrie et la vertu que quand
leurs héros sont applaudis sur le théâtre. C'est de là
qu'il arrive que la plupart même des gens bien élevés
ne sauroient apprécier une action s'ils ne la voient
rapportée dans quelque journal, ou mise en drame.
Ils ne la jugent point d'après leur propre cœur,
mais d'après l'opinion d'autrui; non réelle et dans
son lieu, mais en image et dans un cadre. Ils aiment
les héros quand ils sont applaudis, poudrés et parfumés; mais s'ils en rencontrent versant leur sang
dans quelque lieu obscur, et périssant dans l'igno-
minie, ils ne les connoissent plus. Tout le monde
voudroit être l'Alexandre de l'Opéra, et personne
celui de la ville des Malliens.

Le patriotisme ne doit pas être mis trop souvent
en représentation. Il faut qu'il y ait des héros qui
se fassent tuer, et dont personne ne parle. Pour
remettre donc le peuple à cet égard sur le chemin
de la nature et de la vertu, il faut qu'il se serve de
spectacle à lui-même. Il faut lui montrer des réalités
et non des fictions; qu'il voie des soldats et non des
comédiens, et si on ne peut pas lui offrir le terrible
spectacle d'une bataille, qu'il en voie au moins
les manœuvres et les apprêts dans les fêtes militaires.

Il faut lier davantage les soldats avec la nation,

et rendre leur condition plus heureuse. Ils ne sont
que trop souvent des sujets de querelle dans les
provinces qu'ils parcourent. L'esprit de corps les
anime à tel point, que lorsque deux régimens se
rencontrent dans la même ville, il en résulte presque
toujours une infinité de duels. Ces haines féroces
sont entièrement inconnues des régimens prussiens
et russes, que je regarde à plusieurs égards comme
les meilleures troupes de l'Europe. Le roi de Prusse
a inspiré à ses soldats, au lieu de l'esprit de corps
qui les divise, l'esprit de patrie qui les réunit. Il
en est venu à bout en donnant la plupart des emplois
civils de son royaume comme récompense du service
militaire. Tels sont les liens politiques dont il les
attache à la patrie. Les Russes n'en emploient qu'un,
mais il est encore plus fort; c'est celui de la religion. Un soldat russe croit que servir son prince
c'est servir Dieu. Il marche au combat comme un
néophyte au martyre, et il est persuadé que s'il
vient à être tué il va tout droit en paradis.

J'ai ouï dire à M. de Villebois, grand-maître d'artillerie de Russie, que les soldats de son corps qui
servoient une batterie à l'affaire de Zornedorff, y
ayant été tués pour la plupart, ceux qui y restoient,
voyant arriver les Prussiens la baïonnette au bout
du fusil, ne pouvant plus se défendre, et ne voulant
pas s'enfuir, embrassèrent les canons et s'y firent
tous massacrer, afin d'être fidèles au serment qu'on

exige d'eux en les recevant dans l'artillerie, qui
est qu'ils n'abandonneront jamais leurs canons. Une
résistance si opiniâtre ôta aux Prussiens la victoire
qu'ils avoient gagnée, et fit dire au roi de Prusse
qu'il étoit plus aisé de tuer les Russes que de les
vaincre. Cette constance héroïque vient de la religion. Il seroit bien difficile de rétablir ce ressort
parmi les troupes françaises, formées en partie de
la jeunesse débordée de nos villes. Les soldats prussiens et russes sont tirés de la classe des paysans,
et ils s'honorent de leur état. Chez nous au contraire un paysan craint que son fils ne tombe à la
milice. L'administration contribue de son côté à lui
en donner de la frayeur. S'il y a un mauvais sujet
dans un village, le subdélégué lui fait tomber le
billet noir, comme si un régiment étoit une galère.
J'avois fait à cette occasion un mémoire pour remédier à ces inconvéniens, et pour empêcher la désertion parmi nos soldats; mais il m'est resté inutile
comme tant d'autres. Les principaux moyens de
réforme que j'y présentois étoient d'améliorer l'état
de nos soldats, comme en Prusse, par l'espoir des
emplois civils, qui sont chez nous en nombre infini;
et pour empêcher les désordres où les jette leur vie
célibataire, je proposois de leur permettre de se
marier, comme les soldats prussiens et russes le
sont pour la plupart (1). Ce moyen si propre à

_____

(1) Je voudrois aussi qu'on embarquât les femmes des

réformer les mœurs, contribueroit encore à rapprocher nos provinces les unes des autres, par les
mariages qu'y contracteroient nos régimens, qui les
parcourent continuellement. Ils resserreroient du
nord au midi les liens de la nation, et nos paysans
cesseroient de les craindre s'ils les voyoient passer
au milieu d'eux en pères de familles. Si nos soldats
commettent quelquefois des désordres, c'est à nos
institutions militaires qu'il faut s'en prendre. J'en ai
vu de mieux disciplinés, mais je n'en connois point
de plus généreux. J'ai été témoin d'un acte d'humanité de leur part, dont je doute que beaucoup de
soldats étrangers fussent susceptibles. C'étoit en

---

marins avec leurs maris; elles empêcheroient sur les vaisseaux des désordres de plus d'un genre. D'ailleurs elles y
trouveroient beaucoup d'occupations convenables à leur
sexe; telles que de préparer à manger, de laver le linge, de
raccommoder les voiles, &c.... Elles suppléeroient souvent
aux travaux de l'équipage. Elles résistent mieux que les
hommes au scorbut et à plusieurs maladies. Le projet d'embarquer des femmes paroîtra sans doute extraordinaire à
ceux qui ne savent pas qu'il y a au moins dix mille femmes
qui naviguent sur les vaisseaux caboteurs des Hollandais,
qui travaillent en bas à la manœuvre, et tiennent le gou-
vernail aussi bien que des hommes. Une jolie femme feroit
sans doute naître des désordres dans un vaisseau français;
mais des femmes de cette nature, robustes et laborieuses,
sont propres, au contraire, à y détruire ceux qui n'y sont
que trop fréquens.

III.                                               V.

1760, à notre armée, qui pour lors étoit en Allemagne, dans le pays ennemi, campée auprès d'une petite ville appelée Stadberg. J'étois logé dans un misérable village, occupé par le quartier général. Il y avoit dans la pauvre maison de paysan où je logeois avec deux de mes camarades, cinq ou six femmes, et autant d'enfans, qui s'y étoient réfugiés, et qui n'avoient rien à manger ; car notre armée avoit fourragé leurs blés et coupé leurs arbres fruitiers. Nous leur donnions bien quelques vivres, mais c'étoit peu de chose pour leur nombre et pour leurs besoins. Il y avoit parmi elles une jeune femme grosse qui avoit trois ou quatre enfans. Je la voyois sortir tous les matins, et revenir au bout de quelques heures avec son tablier tout plein de tranches de pain bis. Elle les passoit dans des ficelles, et les faisoit sécher à la cheminée comme des champignons. Je lui fis demander un jour par un de nos gens, qui parloit allemand et français, où elle trouvoit ces provisions, et pourquoi elle leur donnoit cet apprêt. Elle me répondit qu'elle alloit dans le camp demander l'aumône parmi nos soldats; que chacun d'eux lui donnoit des tranches de son pain de munition, et qu'elle les faisoit sécher pour les conserver; car elle ne savoit où elle pourroit recouvrer d'autres vivres après notre départ, tout le pays ayant été désolé.

L'état de soldat est un perpétuel exercice de la

vertu, par la nécessité où il met l'homme d'éprouver un grand nombre de privations, et d'exposer
fréquemment sa vie. Il a donc la religion pour principal appui. Les Russes en conservent l'esprit dans
leurs troupes nationales, en n'y admettant aucun
soldat étranger. Le roi de Prusse au contraire est
parvenu au même but en recevant dans les siennes
des soldats de toutes les religions ; mais il oblige
chacun d'eux de suivre exactement celle qu'il a
adoptée. J'ai vu à Berlin et à Postdam, tous les
dimanches, les officiers rassembler les soldats à la
parade, sur les onze heures du matin, et les con-
duire en ordre, par détachemens particuliers, catholiques, calvinistes, luthériens, chacun à leur église,
pour y assister au service divin.

Je voudrois qu'on ôtât parmi nous les autres
causes de division qui obligent un citoyen à souhaiter, pour vivre, le malheur ou la mort d'autrui.
Nos politiques ont multiplié ces moyens de haine
à l'infini, et ils ont rendu même l'État complice de
ces sentimens cruels, par l'établissement des lote-
ries, des tontines et des rentes viagères : « Il est
» mort tant de personnes cette année ; l'Etat a gagné
» tant, disent-ils ». S'il venoit une peste qui empor-
tât la moitié des citoyens, l'État seroit bien riche !
L'homme n'est rien pour eux, l'or est tout. Leur
art consiste à réformer les vices de la société par
des injures faites à la nature : ce qu'il y a d'étrange,

c'est qu'ils prétendent agir à son exemple. « Elle a
» voulu, disent-ils, que chaque espèce d'être ne
» subsistât que par la ruine des autres espèces. Le
» malheur particulier fait le bonheur général ». C'est
avec ces barbares et fausses maximes qu'on égare
les princes. Ces loix n'existent dans la nature qu'entre
les espèces contraires et ennemies. Elles n'existent
point dans les mêmes espèces d'animaux qui vivent
en société. Certainement la mort d'une abeille n'a
jamais tourné au profit de sa ruche. Bien moins
encore, le malheur et la mort d'un homme peut
profiter à sa nation et au genre humain, dont le parfait bonheur consisteroit dans une parfaite harmonie
entre ses membres. Nous avons prouvé ailleurs qu'il
ne peut arriver le plus petit mal à un simple particulier, que tout le corps politique ne s'en ressente.
Nos riches ne doutent pas que les biens des petits
ne parviennent à eux, puisqu'ils jouissent des productions de leurs arts; mais ils participent également
à leurs maux, malgré qu'ils en aient. Non-seulement
ils sont les victimes de leurs maladies épidémiques
et de leurs brigandages, mais de leurs opinions morales, qui se dépravent dans le sein des malheureux.
Elles s'élèvent, comme les maux qui sortirent de
la boîte de Pandore, et traversant, malgré les gardes
armées, les forteresses et les châteaux, elles viennent
se loger dans le cœur des tyrans. Quelque précaution qu'ils prennent pour s'en garantir, elles gagnent

leurs voisins, leurs serviteurs, leurs enfans, leurs épouses, et les forcent de s'abstenir de tout au milieu de leurs jouissances.

Mais lorsque dans une société, des corps tournent constamment à leur profit les malheurs d'autrui, ils perpétuent ces mêmes malheurs, et les multiplient à l'infini. C'est une chose aisée à remarquer, que par-tout où il y a beaucoup d'avocats et de médecins, les procès et les maladies sont en plus grand nombre que par-tout ailleurs. Quoiqu'il y ait parmi eux des hommes dont les lumières sont saines, ils ne s'opposent point à des désordres qui tournent au profit de leur corps.

Ces inconvéniens ne sont pas sans remède; j'ai à citer à cet égard des exemples sans réplique. Lorsque j'entrai au service de Russie, on me retint le premier mois de mes appointemens pour les frais de toute espèce de maladie que je pourrois avoir, moi, mes serviteurs et ma famille, si j'étois venu à me marier. On comprenoit dans ces frais ceux du médecin, du chirurgien et de l'apothicaire. On me retint encore pour le même objet, une petite somme montant à un ou un et demi pour cent de mes appointemens : je l'aurois payée chaque année; et chaque fois que je serois monté en grade, j'aurois donné en sus le premier mois des appointemens de ce grade. Voilà la taxe des officiers, au moyen de laquelle ils sont traités eux et leur

famille, de quelque espèce de maladie qu'ils puissent avoir. Les médecins et les chirurgiens de chaque corps sont très-bien appointés sur ces revenus.
Je me rappelle que le médecin du corps où je servois
avoit mille roubles ou cinq mille livres d'appointemens, et fort peu d'occupation ; car nos maladies
ne lui rapportant rien, elles étoient de peu de durée.
Quant aux soldats, ils sont traités, je pense, sans
qu'on fasse aucune retenue sur leur paie. L'apothi-
cairerie appartient à l'empereur. Elle est à Moscou
dans un superbe bâtiment. Les remèdes sont dans
des vases de porcelaine, et toujours choisis d'une
bonne qualité. On les distribue de là dans le reste
de l'empire à un prix modique, au profit de la
couronne. Il n'y a jamais de qui-pro-quo à craindre
à leur occasion. Les employés qui les préparent
et distribuent sont des hommes habiles, qui n'ont
aucun intérêt à les falsifier, et qui, montant en
grade et en appointemens, sont remplis d'émulation
pour bien remplir leurs devoirs (1).

_____

(1) On pourroit affoiblir dans la plupart des citoyens la
soif de l'or et du luxe, en leur présentant un grand nombre
de ces perspectives politiques. Elles font le charme des
petites conditions, en leur présentant les attraits de l'infini,
dont le sentiment est naturel au cœur humain, comme nous
l'avons vu. C'est par elles que les artisans et les petits marchands sont attachés avec beaucoup plus de force, par de
modiques profits, à leurs petits états remplis d'espérances,

On pourroit imiter chez nous Pierre-le-Grand, et étendre non-seulement à tout le royaume l'ordre qu'il a établi dans ses troupes à l'égard des médecins et des apothicaires, ce qui rapporteroit un revenu considérable à l'Etat, mais l'établir encore parmi le gens de loi. Il seroit à souhaiter que les procureurs, les avocats et les juges fussent payés par l'Etat et répartis dans tout le royaume, non pas pour plaider les procès, mais pour les appointer. On pourroit étendre ces consonnances à toutes les conditions qui vivent du malheur public : alors tous les citoyens trouvant leur repos et leur fortune dans le bonheur de l'Etat, contribueroient de toutes leurs forces à le maintenir.

Ces causes et beaucoup d'autres, divisent parmi

---

que les riches et les grands ne le sont à des conditions dont ils voient le terme. Il se passe dans la tête des petits, ce qui se passoit dans la tête de la laitière de la fable : Avec ce lait, j'aurai des œufs ; avec ces œufs, des poussins ; avec ces poussins, des poulets ; avec des poulets, un agneau, &c. Le plaisir qu'ils éprouvent dans ces progressions sans fin, est le charme qui les soutient dans leurs travaux ; et il est si réel, que lorsqu'ils viennent à faire fortune et à vivre en bourgeois aisés, leur santé s'altère, et la plupart d'entre eux finissent par mourir de mélancolie et d'ennui. Politiques modernes, rapprochez-vous donc de la nature ! Ce n'est point des flûtes d'or et d'argent que se tirent les plus douces harmonies, mais de celles qui se font avec des roseaux.

nous toutes les classes de la nation. Il n'y a point
de province, de ville et de village, qui ne distingue
la province, la ville et le village qui l'avoisinent par
quelque injurieux sobriquet. Il en est de même
d'une condition à l'autre. *Divide et impera*, disent
nos politiques modernes. Cette maxime a perdu
l'Italie, d'où elle est venue. La maxime contraire
est bien plus véritable. Plus les citoyens ont d'ensemble, plus la nation qu'ils composent est puissante et heureuse. A Rome, à Sparte, à Athènes,
un citoyen étoit à la fois avocat, sénateur, pontife,
édile, agriculteur, homme de guerre, et même
homme de mer. Voyez à quel degré de puissance
ces républiques sont parvenues! Leurs citoyens
étoient cependant bien inférieurs à nous du côté
des lumières; mais on leur apprenoit deux grandes
sciences que nous ignorons, à aimer les dieux et
la patrie. Avec ces sentimens sublimes, ils étoient
propres à tout. Quand on ne les a pas, on n'est
propre à rien. Malgré nos connoissances encyclo-
pédiques, un grand homme parmi nous ne seroit,
même en talens, que le quart d'un Grec ou d'un
Romain. Il se distingueroit beaucoup pour son corps,
mais peu pour la Patrie. C'est notre mauvaise constitution politique qui produit dans l'Etat tant de
centres différens. Il a été un temps où nous par-
lions d'être républicains. Certes, si nous n'avions
pas un roi, nous vivrions dans une perpétuelle dis-

corde. Combien de rois même ne nous faisons-
nous pas, sous un seul et légitime monarque ! Chaque corps a le sien, qui n'est pas celui de la nation.
Que de projets se font et se défont au nom du roi !
Le roi des eaux et forêts s'oppose au roi des ponts
et chaussées. Le roi des colonies fait des projets,
celui des finances ne veut point donner d'argent.
Parmi tous ces conflits de la même autorité, rien
ne s'exécute. Le véritable roi, le roi du peuple
n'est point servi. Le même esprit de division règne
dans la religion des Européens. Que de maux se
sont faits par eux au nom de Dieu ! Tous reconnoissent bien au fond le même Dieu qui a créé le
ciel, la terre et les hommes ; mais chaque royaume
a le sien qu'il faut honorer suivant certain rite. C'est
ce Dieu-là que chaque nation particulière remer-
cie à chaque bataille. C'est au nom de celui-là
qu'on a détruit les pauvres Américains. Le Dieu de
l'Europe est un Dieu bien terrible et bien honoré.
Mais où sont les autels du Dieu de la paix, du père
des hommes, de celui qu'annonce l'Evangile ? Que
nos politiques modernes s'applaudissent des fruits
de ces divisions et de nos éducations ambitieuses.
La vie humaine, si courte et si misérable, se passe
dans ces troubles perpétuels ; et pendant que les
historiens de chaque nation, bien payés, élèvent au
ciel les victoires de leurs rois et de leurs pontifes,
les peuples s'adressent, en pleurant, au Dieu du

genre humain, et lui demandent où est la voie qu'ils doivent suivre pour se diriger vers lui, et pour vivre heureux et vertueux sur la terre.

Je le répète, la cause de nos maux vient de notre éducation pleine de vanité, et du malheur du peuple, qui donne une grande influence à toutes les opinions nouvelles, parce qu'il attend toujours de la nouveauté, quelque soulagement à l'ancienneté de ses maux. Mais lorsqu'il s'aperçoit que ces opinions deviennent tyranniques à leur tour, il les abandonne aussi-tôt; et voilà l'origine de son inconstance. Lorsqu'il trouvera facilement et abondamment à vivre, il ne sera point sujet à ces vicissitudes, comme nous l'avons vu par l'exemple des Hollandais, qui vendent et impriment les disputes théologiques, politiques et littéraires de toute l'Europe, sans qu'elles influent en rien sur leurs opinions civiles et religieuses; et, lorsque l'éducation publique sera réformée, il jouira de l'heureuse et constante tranquillité des peuples de l'Asie.

En attendant que nous hasardions quelque idée à ce sujet, nous allons proposer encore quelques moyens de réunion. Je serai suffisamment payé de mes recherches, s'il s'en trouve une seule qui soit adoptée.

## DE PARIS.

Nous avons déjà observé que peu de Français aiment le lieu de leur naissance. La plupart de ceux qui font fortune dans les pays étrangers, viennent demeurer à Paris. Au fond, ce n'est pas un mal pour l'Etat. Moins ils sont attachés à leur pays, plus il est aisé de les fixer à Paris. Il faut dans un grand peuple un seul point de réunion. Tous les peuples fameux par leur patriotisme, en ont fixé le centre à leur capitale, et souvent à quelque monument de cette même capitale; les Juifs, à Jérusalem et à son Temple; les Romains, à Rome et au Capitole; les Lacédémoniens, à Sparte et à ses concitoyens.

J'aime Paris; après la campagne, et une campagne à ma guise, je préfère Paris à tout ce que j'ai vu dans le monde. J'aime cette ville, non-seulement par son heureuse situation, parce que toutes les commodités de la vie y sont rassemblées, parce qu'elle est le centre de toutes les puissances du royaume, et par les autres raisons qui la faisoient chérir de Michel Montaigne; mais parce qu'elle est l'asyle et le refuge des malheureux. C'est là que les ambitions, les préjugés, les haines et les tyrannies des provinces viennent se perdre et s'anéantir. Là, il est permis de vivre obscur et libre. Là, il est permis d'être pauvre, sans être méprisé. L'homme affligé y est distrait par la gaîté publique,

et le foible s'y sent fortifié des forces de la multitude. Il a été un temps où, sur la foi de nos écrivains politiques, je trouvois cette ville trop grande.
Mais il s'en faut beaucoup que je la trouve assez
étendue et assez majestueuse pour être la capitale d'un
aussi florissant Empire. Je voudrois que, nos ports
de mer exceptés, il n'y eût pas d'autre ville en France;
que nos provinces ne fussent couvertes que de
hameaux et de villages à petite culture ; et que,
comme il n'y a qu'un centre dans l'Etat, il n'y
eût aussi qu'une capitale. Plût à Dieu qu'elle le
fût de l'Europe entière et de toute la terre; et que,
comme des hommes de toutes les nations y apportent leur industrie, leurs passions, leurs besoins et
leurs malheurs, elle leur rendît en fortune, en
jouissances, en vertus et en consolations sublimes,
la récompense de l'asyle qu'ils y viennent chercher !

Certes notre esprit, éclairé aujourd'hui de tant
de lumières, n'a point autant de grandeur que celui
de nos ancêtres. Au milieu de leurs mœurs simples
et gothiques, ils pensoient, je crois, à en faire la
capitale de l'Europe. Voyez les traces de ce projet,
aux noms que portent la plupart de leurs établissemens : collége des Ecossais, des Irlandais, des
quatre Nations ; et aux noms étrangers des compagnies de la gendarmerie. Voyez ce grand monument
de Notre-Dame, bâti il y a plus de six cents ans,
dans un temps où Paris n'avoit pas la quatrième

partie des habitans qui y sont aujourd'hui ; il est plus vaste et plus majestueux que tous ceux de ce genre, qu'on y a élevés depuis. Je voudrois que cet esprit de Philippe Auguste, prince trop peu connu dans notre siècle frivole, présidât encore à ses établissemens, et en étendît l'usage à toutes les nations. Ce n'est pas que les hommes de tous les pays n'y soient bien venus, pour leur argent ; nos ennemis même peuvent y vivre tranquillement au milieu de la guerre, pourvu qu'ils soient riches ; mais, avant tout, je la voudrois rendre bonne et heureuse à ses propres enfans. Je ne sache pas qu'il serve en rien à un Français d'être né dans ses murs, si ce n'est quand il est pauvre, de pouvoir mourir dans quelqu'un de ses hôpitaux. Rome donnoit bien d'autres priviléges à ses citoyens ; le plus malheureux d'entre eux y jouissoit de plus de droits et d'honneurs, que les rois même alliés de la république.

Ce sont les plaisirs qui attirent la plupart des étrangers à Paris ; et ces vains plaisirs, si nous en examinons la source, viennent de la misère du peuple, et du bon marché auquel s'y donnent les filles du monde, les spectacles, les ouvrages de mode, et les autres productions du luxe. Ces moyens ont été bien vantés par nos politiques modernes. Je ne disconviens pas qu'ils n'attirent beaucoup d'argent dans un pays ; mais à la longue, les peuples voisins

les imitent ; l'argent des étrangers s'en va , et leurs
mauvaises mœurs restent. Voyez ce qu'est devenue
Venise, avec ses glaces, ses pommades, ses courtisanes, ses mascarades et son carnaval. Les arts
frivoles, dont nous nous glorifions, ont été enlevés
à l'Italie, et ils font aujourd'hui sa foiblesse et son
malheur.

Le plus beau spectacle qu'un gouvernement puisse
offrir, est celui d'un peuple laborieux, industrieux
et content. On nous apprend à lire dans des livres,
dans des tableaux, dans l'algèbre, dans le blazon,
et point dans les hommes. Des amateurs admirent
une tête de Savoyard peinte par Greuze ; mais le
Savoyard lui-même est au coin de la rue, parlant,
marchant, à moitié gelé de froid, et personne ne
le regarde. Cette mère de famille, avec ses petits
enfans, forme un groupe charmant ; le tableau en
est impayable : l'original en est dans le grenier
voisin, et n'a pas un sou pour vivre. Philosophes !
vous êtes ravis, avec raison, en contemplant les
nombreuses familles d'oiseaux, de poissons et de
quadrupèdes dont les instincts sont si variés, et auxquelles un même soleil donne la vie. Examinez les
familles d'hommes qui composent les habitans de
la capitale ; vous diriez que chacune d'elles a emprunté
ses mœurs et son industrie de quelque espèce d'animal, tant leurs occupations sont différentes. Considérez dans ces plaines, à l'entrée de la ville, cet

officier général, monté sur un superbe coursier ; il commande un exercice : voyez les têtes, les épaules et les pieds de ses soldats posés sur la même ligne ; ils n'ont tous ensemble, qu'un regard et qu'un mouvement. Il fait un signe, et à l'instant mille baïonnettes se hérissent ; il en fait un autre, mille feux sortent de ce rempart de fer. Vous croiriez, à leur précision, qu'un seul feu est sorti d'une seule arme. Il galope autour de ces régimens couverts de fumée, au bruit des tambours et des fifres, vous diriez de l'aigle de Jupiter, qui porte la foudre, et qui plane autour de l'Etna. A cent pas de là est un insecte parmi les hommes. Regardez ce petit ramoneur, de couleur de fumée, avec sa lanterne, sa vielle et ses genouillères de cuir ; il ressemble à un scarabée. Comme celui qui s'appelle, à Surinam, le porte-lanterne, il luit dans la nuit, et fait entendre le son d'une vielle. Cet enfant, ces soldats, ce général sont les mêmes hommes ; et pendant que la naissance, l'orgueil et les besoins établissent entre eux des différences infinies, la religion les met de niveau : elle abaisse la tête des grands, en leur montrant la vanité de leur puissance, et elle relève celle des infortunés, en leur présentant des espérances immortelles : elle ramène ainsi tous les hommes à l'égalité où la nature les avoit fait naître, et que la société avoit rompue.

Nos Sybarites croient avoir épuisé toutes les

manières de jouir. Nos tristes vieillards se regardent comme inutiles au monde; ils ne voient plus
devant eux d'autre perspective que la mort. Ah !
le paradis et la vie sont encore sur la terre, pour
qui peut y faire du bien.

Si j'avois été tant soit peu riche, j'aurois voulu
me donner mille jouissances nouvelles : Paris seroit
devenu pour moi une autre Memphis. Son peuple
immense nous est inconnu. J'aurois eu une petite
chambre dans un de ses faubourgs, sur les carrières, une autre à l'extrémité opposée, sur les
bords de la Seine, dans une maison ombragée de
saules et de peupliers; une autre dans une de ces
rues les plus fréquentées; une quatrième chez un
jardinier, dans une maison entourée d'abricotiers,
de figuiers, de choux et de laitues; une cinquième
dans les avenues de la ville, chez un vigneron, etc.

Il est, sans doute, facile de trouver par-tout des
logemens de cette espèce à bon compte, mais il
n'est pas si aisé d'y trouver des hôtes et des voisins
qui soient des honnêtes gens. Il y a beaucoup de
corruption dans le petit peuple; mais il y a plusieurs
moyens d'y reconnoître les gens de bien : c'est par
eux que je commence les recherches de mes plaisirs. Nouveau Diogène, je m'en vais à la quête des
hommes. Comme je ne cherche que des malheureux, je n'ai pas besoin de lanterne. Je me lève au
petit point du jour, et je vais à une première messe,

dans une église encore à demi obscure, j'y trouve
de pauvres ouvriers, qui viennent prier Dieu de
bénir leur journée. La piété, sans respect humain,
est une preuve assurée de probité; l'amour du travail en est une autre. J'aperçois, par un temps de
pluie et de froidure, une famille entière couchée
sur la terre, et sarclant les herbes d'un jardin (1);
voilà encore des gens de bien. La nuit même ne
peut céler la vertu. Vers le minuit, la lueur d'une
lampe m'annonce, par les lucarnes d'un grenier,
quelque pauvre veuve qui prolonge ses veilles, afin
d'élever, par son travail, ses petits enfans qui
dorment auprès d'elle. Ce seront-là mes voisins et
mes hôtes. Je m'annonce auprès d'eux comme un
passant, comme un étranger qui cherche un pied-
à-terre dans le quartier. Je les prie de me céder une
portion de leur logement, ou de m'en trouver un

---

(1) En général, les cultivateurs sont d'honnêtes gens.
Les plantes portent avec elles leur théologie. J'ai cependant
rencontré un jour un moissonneur athée. Il est vrai qu'il
n'avoit pas pris ses opinions dans les campagnes, mais dans
des livres. Il paroissoit fort content de ses lumières. Je lui
dis en le quittant : « Vous voilà bien avancé d'avoir em-
» ployé les recherches de votre raison à vous rendre misé-
» rable » !

Dans les exemples hypothétiques que je rapporte ci-des-
sous, il n'y a guère de mon invention que le bien que je
n'ai pas fait.

III.                                            x

dans leur voisinage. J'offre un bon prix, et m'y voilà installé.

Je me garde bien, pour m'attacher ces honnêtes gens, de leur donner de l'argent et de leur faire l'aumône ; j'ai des moyens plus honnêtes de gagner leur amitié. Je les charge de me faire des provisions superflues, dont ils profitent ; je donne des récompenses à leurs enfans, pour de petits services qu'ils m'ont rendus ; je mène un jour de fête toute la famille à la campagne, dîner sur l'herbe ; le père et la mère retournent le soir à la ville, bien restaurés, et chargés de vivres pour le reste de la semaine. A l'entrée de l'hiver, je couvre leurs enfans d'étoffes de laine, et leurs petits membres réchauffés me bénissent, parce que mes bienfaits superbes n'ont point glacé leur cœur. C'est le parrain de leur petit frère qui leur a fait présent de leurs habits. Moins on étreint les liens de la reconnoissance, plus ils se resserrent.

Je n'ai pas seulement le plaisir de faire du bien, et de le faire à propos, j'ai encore celui de m'amuser et de m'instruire. Nous admirons dans nos livres les travaux des artisans, mais nos livres nous enlèvent la moitié de notre plaisir et de la reconnoissance que nous leur devons. Ils nous séparent du peuple, et ils nous trompent en nous montrant les arts avec un grand appareil et de fausses lumières, comme des sujets de théâtre et de lanterne magique. D'ailleurs, il y a plus de savoir dans la tête d'un artisan que dans son art, et plus d'intelligence dans ses mains que dans le langage de l'écrivain qui le traduit. Les objets portent avec eux leur expression : *Rem verba sequuntur*. L'homme du peuple a de plus une manière d'observer et de sentir qui n'est pas indifférente. Tandis que le philosophe s'élève tant qu'il peut dans les nues, il se tient lui au fond de la vallée, et il voit bien d'autres perspectives dans le monde. Le malheur le forme à la longue tout comme un autre. Son langage s'épure avec les années, et j'ai remarqué souvent qu'il y avoit fort peu de différence en justesse, en clarté et en simplicité, des expressions d'un vieux paysan à celles d'un vieux courtisan. Le temps efface de leurs langages et de leurs mœurs la rusticité et la finesse que la société y avoit introduites. La vieillesse, comme l'enfance, met tous les hommes de niveau, et les rend à la nature.

Dans un de mes campemens, j'ai un hôte qui a fait le tour du monde. Il a été matelot, soldat, flibustier. Il est circonspect comme Ulysse, mais il est plus sincère. Quand je le fais asseoir à table avec moi, et qu'il a goûté de mon vin, il me raconte ses aventures. Il sait une multitude d'anecdotes. Combien de fois n'a-t-il pas manqué sa fortune ! C'est un autre Fernand Mendès Pinto. Enfin, il a une bonne femme, et il vit content.

Dans un autre logement, j'ai un hôte dont la vie
a été toute différente ; il n'est presque jamais sorti
de Paris, et bien rarement de sa boutique. Quoiqu'il n'ait pas couru le monde, il n'en a pas été
moins misérable. Il étoit fort à son aise ; il avoit amassé
de son travail cinquante doubles louis, lorsqu'une
nuit sa femme et sa fille s'en allèrent avec son trésor. Il manqua en mourir de douleur. Il n'y pense
plus, dit-il, et il pleure encore en m'en parlant. Je
le calme par de bonnes paroles ; je lui donne de
l'occupation ; il cherche à dissiper son chagrin par
le travail. Son industrie m'amuse ; je passe quelquefois des heures entières à le voir forer et tourner
des pièces de chêne dures comme l'ivoire.

Je m'arrête quelquefois au milieu de la ville, devant la boutique d'un maréchal ; me voilà comme
le Lacédémonien Lichès à Tégée, regardant forger
et battre le fer. Dès que cet homme me verra
attentif à son ouvrage, j'aurai bientôt sa confiance.
Je ne cherche pas, comme Lichès, le tombeau
d'Oreste (1) ; mais j'ai besoin de l'art d'un maréchal ;
si ce n'est pas pour moi, c'est pour d'autres. Je
commande à celui-ci quelques pièces solides de ménage, dont je veux faire un monument pour conserver ma mémoire dans quelque pauvre famille. Je
veux encore m'acquérir l'amitié d'un ouvrier ; je

(1) Voyez Hérodote, liv. I.

suis bien sûr que l'attention que je donne à son travail l'engagera à y mettre tout son savoir-faire. Je ferai ainsi d'une pierre deux coups. Un riche en pareil cas feroit l'aumône, et n'obligeroit personne.

« Un jour, me disoit à ce sujet J. J. Rousseau, je
» me trouvai à une fête de village, dans un château
» aux environs de Paris. Après dîné la compagnie
» fut se promener à la foire, et s'amusa à jeter aux
» paysans des pièces de monnoie, pour le plaisir de
» les voir se battre en les ramassant. Pour moi, sui-
» vant mon humeur solitaire, je m'en fus promener
» tout seul de mon côté. J'aperçus une petite fille
» qui vendoit des pommes sur un éventaire qu'elle
» portoit devant elle. Elle avoit beau vanter sa mar-
» chandise, elle ne trouvoit plus de chalands. Com-
» bien toutes vos pommes, lui dis-je? — Toutes mes
» pommes? reprit-elle, et la voilà en même temps
» à calculer en elle-même. — Six sous, Monsieur,
» me dit-elle. — Je les prends, lui dis-je, pour ce
» prix, à condition que vous les irez distribuer à ces
» petits Savoyards que vous voyez là-bas; ce qu'elle
» fit aussi-tôt. Ces enfans furent au comble de la
» joie de se voir régalés, ainsi que la petite fille de
» s'être défaite de sa marchandise. Je leur aurois fait
» beaucoup moins de plaisir, si je leur avois donné
» de l'argent. Tout le monde fut content, et per-
» sonne ne fut humilié». C'est un grand art de bien faire le bien. La religion nous en apprend le secret,

en nous ordonnant de faire à autrui ce que nous
voudrions qu'on nous fît.

Je m'en vais quelquefois sur le grand chemin
faire , comme les anciens patriarches , les honneurs
de la ville aux étrangers qui y arrivent. Je me rappelle le temps où j'ai été moi-même voyageur hors
de mon pays , et la bonne réception que j'ai éprou-
vée chez des étrangers. J'ai entendu plusieurs fois
des seigneurs de Pologne et d'Allemagne se plaindre
de nos grands ; ils disent qu'ils les reçoivent dans
leurs pays en leur donnant beaucoup de fêtes , et
que , quand ils viennent en France à leur tour , ils
en sont tout-à-fait négligés. Ils en reçoivent un dîné
à leur arrivée , et un autre à leur départ : voilà à
quoi se termine leur hospitalité. Pour moi, qui ne
peux pas leur rendre le bon accueil qu'ils m'ont
fait, je m'acquitte envers leur peuple. J'aperçois
un Allemand qui chemine à pied ; je l'engage à venir
se reposer chez moi. Un bon souper et de bon vin
le disposent à me raconter le sujet de son voyage. Il
est officier ; il a servi en Prusse et en Russie ; il a vu
le partage de la Pologne. Je l'interromps pour lui
demander des nouvelles du maréchal de Munich,
des généraux de Villebois et du Bosquet, du comte
de Munchio et de mon ami M. de Taubenheim , du
prince Xatorinski , ancien maréchal de la confédé-
ration de Pologne , dont j'ai été le prisonnier. La
plupart sont morts , me dit-il ; les autres ont vieilli

et se sont retirés des affaires. Oh ! qu'il est triste ,
m'écriai-je , de voyager hors de son pays , et d'y
connoître des hommes estimables qu'on ne doit
revoir jamais ! Oh ! que la vie est une carrière rapide ! heureux qui peut l'employer à faire du bien !
Mon hôte me raconte une partie de ses aventures ;
j'y prête la plus grande attention , par leur ressemblance avec les miennes. Il n'a cherché qu'à bien
mériter des hommes , et il en a été calomnié et persécuté. Il est malheureux ; il vient se mettre en
France sous la protection de la reine ; il espère
beaucoup de ses bontés. Je fortifie ses espérances
par l'idée que l'opinion publique m'a donnée du
caractère de cette princesse , et par celui que la
nature a imprimé dans ses traits. Je rouvre , me
dit-il , son cœur à la consolation. Plein d'émotion ,
il me serre la main. Ma réception lui est d'un favorable augure ; il n'en eût pas trouvé une semblable
dans son propre pays. Oh ! que de douleurs profondes peuvent être calmées par une simple parole ,
et par une foible marque de bienveillance !

Je me rappelle qu'un jour je trouvai vers la grille
de Chaillot , à l'entrée des Champs - Elysées , une
jeune femme assise avec un enfant sur ses genoux ,
sur le bord d'un fossé. Elle étoit jolie , si on peut
donner ce nom à une femme accablée de mélancolie. Je passai dans l'allée écartée où elle étoit , et dès
qu'elle m'eut aperçu , elle détourna les yeux de

moi; sa timidité et sa modestie fixèrent les miens
sur elle. Je remarquai qu'elle étoit vêtue fort décem-
ment et en linge très-blanc; mais sa robe et son
fichu étoient si remplis de rentraitures, qu'on eût
dit que des araignées en avoient filé les toiles. Je
m'approchai d'elle avec le respect qu'on doit aux
malheureux; je la saluai d'abord, et elle me rendit
mon salut avec honnêteté, mais avec froideur. Je
tâchai ensuite de lier conversation, en lui parlant
de la pluie et du beau temps : elle ne me répondit
que par des monosyllabes. Enfin, m'étant avisé de
lui demander si elle venoit de se promener à la campagne, elle se mit à sangloter et à pleurer sans me
dire un mot. Je m'assis auprès d'elle, et j'insistai,
avec toute la circonspection possible, pour savoir le
sujet de ses peines. Elle me dit : « Monsieur, mon
» mari vient d'essuyer à Paris une banqueroute de
» cinq mille livres; je viens de le reconduire jus-
» qu'à Neuilly; il est allé à pied à soixante lieues
» d'ici, chercher quelque peu d'argent qu'on nous
» doit. Je lui ai donné mes bagues et tout celui que
» j'avois pour faire son voyage; il ne me reste plus
» que vingt-quatre sous pour nourrir moi et mon en-
» fant. — De quelle paroisse êtes-vous, lui dis-je,
» madame ? — De Saint-Eustache, reprit-elle. — Le
» curé, lui repartis-je, passe pour être fort chari-
» table. — Oui, monsieur, me dit-elle; mais appre-
» nez qu'il n'y a pas de charité dans les paroisses

» pour nous autres misérables Juifs ». A ces mots elle redoubla ses larmes, et se leva pour continuer sa route. Je lui offris un bien foible secours, que je la suppliai de recevoir au moins comme une marque de ma bonne volonté. Elle l'accepta, et elle me fit plus de révérences, de remercîmens, et me combla de plus de bénédictions que si j'avois rétabli sa fortune. Que de jouissances délicieuses auroit un homme qui dépenseroit ainsi dix mille livres de rente !

Mes différens établissemens dispersés dans la capitale et dans ses environs répandent beaucoup de variété et d'agrément sur ma vie. L'hiver je me loge dans celui qui est exposé au plein soleil du midi ; l'été j'occupe celui qui est au nord, sur le bord de l'eau; je suis une autre fois campé dans les environs de la rue d'Artois, parmi les pierres de taille, voyant s'élever autour de moi des palais, des frontons avec des sphinx, des dômes, des kiosques. Je me garde bien de m'informer quels en sont les maîtres : l'ignorance est la mère des plaisirs et de l'admiration. Je suis en Egypte, à Babylone, à la Chine. Aujourd'hui je soupe sous un acacia, et je suis en Amérique ; demain je dînerai au milieu des jardins potagers, sous une treille et à l'ombre des lilas, je serai en France.

Mais, dira-t-on, n'y a-t-il rien à craindre dans ce genre de vie ? Puissai-je trouver le terme de mes

jours dans l'exercice de la vertu ! J'ai bien ouï dire
que des gens ont péri dans des parties de chasse et
de plaisir, et dans des voyages, mais rarement dans
des actes de bienfaisance. L'or est pour le peuple
un puissant porte-respect. Je lui paroîtrai assez riche
pour lui inspirer des égards, mais pas assez pour
lui donner la tentation de me voler. D'ailleurs la
police de Paris est dans le meilleur ordre. J'apporte
la plus grande attention au choix de mes hôtes; et
si je m'aperçois que je me suis trompé sur leur
compte, le terme de mon logement est payé d'avance,
et je n'y reviens plus.

Je n'ai besoin dans ce plan de vie, ni d'attirail
de ménage, ni de domestiques. Avec quelle tendre
inquiétude je suis attendu dans chacun de mes logemens ! Quelle joie y inspire mon arrivée ! que d'attention et de zèle dans mes hôtes pour prévenir mes
besoins ! J'y jouis des plus doux liens de la société
sans en éprouver les inconvéniens. Nul ne se met à
ma table pour dire du mal d'autrui, et nul n'en sort
pour en dire de moi. Je n'ai point d'enfans ; mais
ceux de mon hôtesse sont plus empressés de me
plaire qu'à leurs parens. Je n'ai point de femme :
le plus grand charme de l'amour est de faire le bonheur d'autrui. J'aide à faire des mariages heureux,
ou à maintenir dans le bonheur ceux qui sont faits.
Je charme ainsi mes propres ennuis ; je donne le
change à mes passions en leur proposant sur la terre

le plus noble but où elles puissent atteindre. Je me
suis approché des malheureux pour les consoler ,
et ce seront peut-être eux qui me consoleront moi-
même.

C'est ainsi que vous pourriez vivre , ô grands ! et
multiplier vos jours rapides sur cette terre où vous
n'êtes que des voyageurs. C'est ainsi que vous ap-
prendriez à connoître les hommes , que vous ne
formeriez plus , avec votre nation , un peuple étranger , un peuple conquérant qui vit de ses dépouilles.
C'est ainsi que lorsque vous sortiriez de vos palais
entourés d'une foule de cliens qui vous comble-
roient de bénédictions , vous nous rappelleriez le
souvenir des premiers patriciens , si chers aux Romains. Vous cherchez tous les jours quelque spectacle nouveau : il n'y en a point de plus nouveau
que le bonheur des hommes. Vous en voulez d'intéressans : il n'y en a point de plus intéressant que
celui de voir des familles de pauvres paysans répandre la fécondité dans vos vastes et solitaires
domaines , ou de vieux soldats qui ont bien mérité
de la patrie y trouver d'heureux asyles. Vos compatriotes valent encore mieux que des héros de tragédie et que des bergers d'opéra comique.

L'indigence du peuple est la cause première des
maladies physiques et morales des riches. C'est à
l'administration à y pourvoir. Quant aux maux de
l'ame qui en résultent , je desirerois bien y trouver

quelques palliatifs. Pour cet effet je souhaiterois
qu'il se formât à Paris quelque établissement semblable à ceux que de charitables médecins et de
sages jurisconsultes y ont formés pour remédier aux
maux du corps et de la fortune ; je veux dire des
conseils de consolation, où un infortuné , sûr du
secret et même de l'*incognito* , pût porter le sujet
de ses peines. Nous avons , à la vérité , des confesseurs et des prédicateurs , à qui la sublime fonction
de consoler les malheureux semble réservée ; mais
les confesseurs ne sont pas toujours à la disposition
de leurs pénitens, sur-tout quand ceux-ci sont
pauvres et qu'ils ne leur sont pas connus. Il y a
même beaucoup de confesseurs qui n'ont ni les talens, ni l'expérience nécessaire pour consoler les
malheureux. Il ne s'agit pas d'absoudre un homme
qui s'accuse de ses péchés, mais de lui aider à supporter ceux d'autrui, qui lui pèsent bien davantage. Quant
aux prédicateurs, leurs sermons sont ordinairement
trop vagues et trop mal appliqués aux différens besoins de leur auditoire. Il vaudroit bien mieux qu'ils
en annonçassent les sujets au public que les titres
de leurs dignités. Ils déclameront contre l'avarice à
un prodigue , ou contre la prodigalité à un avare.
Ils parleront des dangers de l'ambition à un jeune
homme amoureux et oisif , et de ceux de l'amour à
une vieille dévote. Ils insisteront sur le précepte de
faire l'aumône à ceux qui la reçoivent , et sur l'hu-

milité à un porteur d'eau. Il y en a qui prêchent la
pénitence à des infortunés, qui promettent le paradis
à des cours voluptueuses , et qui menacent de l'enfer de pauvres villages. J'ai vu à la campagne une
misérable paysanne devenue folle par l'un de ces
sermons. Elle se croyoit damnée , et restoit toujours
couchée sans parler et sans remuer. On ne prêche
point contre l'ennui , la tristesse , les scrupules, la
mélancolie , le chagrin , et tant d'autres maladies
qui affectent l'ame. D'ailleurs , que de circonstances
changent pour chaque auditeur la nature de la peine
qu'il éprouve , et rendent inutile pour lui tout
l'échafaudage d'un beau discours ! Il n'est pas aisé
de trouver dans une ame navrée et timide le point
précis de sa douleur , et de mettre sur sa blessure
le baume et la main du Samaritain. C'est un art qui
n'est connu que des ames sensibles qui ont elles-
mêmes beaucoup souffert , et qui n'est pas toujours
le partage de celles qui ne sont que vertueuses.

Le peuple sent ce besoin de consolation; et ne
trouvant point d'homme à qui il puisse en demander, il s'adresse à des pierres. J'ai lu quelquefois
avec attendrissement , dans nos églises, des billets
affichés par des malheureux au coin de quelques
piliers dans une chapelle obscure. C'étoient des
femmes maltraitées de leurs maris , des jeunes gens
dans l'embarras; ils ne demandoient point d'argent,
ils desiroient des prières. Ils étoient près de tomber

dans le désespoir. Leurs peines étoient inénarrables. Ah ! si des hommes qui ont la science de la douleur se réunissoient de tous les états, et présentoient aux malheureux leur expérience et leur sensibilité, plus d'un illustre infortuné viendroit chercher auprès d'eux des consolations, que les prédicateurs, les livres, et toute la philosophie du monde ne sauroient donner. Souvent pour soulager les peines de l'homme du peuple, il lui suffiroit de trouver à qui s'en plaindre.

Une société formée d'hommes tels que je me les imagine, s'occuperoit du soin de déraciner les vices et les préjugés du peuple. Elle tâcheroit, par exemple, d'apporter quelque remède à la barbarie avec laquelle il surcharge ses misérables chevaux, et les maltraite en faisant retentir la ville de juremens horribles. Elle engageroit aussi les riches à avoir pitié des hommes à leur tour. Vous voyez dans les grandes chaleurs, des tailleurs de pierres exposés au plein soleil et à la réverbération brûlante de leurs pierres blanches. Ces pauvres gens y attrapent souvent des fièvres ardentes et des maux d'yeux qui les rendent aveugles. D'autres fois ils essuient de longues pluies d'hiver ou de rudes froids qui leur causent des fluxions de poitrine. En coûteroit-il beaucoup à un entrepreneur, qui a de l'humanité, d'établir sur ses ateliers quelque toit volant de natte ou de paille porté sur des piquets, pour mettre ses ouvriers à l'abri? On leur sauveroit à la fois, par ces précautions, plusieurs maladies du corps et de l'esprit; car la plupart d'entre eux, comme je l'ai vu, se piquent à cet égard d'un faux point d'honneur, et n'osent chercher des abris contre les ardeurs du soleil ou contre le mauvais temps, de peur que leurs compagnons ne se moquent d'eux.

On peut encore faire goûter la morale au peuple sans y ajouter beaucoup d'apprêt. Le déguisement même lui rend la vérité suspecte. J'ai vu plusieurs fois de simples ouvriers verser des larmes à la lecture de nos meilleurs romans, ou à la représentation de quelques tragédies. Ils demandoient ensuite si le sujet qui les avoit fait pleurer étoit bien vrai; et quand on leur répondoit qu'il étoit imaginé, ils n'en faisoient plus de compte; ils étoient fâchés de s'être attendris en vain. Il faut des fables aux riches pour leur faire goûter la morale, et la morale ne peut faire goûter la fable au pauvre, parce que le pauvre attend encore son bonheur de la vérité, et que le riche ne l'espère plus que de l'illusion.

Les riches cependant n'ont pas moins besoin que le peuple d'affections morales. Elles sont, comme nous l'avons vu, les mobiles de toutes les passions humaines. Ils ont beau rapporter le plan de leur bonheur à des objets physiques, ils sont bientôt dégoûtés de leurs châteaux, de leurs tableaux et de leurs parcs, quand au lieu de sentimens, ils n'en éprouvent plus que des sensations. Cela est si vrai, que si au milieu de leur ennui un étranger vient admirer leur luxe, toutes leurs jouissances sont renouvelées. Ils semblent avoir consacré leur vie à une volupté obscure; mais présentez-leur un rayon de gloire au sein même de la mort, ils vont y voler. Offrez-leur des régimens, ils courent à l'immortalité. C'est donc le sentiment moral qu'il faut épurer et diriger dans les hommes. Ce n'est donc pas en vain que la religion nous ordonne la vertu, qui est le sentiment moral par excellence, puisqu'il est la route de notre bonheur dans ce monde et dans l'autre.

Cette société porteroit encore ses attentions jusque dans les asyles même de la vertu. J'ai remarqué qu'il se fait, vers l'âge de quarante-cinq ans, une grande révolution dans la plupart des hommes, et pour dire la vérité, que c'est alors qu'ils s'empirent et deviennent sans principes. C'est alors que les femmes se font hommes, suivant l'expression d'un écrivain célèbre, c'est-à-dire qu'elles se dépravent tout-à-fait. Cette révolution fatale est une suite des vices de notre éducation et de notre société. L'une et l'autre ne nous présentent le bonheur de l'homme que vers le milieu de la vie, dans la fortune et les honneurs. Quand nous avons gravi cette pénible montagne, et que nous sommes parvenus au sommet, vers le milieu de notre âge nous la descendons les yeux tournés vers la jeunesse, parce que nous n'avons plus

devant nous d'autre perspective que la mort. Ainsi la
carrière de notre vie se trouve partagée en deux parties, l'une en espérances, l'autre en ressouvenirs; et
nous n'avons saisi dans notre route que des illusions.
Les premières au moins nous soutiennent en nous
donnant des desirs; mais les autres nous accablent
en ne nous laissant que des regrets. Voilà pourquoi
nos vieillards sont bien moins susceptibles de vertu
que nos jeunes gens, quoiqu'ils en parlent beaucoup
plus, et qu'ils sont bien plus tristes parmi nous que
chez les peuples sauvages. S'il avoient été dirigés par
la religion et par la nature, ils devroient se réjouir
des approches de leur fin, comme des vaisseaux qui
sont près d'aborder au port. Combien plus malheureux sont ceux qui, ayant donné leur jeunesse à la
vertu, séduits par cette voix trompeuse du monde,
regardent en arrière, et regrettent les plaisirs de la
jeunesse, qu'ils n'ont pas connus! Le vain éclat qui
environne les méchans les éblouit; ils sentent leur
foi s'ébranler, et ils sont prêts à s'écrier, comme
Brutus: « O vertu! tu n'es qu'un vain nom ». Où
trouvera-t-on les livres, et les prédicateurs qui les
raffermissent dans ces orages, qui ont troublé même
les saints? Ils blessent l'ame de plaies secrètes et
d'ulcères rongeurs que l'on n'ose découvrir. Il n'y
a que des hommes vertueux et éprouvés par toutes
les combinaisons du malheur, qui puissent venir à
leur secours, et qui, au défaut des vains argumens

III.                                              Y

de la raison, les rappellent au sentiment de la vertu, au moins par celui de leur amitié.

Il me semble qu'il y a à la Chine un établisse-ment semblable à celui que je propose. Du moins quelques voyageurs, et, entre autres, Fernand Men-dès Pinto, parlent d'une maison de la Miséricorde, qui plaide les causes des pauvres et des opprimés, et qui va dans une infinité de circonstances au-devant des besoins des malheureux, bien plus loin que nos dames de charité. L'empire a accordé les plus nobles priviléges à ses membres, et les tribu-naux de justice ont la plus grande déférence pour leurs requêtes. Une pareille société, occupée à bien agir, mériteroit, au moins parmi nous, autant de prérogatives que celles qui n'ont d'autre souci que celui de bien parler; et en mettant en évidence les vertus de nos citoyens obscurs, elle mériteroit de la Patrie autant, pour le moins, que celles qui ne l'en-tretiennent que des sentences des sages, et souvent des forfaits brillans de l'antiquité.

Il faudroit bien se garder de donner à cette associa-tion la forme d'une académie ou d'une confrérie. Graces à notre éducation et à nos mœurs, tout ce qui forme parmi nous corps, congrégation, secte, parti, est communément ambitieux et intolérant. Si les hommes qui les composent s'approchent d'une lumière qu'ils n'ont pas allumée, c'est pour l'éteindre; de la vertu d'autrui, c'est pour la flétrir. Ce n'est pas que la plupart des membres de ces corps n'aient en particulier d'excellentes qualités ; mais leur ensemble ne vaut rien, par cela seul qu'il leur présente des centres différens du centre commun de la Patrie. Qu'est-ce qui a rendu le mot si doux d'humanité théatral et vain ? Quel sens attache-t-on aujourd'hui à celui de charité, dont le nom grec χάρις signifie attrait, grace, amour ? Y a-t-il rien de plus humiliant que nos charités de paroisse, et que l'humanité de nos philosophes ?

Je laisse ce projet à développer à quelque homme de bien, qui aime Dieu et les hommes, et qui fasse les bonnes actions comme l'évangile l'ordonne, sans que la main gauche sache ce qu'a fait la main droite. Le bien est-il donc si difficile à faire ? Prenons le contre-pied de ce que font les ambitieux et les méchans. Ils ont des espions qui leur rapportent toutes les anecdotes scandaleuses ; ayons-en pour épier les bonnes œuvres secrètes. Ils vont au-devant des hommes qui s'élèvent, pour les ranger sous leurs drapeaux ou pour les abattre ; allons à la recherche des hommes vertueux qui sont dans l'oubli, pour en faire nos modèles. Ils ont des trompettes pour prôner leurs propres actions, et pour décrier celles des autres ; cachons les nôtres, et soyons les hérauts de celles d'autrui. Les vices se raffinent ; perfectionnons nos vertus.

Je sens que mes écarts me mènent loin. Mais

quand je n'aurois fait naître qu'une bonne idée à
quelqu'un de plus éclairé que moi; quand je ne
contribuerois qu'à empêcher un jour à venir un
homme au désespoir de s'aller noyer, ou dans
une vengeance d'assommer son ennemi, ou dans la
léthargie de l'ennui d'aller perdre son argent et sa
santé chez des filles du monde, je n'aurois pas bar-
bouillé du papier inutilement.

Paris offre aux malheureux beaucoup d'asyles
connus sous le nom d'hôpitaux. Que Dieu récompense la charité de ceux qui les ont fondés, et les
vertus encore plus grandes de ceux et de celles qui
les desservent! Mais d'abord, sans adopter les exa-
gérations du peuple qui croit que ces maisons ont
des revenus immenses, il est certain qu'une personne bien connue et bien instruite des finances
publiques, ayant entrepris d'établir un hospice
pour des malades, trouva que la dépense de chacun n'y revenoit qu'à dix-sept sous par jour; qu'ils
étoient beaucoup mieux entretenus à ce prix et à
meilleur marché que dans les hôpitaux. Pour moi
je pense que ces mêmes dix-sept sous distribués
chaque jour dans la maison d'un pauvre malade,
produiroient encore une plus grande économie, en
faisant vivre sa femme et ses enfans. Un malade du
peuple n'a guère besoin que de bon bouillon; sa
famille profiteroit de la viande qui serviroit à le
faire. Mais les hôpitaux sont sujets à bien d'autres

inconvéniens. Il s'y forme des maladies d'un caractère particulier, souvent plus dangereuses que celles
que les malades y apportent. Elles sont assez connues, particulièrement celles qu'on appelle fièvres
d'hôpital. Il en résulte encore de plus grands maux
pour le moral. Une personne qui a de l'expérience,
m'a assuré que la plupart des criminels qui finissent
leurs jours au gibet ou aux galères, sortoient des
hôpitaux. Ceci revient à ce que j'ai déjà dit, que tous
les corps sont dépravés, mais sur-tout, un corps de
gueux. Je voudrois donc que, loin de rassembler les
malheureux, on les défrayât chez leurs propres parens, ou qu'on les confiât à de pauvres familles qui
en prendroient soin. Il faut des prisons publiques ;
mais je desirerois que les hommes qui y sont renfermés fussent moins misérables. Sans doute, la
justice en les privant de la liberté, se propose non-
seulement de punir leur caractère moral, mais de
le réformer. L'excès de la misère et la mauvaise
société ne peuvent que l'altérer de plus en plus.
L'expérience prouve encore que c'est là où les méchans achèvent de se dépraver. Tel y est entré foible
et coupable qui en sort scélérat. Comme ce sujet
a été traité par une plume célèbre, je n'en dirai pas
davantage. J'observerai seulement, qu'on ne peut
réformer les hommes qu'en les rendant plus heureux. Combien d'hommes qui vivoient dans le crime
en Europe, sont devenus gens de bien dans les îles

de l'Amérique où on les a fait passer ! Ils y sont devenus honnêtes gens, parce qu'ils y ont trouvé plus
de liberté et plus de bonheur que dans leur Patrie.
Il y a une autre classe d'hommes encore plus dignes
de pitié, parce qu'ils sont innocens : ce sont les fous.
On les enferme, et ils ne manquent guère de devenir encore plus fous qu'ils n'étoient. Je remarquerai
à cette occasion, que je ne crois pas qu'il y ait dans
toute l'Asie un seul lieu où on les enferme, excepté
cependant à la Chine. Les Turcs les respectent singulièrement, soit parce que Mahomet étoit sujet lui-
même à des absences d'esprit, soit à cause de l'opinion religieuse où ils sont, que lorsqu'un fou met
le pied dans une maison, la bénédiction de Dieu
y entre avec lui. Ils s'empressent de lui présenter à
manger, et ils lui font toutes sortes de caresses. On
n'entend jamais dire qu'ils aient offensé personne.
Nos fous, au contraire, sont dangereux, parce qu'ils
sont misérables. Dès qu'il en paroît un dans les
rues, les enfans, déjà rendus malheureux par l'éducation, et ravis de trouver un être humain sur lequel
ils puissent impunément exercer leur haine, les
poursuivent à coups de pierres et se plaisent à les
mettre en fureur. J'observerai encore que chez les
Sauvages il n'y a point de fous; et je ne voudrois
pas d'autre preuve, que leur constitution politique
les rend plus heureux que les peuples policés,

puisque le dérangement de l'esprit ne vient que de l'excès des chagrins.

Parmi nous, le nombre des fous enfermés est très-grand. Il n'y a point de ville de province un peu considérable, qui n'ait une maison destinée à cet objet. Leur traitement y est certainement digne de pitié et mériteroit l'attention du Gouvernement, puisqu'enfin si ce ne sont plus des citoyens, ce sont encore des hommes, et des hommes innocens. Lorsque je faisois mes études à Caen, je me rappelle en avoir vu dans la tour aux fous, qui étoient renfermés dans des cachots où ils n'avoient pas vu la lumière depuis plus de quinze ans. J'accompagnai un soir dans une de ces horribles cavernes le bon curé de Saint-Martin, chez lequel j'étois en pension, et qui fût appelé pour administrer les derniers sacremens à un de ces malheureux qui étoit près d'expirer. Il fut obligé, ainsi que moi, de se boucher le nez pendant tout le temps qu'il fut auprès de lui; mais la vapeur qui s'exhaloit de son fumier étoit si infecte, que mon habit en conserva l'odeur plus de deux mois, et même mon linge, après avoir été plusieurs fois au blanchissage. Je pourrois citer des traits qui feroient horreur sur la manière dont ces malheureux sont traités. Mais je n'en rapporterai qu'un qui est encore tout frais à ma mémoire.

Il y a quelques années que passant à l'Aigle, petite

ville de Normandie, je fus me promener hors de
la ville vers le coucher du soleil. J'aperçus sur une
petite colline un couvent situé dans une position
charmante. Un religieux qui se tenoit sur la porte,
m'invita à entrer pour voir la maison. Il me promena dans de vastes enclos où le premier objet
que j'aperçus fut un homme d'environ quarante
ans, la tête couverte de la moitié d'un chapeau,
qui s'en vint droit à moi, en me disant : « Donne-moi
» de ton couteau de chasse dans le cœur, donne-
» moi de ton couteau de chasse dans le cœur ». Le
moine qui m'accompagnoit, me dit : « Monsieur, ne
» soyez pas étonné ; c'est un pauvre capitaine qui a
» perdu l'esprit à cause d'un passe-droit qu'on lui a
» fait dans son régiment ».

« Cette maison, lui dis-je, sert donc à renfermer
» des fous ? Oui, me dit-il : j'en suis le supérieur ».
Il me promena d'enclos en enclos, et me conduisit
dans une petite enceinte où il y avoit plusieurs cellules de maçonnerie, et où nous entendions parler
avec beaucoup d'action. Nous y trouvâmes un chanoine en chemise et les épaules découvertes, qui
conversoit avec un homme d'une belle figure, assis
près d'une petite table, devant une de ces cellules.
Le moine s'approche du malheureux chanoine, et
lui donne de toutes ses forces un coup sur l'épaule
nue, en lui disant de sortir. Sur le champ son camarade prend la parole et dit au moine, en propres

termes : « Homme de sang, vous faites un acte bien
» cruel ; ne voyez-vous pas que ce pauvre miséra-
» ble a perdu la raison » ? Le moine assez interdit se
mord les lèvres et le menace des yeux. Mais l'autre,
sans s'étonner, lui dit : « Je suis votre victime,
» vous pouvez faire de moi ce que vous voulez ».
Alors s'adressant à moi, il me montre ses deux
poignets entamés jusqu'au vif par des menottes de
fer qui les attachoient.

« Vous voyez, Monsieur, me dit-il, comme je
» suis traité » ! Je me tourne vers ce religieux, et
lui témoigne mon indignation d'un traitement aussi
cruel. Il me répond : « Oh ! je le ferai déraisonner
» quand je voudrai ». Cependant j'adresse quelque
parole de consolation à cet infortuné, qui, me
regardant avec confiance, se mit à me dire : « Je
» crois, Monsieur, vous avoir vu à la S. Hubert,
» chez M. le maréchal de Broglie ». Vous vous
» trompez, Monsieur, lui répondis-je, je n'ai jamais
» été chez M. le maréchal de Broglie ». Là-dessus
le voilà cherchant à se rappeler les différens lieux
où il croyoit m'avoir vu, avec des circonstances si
bien détaillées et si vraisemblables, que le moine
piqué de ses reproches et de son bon sens, jugea
à propos d'interrompre sa conversation en lui parlant de mariage, d'achats de chevaux, &c. Dès
qu'il eut touché la corde de sa folie, il lui fit perdre la tête. Ce religieux, en sortant, me dit que ce

pauvre fou étoit un homme très-bien né. J'appris, à quelque temps de là, qu'il avoit trouvé le moyen de s'enfuir de sa prison, et que la raison lui étoit revenue.

On se sert beaucoup de remèdes physiques pour guérir la folie ; et elle naît souvent d'une cause morale, puisqu'elle vient du chagrin. Ne pourroit-on pas employer, pour rendre la raison à ces malheureux, des moyens opposés à ceux qui la leur ont fait perdre, je veux dire, la joie, les plaisirs, et sur-tout ceux de la musique ? Nous voyons par l'exemple de Saül et par beaucoup d'autres, combien la musique a de pouvoir pour rétablir l'ame dans son harmonie. Il faudroit y joindre les traitemens les plus doux, et mettre ces infortunés lorsqu'ils sont dans des crises de fureur, non pas dans les chaînes, mais dans des lieux matelassés, où ils ne pourroient faire aucun mal, ni à eux, ni aux autres. Je crois qu'en prenant ces précautions humaines, on en rétabliroit beaucoup, sur-tout lorsque ceux qui en seroient chargés n'auroient aucun intérêt à perpétuer leur folie, comme il n'arrive que trop souvent aux familles qui jouissent de leurs biens, et aux maisons qui reçoivent leurs pensions. Il faudroit aussi, ce me semble, confier le soin des hommes dont l'esprit est égaré à des femmes, et celui des femmes aux hommes, à cause de la pitié mutuelle des deux sexes l'un pour l'autre.

Je ne voudrois pas qu'il y eût dans le royaume un art ni un métier, dont les retraites et les récompenses ne fussent à Paris. Parmi les diverses classes de citoyens qui les exercent, et dont la plupart sont peu connues dans la capitale, il y en a une très-nombreuse qui ne l'est point du tout, quoiqu'elle soit fort misérable, et que ce soit celle à laquelle les riches ont le plus d'obligations : ce sont les matelots. Ce sont ces gens rudes et grossiers qui vont leur chercher des voluptés jusqu'aux extrémités de l'Asie, et qui exposent sans cesse leur vie sur nos côtes pour fournir à la délicatesse de leurs tables. Leurs conversations sont au moins aussi naïves que celles des nos paysans, et incomparablement plus intéressantes par leur manière de voir, et par la singularité des pays où ils ont voyagé. Au récit de leurs misères de toutes espèces, et des tempêtes où ils s'exposent pour vous apporter des objets de jouissances de toutes les parties de la terre, heureux du siècle, vous en aimeriez mieux votre repos ! Votre bonheur augmenteroit par ces contrastes.

Je ne sais si ce fut pour se procurer un plaisir semblable, ou pour donner au parc de Versailles un air de marine très-piquant, que Louis xiv établit sur le grand canal qui est en face du château des gondoliers vénitiens. Leurs descendans y subsistent encore. Cet établissement mieux dirigé eût

donné des retraites plus convenables à nos propres
matelots. Mais ce grand roi, souvent mal conseillé,
porta presque toujours le sentiment de sa gloire au-
dehors de son peuple. Quel contraste ces hommes
à demi couverts de goudron, avec des visages battus
des vents, et semblables à des veaux marins, les
uns venant du Groënland, les autres des côtes de
Guinée, eussent présenté au milieu des statues de
marbre et des berceaux de verdure du parc de
Versailles ! Louis xiv eût puisé plus d'une fois
parmi ces hommes francs, des vérités, et des connoissances que ni les livres, ni même les officiers
généraux de sa marine, ne lui ont jamais données ;
et d'un autre côté, la nouveauté de leur costume,
et celle de leurs réflexions sur sa propre grandeur,
lui eussent préparé des spectacles plus amusans que
ceux qu'imaginoient à grands frais les beaux-esprits
de sa cour. D'ailleurs, quelle émulation de semblables postes n'eussent-ils pas excitée parmi nos
matelots ! J'attribue une partie de la perfection de la
marine des Anglais, à la simple influence de leur
capitale, et à ce qu'elle est sans cesse sous les
yeux de leur cour. Si Paris étoit comme Londres
un port de mer, que d'inventions ingénieuses perdues dans nos modes et dans nos opéras, se diri-
geroient au profit de la navigation ? Si on y voyoit
seulement des matelots comme on y voit des soldats,
le goût de la marine s'y répandroit davantage. Le

sort de nos matelots devenus plus intéressans à la
nation et à ses chefs, s'amélioreroit; et en même
temps s'affoibliroit le despotisme brutal de ceux qui
ne les gouvernent souvent qu'à force de jurer après
eux et de les frapper. C'est une bonne et facile
politique, d'affoiblir les vices en rapprochant les
hommes les uns des autres et en les rendant plus
heureux. Nos gentilshommes de province n'ont
cessé de battre leurs paysans, que lorsqu'ils ont vu
que ces hommes si utiles devenoient des objets
intéressans dans nos livres et sur nos théâtres.

Ce n'est pas que je desire pour nos matelots, un
établissement semblable à celui de l'hôtel des Invalides. L'Architecture de ce monument me plaît
beaucoup, mais je plains le sort de ceux qui l'habitent. La plupart sont mécontens et murmurent toujours, comme on peut s'en convaincre en conver-
sant avec eux : je ne crois pas que ce soit avec
fondement; mais l'expérience prouve que les
hommes, rassemblés en corps, se dépravent tôt ou
tard, et sont toujours malheureux. Il faut suivre
les loix de la nature, et les réunir par familles. Je
voudrois, comme font les Anglais chez eux, établir nos matelots invalides aux bacs des rivières,
sur tous ces petits batelets qui traversent Paris, et
les répandre le long de la Seine comme des tritons
dans nos campagnes. On les verroit remonter en
chaloupe et en voiles latines le cours de nos rivières,

en louvoyant, et ils y introduiroient des moyens
de navigation plus prompte et plus commode, qui
y sont encore inconnus. Quant à ceux que l'âge
ou les blessures mettroient tout-à-fait hors de service, ils seroient défrayés convenablement, dans
une maison semblable à celle que les Anglais ont
établie à Greenwich, pour leurs matelots invalides.
Mais, pour dire la vérité, je suis persuadé que
l'Etat trouveroit plus d'économie à leur faire des
pensions, et que ces mêmes matelots seroient beaucoup mieux dans le sein de leurs familles : cela
n'empêcheroit pas qu'on ne bâtît dans Paris, un
monument majestueux et commode, qui serviroit
de retraite à ces braves gens. La capitale en fait
peu de compte, parce qu'elle ne les connoît pas;
mais il y a tel d'entre eux qui, en passant chez
l'ennemi, est capable de faire réussir une descente
dans nos colonies, et même sur nos côtes. Nos
matelots désertent en aussi grand nombre que nos
soldats, et leur désertion est bien plus coûteuse à
l'Etat, parce qu'il faut plus de temps pour les former, et que leurs connoissances locales sont plus
importantes à nos ennemis que celles de nos cavaliers ou de nos fantassins.

Ce que je viens de dire sur nos matelots peut
s'étendre à tous les autres états du royaume, sans
exception. Je souhaiterois qu'il n'y en eût aucun
qui n'eût son centre à Paris, et qui n'y trouvât un

lieu d'asyle, une retraite, une petite chapelle. Tous
ces monumens de diverses classes de citoyens qui
donnent la vie au corps politique, décorés avec les
attributs particuliers à chaque industrie, y figure-
roient parfaitement bien.

Après avoir rendu la capitale très - heureuse et
très-bonne pour les hommes de la nation, j'y invi-
terois les peuples étrangers de toutes les parties du
monde. O femmes, qui réglez nos destins, combien
devez-vous contribuer à réunir les hommes dans la
ville où vous régnez ! Ils s'occupent de vos plaisirs
par toute la terre. Pendant que vous n'êtes occupées qu'à jouir, un Lapon va, au milieu des tempêtes, harponner la baleine, dont les barbes servi-
ront à faire bouffer vos robes ; un Chinois met au
four la porcelaine où vous prendrez le café, qu'un
Arabe de Moka est occupé à cueillir pour vous ; une
fille du Bengale file votre mousseline sur le bord du
Gange, tandis qu'un Russe abat, au milieu des sapins de la Finlande, le mât du vaisseau qui vous
l'apportera. La gloire d'une grande capitale est de
réunir dans ses murs des hommes de toutes les nations qui concourent à ses plaisirs. Je voudrois voir
à Paris des Samoïèdes avec leurs habits de peau de
veau marin, et leurs bottes de peau d'esturgeon, et
des nègres Iolofs, avec leurs pagnes bardées de
rouge et de bleu. J'y voudrois voir des Indiens im-
berbes du Pérou, vêtus de plumes de la tête aux

pieds, se promener sans crainte dans nos places publiques, autour de la statue de nos rois, auprès des fiers Espagnols en manteau et en moustaches. J'aurois du plaisir à y voir des Hollandais s'établir sur les croupes sèches de Montmartre, et, se livrant à leur inclination hydraulique, comme les castors, trouver le moyen de s'y procurer des canaux pleins d'eau, tandis que des habitans de l'Orénoque vivroient à sec au-dessus des terreins inondés de la Seine, dans le feuillage des saules et des aunes. Je souhaiterois que Paris fût aussi grand, et d'une population aussi diversifiée que ces anciennes villes d'Asie, telles que Ninive et Suze, où il falloit employer trois jours pour en faire le tour, et où Assuérus voyoit deux cents nations s'incliner devant son trône. Je voudrois que tous les peuples de la terre correspondissent à cette ville, comme les membres au cœur dans le corps humain. Quels secrets avoient les Asiatiques pour faire des cités si vastes et si populeuses ? Ils sont en tout genre nos aînés. Ils permettoient à toutes les nations de s'y établir. Présentez aux hommes la liberté et le bonheur, vous les attirerez de toutes les parties du monde.

Il seroit bien digne de l'humanité de quelque grand prince de proposer cette question à l'Europe ! « Le bonheur d'un peuple ne dépend-il pas de celui » de ses voisins » ? L'affirmative bien prouvée fe-

roit tomber la maxime contraire de Machiavel, qui
gouverne depuis long-temps notre politique européenne. Il seroit fort aisé d'abord de démontrer que
la simple bonne intelligence avec ses voisins feroit
licencier ces armées de terre et de mer qui sont si
à charge à chaque peuple. En second lieu, on feroit
voir que chaque peuple a partagé les biens et les
maux de ses voisins, par l'exemple des Espagnols,
qui ont découvert l'Amérique, et qui en ont dispersé les biens et les maux dans le reste de l'Europe. On prouveroit encore cette vérité par la prospérité et la grandeur où sont parvenus les peuples
qui ont eu soin de se concilier leurs voisins, comme
les Romains, qui leur accordoient le droit de bourgeoisie de proche en proche, et vinrent, par ce
moyen, à ne faire qu'une seule naton de toutes
celles de l'Italie. Ils n'auroient sans doute fait qu'un
seul peuple de tout le genre humain, si leur coutume barbare de se faire servir par des esclaves
étrangers n'avoit mis des restrictions à une politique
aussi humaine. On démontreroit ensuite le malheur
des gouvernemens, qui, étant d'ailleurs bien ordon-
nés au-dedans, ont vécu dans un état d'anxiété perpétuelle, toujours foibles et divisés, parce qu'ils
n'étendoient pas l'humanité au-delà de leur territoire. Tels ont été les Grecs; telle est de nos jours
la Perse, qui est tombée dans un état de foiblesse
extrême immédiatement après le règne brillant de

Scha Abbas, dont la maxime politique étoit de s'entourer de déserts ; son pays, à la fin, en est devenu un comme ceux de ses voisins. On en trouveroit encore d'autres exemples chez les Puissances de l'Asie, auxquels des poignées d'Européens font la loi.

Henri IV avoit formé le projet céleste de faire vivre toute l'Europe en paix ; mais son projet n'étoit pas assez étendu pour se maintenir : la guerre y seroit venue des autres parties du monde. Nos destins sont liés avec ceux du genre humain. C'est un hommage qu'il faut rendre à notre religion, et qu'elle mérite seule ; la nature nous dit : « Aimez-vous vous » seul » ; l'éducation domestique : « Aimez votre » famille » ; la nation : « Aimez la Patrie » ; mais la religion nous ordonne d'aimer tous les hommes sans exception. Elle connoît mieux nos intérêts que notre instinct naturel, nos parens et notre politique. Les sociétés humaines ne sont pas partielles comme celles des animaux. Il importe fort peu aux abeilles de la France qu'on détruise les ruches en Amérique. Mais les larmes des hommes, dans le Nouveau-Monde, font couler leur sang dans l'ancien, et le cri de guerre d'un Sauvage sur le bord d'un lac, a retenti plus d'une fois en Europe, et y a troublé le repos des rois. La religion qui nous défend de nous aimer nous-mêmes, et qui nous ordonne d'aimer tous les hommes, ne se contredit point, comme l'ont prétendu quelques sophistes ; elle n'exige le sacrifice de nos passions que pour les diriger vers le bonheur général, et en nous ordonnant d'aimer tous les hommes, elle nous donne le seul moyen véritable de nous aimer nous-mêmes.

Je souhaiterois donc que nos relations politiques avec toutes les nations du monde aboutissent à bien recevoir leurs sujets dans la capitale du royaume. Quand nous n'y emploierions qu'une partie de nos dépenses en affaires étrangères, nous ne nous en trouverions pas plus mal. Les peuples de l'Asie n'envoient ni consuls, ni ministres, ni ambassadeurs au-dehors, si ce n'est dans des cas extraordinaires, et tous les peuples de la terre viennent aborder chez eux. Ce n'est point en envoyant à grands frais des ambassadeurs chez nos voisins, que nous nous concilierons leur amitié. Bien souvent notre faste devient une source secrète de haine et de jalousie parmi leurs grands. C'est en accueillant chez nous leurs propres sujets, foibles, persécutés, malheureux. Ce furent nos réfugiés français qui donnèrent une partie de notre industrie et de notre puissance à la Prusse et à la Hollande. Que de relations secrètes de commerce et de bienveillance nationale se sont formées par de pareilles réceptions ! Un bon Allemand qui se retire en Autriche après avoir fait une petite fortune en France, fait passer chez nous cent de ses compatriotes, et dispose tout le canton où il s'établit à nous vouloir du bien. C'est par de

semblables liens que les amitiés nationales se forment,
bien mieux que par des traités diplomatiques , car
l'opinion d'un peuple détermine toujours celle de
son prince.

Après avoir rendu la ville des hommes très-heu-
reuse, je m'occuperois à embellir et à rendre commode la ville de pierre. J'y éleverois une multitude
de monumens ; j'y voudrois , le long des maisons ,
des arcades comme à Turin , et des trottoirs comme
à Londres , pour la commodité des gens de pied ;
dans les rues, des arbres et des canaux , s'il étoit
possible , comme en Hollande , pour la facilité des
transports ; dans les faubourgs, des caravanserails
comme dans les villes de l'Orient, pour loger à peu
de frais les voyageurs étrangers ; vers le centre de la
ville , des marchés vastes et entourés de maisons
de six à sept étages pour le petit peuple , qui ne sait
bientôt plus où se loger. Je mettrois beaucoup de
variétés dans leur plan et leur décoration. On verroit dans leur pourtour des temples , des palais de
justice , des fontaines publiques ; les principales rues
viendroient y aboutir. Ces marchés ombragés d'arbres
et divisés par grands compartimens , présenteroient
dans le plus grand ordre tous les dons de Flore , de
Cérès et de Pomone. J'éleverois au centre la statue
d'un bon roi, car on ne sauroit la placer dans un
lieu plus honorable à sa mémoire qu'au milieu de
l'abondance de ses sujets.

Je ne connois rien qui me donne une idée plus précise de la police d'une ville et du bonheur de son peuple, que la vue de ses marchés. A Pétersbourg, chaque marché est distribué par quartiers destinés à la vente d'une seule espèce de marchandise. Cet ordre plaît au premier coup-d'œil, mais il fatigue bientôt par son uniformité. Pierre premier aimoit les formes régulières, parce qu'elles étoient favorables au despotisme. Pour moi je desirerois y voir la plus grande concorde parmi nos marchands, et les plus grands contrastes dans leurs marchandises. En ôtant les rivalités qui naissent du commerce des mêmes objets, on banniroit d'entre eux les jalousies qui y font naître tant de querelles. Je voudrois que l'abondance y versât toutes ses cornes pêle-mêle; on y verroit des faisans, des morues fraîches, des coqs de bruyère, des turbots, des verdures, des piles d'huîtres, des oranges, des canards sauvages, des fleurs, &c....; il seroit permis d'y exposer en vente toutes les espèces de marchandises, et ce seul privilége suffiroit pour détruire bien des monopoles.

J'éleverois dans la ville, des temples en petit nombre, mais augustes, immenses, avec des galeries au-dedans et au-dehors, et capables de contenir les jours de fêtes le tiers de la population de Paris. Plus les temples se multiplient dans un Etat, plus la religion s'y affoiblit. Ceci paroît un paradoxe, mais voyez la Grèce et l'Italie couvertes de clochers, tandis que Constantinople est rempli de renégats grecs et italiens. Indépendamment des causes politiques et même religieuses qui occasionnent ces dépravations nationales, il y en a une naturelle, dont nous avons déjà reconnu les effets dans la foiblesse de l'esprit humain. C'est que notre affection diminue lorsqu'elle est partagée entre trop d'objets. Les Juifs, si étonnans par leur attachement pour leur religion, n'avoient qu'un seul temple, dont le souvenir excite encore leurs regrets.

Je construirois dans Paris des amphithéatres comme à Rome, pour y rassembler le peuple et lui donner de temps en temps des fêtes. Quel superbe local offroit pour cet objet la colline qui est à l'entrée des Champs-Elysées ! Qu'il eût été facile de la creuser jusqu'au niveau de la campagne en forme d'amphithéatre, disposé par gradins revêtus de simple gazon, et couronné de grands arbres à son sommet, qui se fût trouvé à plus de quatre-vingts pieds d'élévation ! Quel coup-d'œil magnifique c'eût été de voir là un peuple immense rangé tout autour en famille, buvant, mangeant et jouissant du spectacle de son propre bonheur !

Tous ces édifices seroient construits de pierre, non pas à petites assises, comme les nôtres, mais par grands blocs, comme les employoient les anciens (1), et comme il convient à la ville éternelle.

_____

(1) Et comme les emploient les Sauvages. Les voyageurs

Les rues et les places publiques seroient plantées de grands arbres de différentes espèces. Les arbres sont les véritables monumens des nations. Le temps qui altère bientôt les ouvrages de l'homme, ne fait qu'accroître la beauté de ceux de la nature. C'est aux arbres que nos boulevards, dont la promenade est si recherchée, doivent leurs plus grands charmes. Ils réjouissent la vue par leur verdure ; ils élèvent notre ame vers le ciel par la hauteur de leurs tiges ; ils ajoutent au respect des monumens près desquels

___

sont fort étonnés lorsqu'ils voient au Pérou les monumens des anciens Incas, formés de grandes pierres irrégulières qui se joignent parfaitement. Leur construction présente d'abord deux grandes difficultés. Comment les Indiens ont-ils transporté ces grandes pierres, et comment sont-ils venus à bout de les faire accorder d'une manière si parfaite, malgré leur irrégularité ? Nos savans ont d'abord supposé des machines pour les transporter, comme s'il falloit des machines plus puissantes que les bras de tout un peuple qui travaille de concert. Ils ont dit ensuite que les Indiens leur donnoient ces formes irrégulières à force de travail et d'attention. C'est se moquer du monde. Ne leur étoit-il pas beaucoup plus aisé de les tailler régulièrement qu'irrégulièrement ? J'ai été moi-même long-temps embarrassé à me résoudre ce problème. Enfin ayant lu dans les Mémoires de Dom Ulloa, et aussi dans quelques autres voyageurs, qu'on trouve en plusieurs endroits du Pérou des lits de pierre à la surface de la terre, qui sont remplis de fentes et de crevasses, j'ai compris aussi-tôt l'industrie des anciens Péruviens. Ils ne faisoient

ils sont plantés, par la majesté de leurs formes. Ils contribuent plus qu'on ne pense à nous attacher aux lieux que nous avons habités. Notre mémoire s'y fixe comme à des points de réunion qui ont, avec notre ame, des harmonies secrètes. Ils dominent sur les événemens de notre vie, comme ceux qui s'élèvent sur les bords de la mer et qui servent de renseignemens aux pilotes. Je ne vois point de tilleuls, que je ne me rappelle aussi-tôt la Hollande, ni de sapins, que je ne me représente les forêts de la Russie. Souvent ils nous attachent à

---

autre chose que d'enlever par pièces ces lits horizontaux des carrières, et de les placer perpendiculairement, en en rapprochant les morceaux les uns des autres. Ils avoient ainsi un mur tout fait qui ne leur coûtoit rien à tailler. L'esprit naturel a des ressources très-simples, et fort supérieures à celles de nos arts. Par exemple, les Sauvages du Canada n'avoient point de marmites de fer avant l'arrivée des Européens. Ils étoient venus à bout d'y suppléer, en creusant avec le feu le tronc d'un arbre. Mais comment s'y prenoient-ils pour y faire bouillir des bœufs entiers, comme ils faisoient? Je l'ai donné à deviner à plus d'un homme, soi-disant de génie, qui ne l'a su trouver. Pour moi, j'avoue que je ne pouvois pas imaginer qu'il fût possible de faire bouillir de l'eau dans des marmites de bois, qui contenoient souvent plusieurs muids. Il n'y avoit cependant rien de si aisé pour les Sauvages; ils faisoient rougir des cailloux au feu, et ils les jetoient dans l'eau de la marmite, jusqu'à ce qu'elle fût bouillante. *Voyez* Champlain.

la Patrie, lorsque les autres liens en on été rompus.
Je sais plus d'un homme expatrié qui, dans sa vieillesse, a été ramené dans son village par le souvenir
de l'ormeau à l'ombre duquel il avoit dansé dans sa
jeunesse. J'ai entendu à l'île de France plus d'un
habitant soupirer après sa Patrie à l'ombre des ba-
naniers, et me dire : « Je serois tranquille ici si j'y
» voyois seulement de la violette ». Les arbres de la
Patrie ont encore de plus grands attraits, quand ils
se lient, comme chez les anciens, avec quelqu'idée
religieuse ou avec le souvenir de quelque grand
homme. Des peuples entiers y ont attaché leur patriotisme. Avec quelle vénération les Grecs voyoient
à Athènes l'olivier que Minerve y fit naître, et au
mont Olympe, l'olivier sauvage dont Hercule avoit
été couronné ! Plutarque rapporte que, lorsque à
Rome le figuier sous lequel Rémus et Romulus
avoient été alaités par une louve venoit à se flétrir,
le premier qui s'en apercevoit crioit : « A l'eau ! à
» l'eau » ! et tout le peuple effrayé accouroit avec
des marmites et des chaudrons pleins d'eau pour
l'arroser. Pour moi, je pense que, quoique nous
soyons déjà bien éloignés de la nature, nous ne
verrions point sans émotion le prunier de la forêt
où notre bon Henri IV étoit grimpé quand il aperçut défiler au fond du vallon voisin l'armée du duc
de Mayenne.

Une ville, fût-elle de marbre, me paroîtroit triste,

si je n'y voyois des arbres et de la verdure (1): d'un
autre côté un paysage, fût-ce l'Arcadie, fût-ce les
rivages de l'Alphée, ou les croupes du mont Lycée,
me sembleroit sauvage, si je n'y voyois au moins
une petite cabane. Les ouvrages de la nature et ceux
de l'homme se prêtent des grâces mutuelles. L'esprit d'intérêt a détruit parmi nous le goût de la
nature. Nos paysans ne voient de beautés dans nos

_____

(1) Les arbres sont par leur durée les vrais monumens
des nations, et ils en sont encore le calendrier par les différens temps où ils poussent leurs feuilles, leurs fleurs et leurs
fruits. Les Sauvages n'en ont point d'autre, et nos paysans
même s'en servent fréquemment. Je rencontrai un jour,
vers la fin de l'été, une jeune paysanne qui pleuroit en
cherchant son mouchoir qu'elle avoit perdu sur le grand
chemin. « Etoit-il beau votre mouchoir, lui demandai-je?
» —Monsieur, me dit-elle, il étoit tout neuf; je l'avois
» acheté aux foyers. J'ai pensé plus d'une fois que si nos
époques historiques, si vantées, étoient datées de celles de
la nature, il n'en faudroit pas davantage pour les couvrir
d'injustice et de ridicule. Si on lisoit, par exemple, dans nos
histoires, qu'un prince fit massacrer une partie de ses sujets,
pour se rendre le Ciel favorable, précisément dans la saison
où son royaume étoit couvert de moissons; qu'on y datât
nos batailles sanglantes et nos bombardemens de villes, de
la floraison des violettes, des premiers laitages, de la tonte
des brebis, il ne faudroit pas d'autres contrastes pour en
rendre la lecture abominable. D'un autre côté, ces dates
ajouteroient des graces immortelles aux actions des bons
princes, et confondroient leurs bienfaits avec ceux du ciel.

campagnes que là où ils voient leur revenu. Je
rencontrai un jour, dans le voisinage de l'abbaye de
la Trappe, sur le chemin caillouteux de Notre-
Dame d'Apre, une paysanne qui cheminoit avec
deux gros pains sous son bras. C'étoit au mois de
mai : il faisoit le plus beau temps du monde. « Voilà,
» dis-je à cette bonne femme, une charmante saison.
« Que ces pommiers en fleurs sont beaux ! Comme
» ces rossignols chantent dans ces bois ! — Ah !
» me répondit-elle, je me soucie bien des bou-
» quets et de ces petits piauleux ; c'est du pain qu'il
» nous faut »! L'indigence serre le cœur de nos
paysans, et ferme leurs yeux. Mais nos bourgeois
ne font pas plus de compte de la nature, parce que
l'amour de l'or dirige tous leurs goûts. Si quelques-
uns d'entre eux estiment les arts libéraux, ce n'est
pas parce que ces arts imitent les objets naturels,
c'est par le prix qu'attache à leurs productions la
main des grands maîtres. Tel donne mille écus d'un
tableau de la campagne, peint par Le Lorrain, qui
ne mettroit pas la tête à la fenêtre pour en regarder
le paysage ; et tel met précieusement sur son secré-
taire le buste de Socrate, qui ne recevroit pas ce
philosophe dans sa maison s'il étoit en vie, et qui
contribueroit peut-être à sa mort, s'il étoit persécuté.

Le goût de nos artistes a été égaré par celui de
nos bourgeois. Comme ils savent que c'est moins la

nature que leur travail qu'on estime, ils ne cherchent qu'à se montrer eux-mêmes. De là vient qu'ils
mettent quantité de riches accessoires dans la plupart de nos monumens, et qu'ils y oublient souvent
l'objet principal. Ils font, par exemple, pour les
jardins, des vases de marbre, où on ne peut mettre
aucun végétal ; pour les appartemens, des urnes et
des amphores, où l'on ne peut verser aucune espèce
de liqueur ; pour nos villes, des colonnades sans
palais, des portes dans des lieux où il n'y a point
de murs, des places publiques divisées de barrières
pour empêcher le peuple de s'y rassembler. C'est,
dit-on, afin que l'herbe y pousse. Voilà un beau
projet ! Une des plus grandes malédictions que les
anciens faisoient contre leurs ennemis, c'étoit qu'ils
pussent voir l'herbe pousser dans leurs places publiques. Si on veut voir de la verdure dans les
nôtres, que n'y plante-t-on des arbres qui donneront à la fois au peuple, de l'ombre et de l'abri ? Il
y en a qui mettent dans les trophées qui couronnent
les hôtels de nos princes, des arcs, des flèches,
des catapultes, et qui ont poussé la simplicité jusqu'à y planter des enseignes romaines, où on lit
S. P. Q. R. C'est ce qu'on peut voir au palais
de Bourbon. La postérité croira que les Romains
étoient, dans le dix-huitième siècle, les maîtres de
notre pays. Et comment, nous qui sommes si vains,
prétendons-nous l'occuper de notre mémoire, si

nos monumens, nos médailles, nos trophées, nos drames, nos inscriptions, lui parlent sans cesse des étrangers et de l'antiquité?

Les Grecs et les Romains étoient bien plus conséquens. Jamais ils ne se sont avisés de faire des monumens inutiles. Leurs beaux vases d'albâtre et de calcédoine servoient dans les festins à mettre du vin ou des parfums ; leurs péristyles annonçoient toujours un palais ; leurs places publiques étoient uniquement destinées à rassembler les citoyens. Ils y plaçoient les statues de leurs grands hommes, sans être entourées de grilles, afin que leurs images fussent encore à la portée des malheureux, et qu'ils en fussent invoqués après la mort, comme ils l'avoient été pendant leur vie. Juvénal parle d'une statue de bronze à Rome, dont le peuple avoit usé les mains à force de les baiser. Quelle gloire pour la mémoire du citoyen qu'elle représentoit ! Si elle existoit encore, sa mutilation la rendroit plus précieuse que la Vénus de Médicis avec ses proportions.

Notre peuple est, dit-on, sans patriotisme. Je le crois bien, car on fait tout ce qu'on peut pour le lui faire perdre. Par exemple, sur le fronton de ce beau temple qu'on élève à Sainte-Geneviève, qui est trop petit comme tous nos monumens modernes, on a représenté une adoration de croix. On voit, à la vérité, la patrone de Paris dans des bas-reliefs, sous le péristile, au milieu des cardinaux ; mais n'eût-il pas été plus convenable de montrer au peuple son humble patrone en habit de bergère, en petit justaucorps et en cornette, avec sa pannetière, sa houlette, son chien, ses brebis, ses formes à faire des fromages, et tout le costume de son siècle et de son état, au milieu du fronton de l'église qui lui est dédiée ? On eût pu y joindre une vue de Paris, tel qu'il étoit de son temps. Il en eût résulté des contrastes et des objets de comparaison très-agréables. Le peuple, à la vue de ce tableau champêtre, se fût rappelé les temps anciens. Il eût conçu de l'estime pour les vertus obscures qui lui sont nécessaires, et il eût été tenté de marcher dans les rudes sentiers de la gloire où s'est élevée son humble patrone, qu'il lui est impossible maintenant de reconnoître avec ses habits à la grecque, et au milieu des prélats.

Nos artistes s'écartent quelquefois de l'objet principal, jusqu'à l'omettre tout-à-fait. On montroit, il y a quelques années, dans un des ateliers du Louvre, le tombeau du Dauphin et de la Dauphine, destiné pour la cathédrale de la ville de Sens. Tout le monde y couroit, et en revenoit extasié d'admiration. J'y fus comme les autres ; la première chose que je cherchai à y reconnoître, fut la ressemblance du Dauphin et de la Dauphine à la mémoire desquels ce monument étoit élevé. Il n'y en avoit pas

seulement les médaillons. On y voyoit le Temps
avec sa faulx, l'Hymen avec des urnes, et toutes les
idées rebattues de l'allégorie, qui est souvent, pour
le dire en passant, le génie de ceux qui n'en ont
point. Pour achever d'en éclaircir le sujet, il y
avoit sur les panneaux d'une espèce d'autel placé
au milieu de ce groupe de figures symboliques, de
longues inscriptions latines assez étrangères à la
mémoire du grand prince qui en étoit l'objet. Voilà,
me dis-je en moi-même, un beau monument national! Des inscriptions latines pour un peuple Français, et des symboles païens pour une cathédrale!
Si l'artiste, dont j'admirai d'ailleurs le ciseau, n'y
vouloit montrer que ses propres talens, il falloit
qu'il recommandât à son successeur de laisser im-
parfaite une petite partie de la base de ce monument, que la mort l'avoit empêché lui-même d'achever, et d'y graver ces mots : *Coustou moriens faciebat.*
Cette consonnance de fortune l'eût lié à ce monument royal; et eût donné une grande profondeur
aux réflexions sur la vanité des choses humaines,
que doit faire naître la vue d'un tombeau.

Peu d'artistes saisissent l'objet moral ; ils ne
cherchent que le pittoresque. « Oh le beau sujet à
» mettre en Bélisaire » ! disent-ils, quand ils entendent parler d'un de nos grands hommes malheureux ! Cependant les arts libéraux ne sont destinés
qu'à rappeler le souvenir de la vertu, et non pas

la vertu pour donner de l'occupation aux arts libéraux. J'avoue que la célébrité qu'ils procurent est
un puissant moyen pour porter la plupart des
hommes aux grandes actions, quoi qu'au fond ce ne
soit pas le véritable; mais s'il n'en donne pas le sentiment, il en fait faire quelquefois les actes. Aujourd'hui nous allons bien au-delà. Ce n'est plus la
gloire de la vertu que les corps et les particuliers
cherchent à mériter, c'est l'honneur de la distribuer
aux autres. Dieu sait l'étrange confusion qui en
résulte! Des femmes de vertu très-suspecte, et des
filles entretenues, établissent des Rosières : elles
donnent des prix à la virginité. Des filles d'opéra
couronnent nos généraux victorieux. Le maréchal
de Saxe, disent nos historiens, fut couronné de
lauriers sur le théâtre de la Nation : comme si la
nation étoit composée de comédiens, et que son
sénat fût un théâtre! Pour moi, je crois la vertu si
respectable, qu'il ne faudroit qu'un seul sujet où
elle fût bien loyale pour couvrir de ridicule ceux
qui osent lui distribuer ces vains et méprisables honneurs. Quelle danseuse, par exemple, eût eu l'im-
pudence de couronner le front auguste de Turenne
ou celui de Fénélon!

L'Académie française seroit bien plus propre à
fixer, par les charmes de l'éloquence, les regards
de la nation sur nos grands hommes, si elle cherchoit moins par ses éloges à faire le panégyrique

des morts que la satire des vivans. D'ailleurs, la postérité se méfiera autant des éloges que des satires. D'abord, le mot d'éloge est suspect de flatterie : de plus, ce genre d'éloquence ne caractérise rien. Pour peindre la vertu, il faut mettre en évidence des défauts et des vices, afin d'en faire résulter des combats et des victoires. Le style qu'on y emploie est plein de pompe et de luxe. Il est rempli de réflexions et de tableaux souvent étrangers à l'objet principal. Il ressemble à un cheval d'Espagne ; il fait dans sa marche beaucoup de mouvemens, et il n'avance point. Ce genre d'éloquence, indécis et vague, ne convient à aucun grand homme en particulier, parce qu'on peut l'appliquer, en général, à tous ceux qui ont couru dans la même carrière. Si vous changez seulement quelques noms propres dans l'éloge d'un général, vous pouvez y faire entrer tous les généraux passés et à venir. D'ailleurs, son ton ampoulé est si peu convenable au langage simple de la vérité et de la vertu, que lorsqu'un écrivain veut y introduire des traits de caractère de son héros, afin qu'on sache au moins de qui il veut parler, il est obligé de les reléguer dans des notes, de peur de déranger son ordre académique.

Certainement si Plutarque n'eût écrit que les éloges des hommes illustres, on ne les liroit pas plus aujourd'hui que le panégyrique de Trajan, qui

coûta tant d'années à Pline le jeune. Vous ne trouverez jamais entre les mains du peuple, un éloge
d'académie. On y verroit peut-être ceux de Fonte-
nelle, et quelques autres encore, si les hommes
qui y sont loués, s'étoient occupés eux-mêmes du
peuple pendant leur vie. Mais la nation lit volontiers
l'histoire. Il y a quelque temps que me promenant
du côté de l'Ecole Militaire, j'apperçus au loin,
près d'une sablonnière, une grosse colonne de
fumée. Je dirigeai ma promenade de ce côté-là,
pour voir d'où elle provenoit. Je trouvai dans un
lieu fort solitaire, et assez ressemblant à celui où
Shakespear met la scène des trois sorcières qui
apparurent à Macbeth, une pauvre et vieille femme
assise sur une pierre. Elle s'occupoit à lire dans un
vieux livre, auprès d'un gros tas d'herbes où elle
avoit mis le feu. Je lui demandai d'abord pour quel
usage elle brûloit ces herbes? Elle me répondit que
c'étoit pour en recueillir les cendres et les vendre
aux blanchisseuses; qu'elle achetoit à cette fin les
mauvaises herbes des jardiniers, et qu'elle attendoit
qu'elles fussent entièrement consumées pour en
emporter les cendres, parce qu'on les lui voloit
dans son absence. Après avoir satisfait ainsi ma
curiosité, elle continua sa lecture avec beaucoup
d'attention. Comme j'avois grande envie de savoir
quel étoit le livre dont elle charmoit ses peines, je
la priai de m'en dire le titre. « C'est la vie de

» M. de Turenne », me répondit-elle. Et qu'en pensez-vous ? lui dis-je. « Ah ! reprit-elle avec émo-
» tion, c'étoit un bien brave homme, à qui un
» ministre a donné bien de la peine pendant sa vie!»
Je me retirai, redoublant de vénération pour la
mémoire de M. de Turenne, qui servoit à consoler
une femme misérable. C'est ainsi que les vertus
des petits s'appuient sur celles des grands hommes,
comme ces plantes foibles qui, pour n'être pas
foulées aux pieds, s'accrochent au tronc des chênes.

## DE LA NOBLESSE.

Les anciens peuples de l'Europe imaginèrent,
pour porter les hommes à la vertu, d'anoblir les
descendans de leurs citoyens vertueux. Ils sont
tombés dans de grands inconvéniens, en rendant
la noblesse héréditaire, car ils ont interdit par-là
aux autres citoyens les routes de l'illustration.
Comme elle est l'apanage perpétuel d'un certain
nombre de familles, elle cesse d'être la récompense
nationale, sans quoi toute une nation deviendroit
noble à la fin; ce qui y produiroit une léthargie
fatale aux arts et aux métiers, comme il est arrivé
en Espagne et à une partie de l'Italie. Il en résulte
encore bien d'autres maux, dont le principal est
de former dans un Etat deux nations qui, à la fin,
n'ont plus rien de commun; le patriotisme s'y
détruit, et elles ne tardent pas à être subjuguées.

Tel a été de nos jours le sort de la Hongrie, de
la Bohême, de la Pologne, et d'une partie même
des provinces de notre royaume, telle que la Bretagne, où la noblesse trop nombreuse et trop altière
formoit une classe absolument distincte du reste
des citoyens. Il est digne de remarque que ces pays,
quoique républicains, quoique si puissans au jugement de nos écrivains politiques, par la liberté de
leur constitution, ont été subjugués fort aisément
par des princes despotiques, qui ne commandent
dit-on, qu'à des esclaves. C'est que le peuple, par
tout pays, aime mieux avoir un souverain que
mille tyrans, et que son sort décide toujours celui
de ses maîtres. Les Romains affoiblirent les distinctions injustes et odieuses qui se trouvoient entre les
Patriciens et les Plébéiens, en accordant à ces derniers des priviléges et des charges de la plus haute
considération.

Il y avoit encore parmi eux des moyens, à mon
gré plus puissans, d'y rapprocher les deux classes
de citoyens ; c'étoient les adoptions. Que de grands
hommes se formèrent dans le peuple, pour mériter
ces sortes de récompenses, aussi illustres et plus
touchantes que celles de la patrie ! C'est ainsi que
s'élevèrent les Catons et les Scipions, pour être
greffés dans des familles patriciennes. C'est ainsi
que le plébéien Agricola obtint en mariage la fille
d'Auguste. Je ne sache pas, et c'est peut-être un

effet de mon ignorance, que les adoptions aient
jamais été en usage parmi nous, si ce n'est entre
quelques grands seigneurs, qui, faute d'héritiers, ne
savoient, en mourant, à qui laisser leurs domaines.
Je crois les adoptions bien préférables aux anoblissemens faits par l'Etat. Elles feroient revivre des
familles illustres, dont les descendans languissent
aujourd'hui dans la plus étroite pauvreté. Elles rendroient la noblesse chère au peuple, et le peuple cher
à la noblesse. Il faudroit que le privilége de les con-
férer devînt un genre de récompense pour les nobles
eux-mêmes. Ainsi, par exemple, un pauvre gentilhomme qui se seroit illustré, pourroit adopter un
homme de la bourgeoisie qui se distingueroit. Un
gentilhomme seroit en quête de la vertu parmi le peuple ; et un homme vertueux du peuple chercheroit un
homme de bien pour patron parmi les nobles. Ces
liens politiques me paroissent plus puissans et plus
honorables que ceux des mariages de finance, qui, en
rapprochant deux citoyens de classes différentes,
aliènent souvent leurs familles. La noblesse acquise
ainsi me paroîtroit bien préférable à celle que donnent le charges publiques, qui, ne s'obtenant que par
la vénalité, perd par cela même de son respect.

Avec tout cela, il resteroit toujours l'inconvénient de l'hérédité, qui multiplie trop à la longue
la classe des nobles. On a cru y remédier parmi
nous en déclarant plusieurs états nobles, tel que le

commerce maritime. D'abord c'est une question de
savoir si l'esprit du commerce peut bien s'accorder
avec la loyauté d'un gentilhomme. D'ailleurs, quel
commerce fera celui qui n'a rien ? Ne faut-il pas payer
des pensions chez un négociant pour en apprendre
les élémens ? Et comment en viendront à bout tant
de pauvres gentilhommes qui n'ont pas seulement de
quoi vêtir leurs enfans ? J'en ai vu en Bretagne, qui
descendoient des plus anciennes maisons de la province, et qui étoient obligés, pour vivre, d'aller en
journées faucher les foins des paysans. Plût à Dieu
que tous les états fussent nobles, et sur-tout l'agriculture ; car c'est celui-là particulièrement dont
toutes les fonctions conviennent à la vertu. Pour
être laboureur, il n'est pas besoin de tromper, de
flatter, de s'avilir, de faire violence à personne.
On ne doit point ses profits au vice ou au luxe de
son siècle, mais aux bienfaits du ciel. On tient
au moins à la Patrie par le coin de terre qu'on y
cultive. Si l'état de laboureur étoit anobli, il en
résulteroit une multitude d'avantages pour les habitans du royaume. Il suffiroit même qu'il ne fût pas
roturier. Mais voici une ressource que l'Etat peut
employer au soulagement de la pauvre noblesse. La
plupart des anciennes seigneuries s'achètent aujour-
d'hui par des gens qui n'ont d'autre mérite que
d'avoir de l'argent, de sorte que les honneurs de
ces illustres maisons sont tombés en partage à des

hommes qui, en vérité, n'en sont guère dignes. Le roi devroit acheter ces seigneuries lorsqu'elles sont à vendre ; s'en réserver les droits seigneuriaux, avec une portion de terre, et former de ces petits domaines des bénéfices civils et militaires, qui seroient les récompenses des bons officiers, des citoyens utiles et des familles nobles et pauvres, à-peu-près comme sont en Turquie les Timariots.

## D'UN ÉLYSÉE.

Les anoblissemens ont encore cet inconvénient ; c'est que tel commence par les vertus de Marius, qui finit par avoir ses vices. J'ai à proposer un moyen d'illustration qui n'entraîne point les dangers de l'hérédité et de l'inconstance des hommes : c'est de n'accorder qu'à la mort les récompenses de la vertu.

La mort met le dernier sceau à la mémoire des hommes. On sait de quel poids étoient les jugemens que les Egyptiens prononçoient sur les citoyens après leur mort. C'étoit alors que les Romains en faisoient quelquefois des demi-dieux, ou quelquefois les jetoient dans le Tibre. Le peuple au défaut des prêtres et des magistrats, exerce encore parmi nous une partie de ce sacerdoce. Je me suis arrêté plus d'une fois le soir à la vue d'un superbe convoi, moins pour en voir la pompe que pour écouter les jugemens portés par le peuple, sur le très-haut et très-puis-

sant seigneur qui en étoit l'objet. J'ai entendu souvent demander : « Etoit-il bon maître ? Aimoit-il
» sa femme et ses enfans ? Etoit-il bon aux pauvres » ?
Le peuple insiste beaucoup sur cette dernière question , parce qu'étant sans cesse mené par son principal besoin, il ne connoît guère dans les riches
d'autre vertu que la bienfaisance. J'ai entendu souvent répondre : « Oh! il ne faisoit de bien à per-
» sonne ; il étoit dur à sa famille et à ses domesti-
» ques ». J'ai entendu, dire, à l'enterrement d'un
fermier-général qui a laissé plus de douze millions
de bien : « Il poursuivoit les pauvres de la campagne
» à coups de fourche quand ils se présentoient à
» la grille de son château ». Vous entendez là-dessus
les spectateurs jurer et maudire la mémoire du dé-
funt. Telles sont ordinairement les oraisons funèbres des riches dans la bouche du peuple. Il ne faut
pas douter que ses jugemens n'eussent des suites, si
la police de Paris n'étoit pas aussi bien tenue.

Il n'y a que la mort qui assure les réputations,
et il n'y a que la religion qui puisse les consacrer.
Nos grands le savent fort bien. C'est de là que vient
le faste de leurs monumens dans nos églises. Ce ne
sont pas les prêtres qui les obligent de s'y faire enterrer, comme bien des gens se l'imaginent. Les prêtres n'en recevroient pas moins leurs droits si on les
enterroit à la campagne ; ils se feroient, comme de
raison, fort bien payer de leur voyage, et ils ne res-

pireroient pas toute l'année dans leurs stales l'odeur
infecte des cadavres. Le principal obstacle à cette
police nécessaire vient des grands et des riches, qui
n'allant guère à l'église pendant leur vie, veulent y
être après leur mort, afin que le peuple admire leurs
mausolées, et leurs vertus de marbre et de bronze.
Mais graces aux allégories de nos artistes et aux
inscriptions latines de nos savans, le peuple n'y
entend rien, et ne fait d'autre réflexion à leur vue,
si ce n'est que tout cela coûte beaucoup d'argent,
et que tout le cuivre qu'on y a employé serviroit
bien mieux à leur faire des chaudrons.

Il n'y a que la religion qui puisse consacrer d'une
manière durable la mémoire de la vertu. Le feu roi
de Prusse, qui connoissoit si bien les grands ressorts
de la politique, n'avoit pas oublié celui-là. Comme
la religion protestante, qui est dominante dans son
pays, bannit des temples les images des Saints, il y
avoit fait mettre les portraits des officiers qui étoient
péris en se distinguant à son service. La première
fois que j'entrai dans les temples de Berlin, je fus
fort étonné d'y voir plusieurs portraits d'officiers en
uniformes. On lisoit au bas leur âge, leurs noms,
celui du lieu de leur naissance, et de la bataille où
ils avoient été tués. Il y a aussi, je crois, une ligne
ou deux d'éloges à la fin de ces inscriptions. On ne
sauroit croire quel enthousiasme militaire cette vue
inspire à ses sujets. Chez nous, il n'y a si petit ordre

de moines qui n'expose dans ses cloîtres et dans ses églises les tableaux de ses grands hommes, sans contredit plus fêtés et plus connus que ceux de l'Etat. Ces sujets, toujours accompagnés de circonstances pittoresques et intéressantes, sont les plus puissans moyens qu'ils emploient pour s'attirer des novices. Les chartreux s'aperçoivent déja qu'ils ont moins de novices, depuis qu'ils n'ont plus dans leur cloître la mélancolique histoire de S. Bruno, si supérieurement peinte par Le Sueur. Aucun ordre de citoyens ne se soucie des portraits des hommes qui n'ont été utiles qu'à la nation et au genre humain; il n'y a que les marchands d'estampes qui en étalent quelquefois sur des ficelles les images enluminées de bleu et de rouge. C'est-là où le peuple cherche à les démêler parmi celles des Jeannots et des filles de théâtres. Nous aurons, dit-on, bientôt la vue d'un Muséum aux Tuileries; mais ce monument royal est plus consacré aux talens qu'au patriotisme, et, comme tant d'autres, il sera sans doute interdit au peuple.

Je voudrois d'abord qu'aucun citoyen ne fût enterré dans les églises. Xénophon rapporte que Cyrus, maître de la plus grande partie de l'Asie, ordonna en mourant qu'on l'enterrât en pleine campagne sous des arbres, afin, disoit ce grand prince, que les élémens de son corps se réunissent promptement à ceux de la nature, et contribuassent de nouveau à la formation de ses beaux ouvrages. Ce sentiment étoit digne de l'ame sublime de Cyrus; mais par tout pays les tombeaux, sur-tout ceux des grands rois, sont les monumens les plus chers aux nations. Les Sauvages regardent ceux de leurs ancêtres comme des titres de possession de la terre qu'ils habitent «. Ce pays est à nous, disent-ils; les » os de nos pères y reposent.» Quand ils sont forcés d'en sortir, ils les déterrent en pleurant, et les emportent avec le plus grand respect. Les Turcs les mettent sur le bord des grands chemins, comme faisoient les Romains. Les Chinois en font des lieux enchantés. Ils les placent aux environs des villes, dans des grottes creusées dans le flanc des collines; ils en décorent l'entrée d'architecture, et ils plantent devant et autour, des bocages de cyprès et de sapins, mêlés d'arbres qui portent des fleurs et des fruits. Ces lieux inspirent une profonde et douce mélancolie, non-seulement par l'effet naturel de leur décoration, mais par le sentiment moral qu'élèvent en nous les tombeaux, qui sont, comme nous l'avons dit ailleurs, des monumens posés sur les frontières des deux mondes.

Nos grands ne perdroient donc rien du respect qu'ils veulent attacher à leur mémoire, si on les enterroit dans les cimetières publics aux environs de la capitale. On y bâtiroit une grande chapelle sépulchrale, constamment destinée aux pompes funèbres, dont les apprêts dérangent souvent le service divin dans les églises de paroisse. Les artistes pourroient se donner carrière dans la décoration de ces mausolées; et les temples de l'humilité et de la vérité ne seroient plus profanés par la vanité et le mensonge des épitaphes.

Pendant que chaque citoyen auroit la liberté de se loger à sa fantaisie dans cette dernière et éternelle hôtellerie, je voudrois qu'on choisît auprès de Paris un lieu que consacreroit la religion, pour y recueillir les cendres des hommes qui auroient bien mérité de la Patrie.

Les services qu'on peut lui rendre sont en grand nombre et de nature bien différente. Nous n'en connoissons guère que d'une sorte, qui dérivent de qualités redoutables, telles que la valeur. Nous ne révérons que ce qui nous fait peur. Les marques de notre estime sont souvent des témoignages de notre foiblesse. On ne nous élève qu'à la crainte, et point à la reconnoissance. Il n'y a si petite nation moderne qui n'ait ses Alexandres et ses Césars, et aucune ses Bacchus et ses Cérès. Les anciens, au moins aussi valeureux que nous, pensoient sans contredit bien mieux. Plutarque observe quelque part que Cérès et Bacchus, qui étoient des mortels, furent élevés au rang des dieux, à cause des biens purs, universels et durables qu'ils avoient procurés aux hommes; mais qu'Hercule, Thésée et les autres héros ne furent mis qu'au rang des demi-dieux, parce que les services qu'ils rendirent aux hommes furent passagers, circonscrits et mêlés de beaucoup de maux.

Je me suis étonné souvent de notre indifférence pour la mémoire de ceux de nos ancêtres qui nous ont apporté des arbres utiles, dont les fruits et les ombrages font aujourd'hui nos délices. Les noms de ces bienfaiteurs sont, pour la plupart, totalement inconnus; cependant leurs bienfaits se perpétuent pour nous d'âge en âge. Les Romains n'en agissoient pas ainsi. Pline se glorifie de ce que dans les huit espèces de cerises connues à Rome de son temps, il y en avoit une appelée Plinienne, du nom d'un de ses parens à qui l'Italie en étoit redevable. Les autres espèces de ce même fruit portoient à Rome les noms des plus illustres familles, et s'appeloient Aproniennes, Actiennes, Cœciliennes, Juliennes. Il dit que ce fut Lucullus qui, après la défaite de Mithridate, apporta du royaume du Pont les premiers cerisiers en Italie, d'où ils se répandirent en moins de cent vingt ans dans toute l'Europe, et jusqu'en Angleterre, qui étoit alors peuplée de barbares. Ils furent peut-être les premiers moyens de civilisation de cette île; car les premières loix naissent toujours de l'agriculture: et c'est pour cela que les Grecs appeloient Cérès législatrice. Pline félicite ailleurs Pompée et Vespasien d'avoir fait paroître à Rome l'arbre d'ébène et celui de baume de la Judée au milieu de leurs triomphes, comme s'ils n'eussent pas alors triomphé seulement des nations, mais de la nature même de leur pays. Certainement si j'avois quelque souhait à faire pour perpétuer mon nom, j'aimerois mieux le voir porté par un fruit en France, que par une île en Amérique. Le peuple, dans la saison de ce fruit, se rappelleroit ma mémoire. Mon nom, dans les paniers des paysans, dureroit plus que gravé sur des colonnes de marbre. Je ne connois point dans la maison de Montmorenci de monument plus durable et plus cher au peuple, que la cerise qui en porte le nom. Le bonhenri, autrement lapathum, qui croît sans culture au milieu des champs, fera durer plus long-temps la mémoire de Henri IV, que la statue de bronze placée sur le Pont-neuf, malgré sa grille de fer et son corps-de-garde. Si les graines et les génisses que Louis XV a envoyées, par un mouvement naturel d'humanité, dans l'île de Taïti, viennent à s'y multiplier, elles conserveront plus long-temps et plus chèrement sa mémoire parmi les peuples de la mer du Sud, que la petite pyramide de brique que des académiciens flatteurs tentèrent de lui élever à Quito, et peut-être que les statues qu'on lui a élevées dans son propre royaume.

Le bienfait d'une plante utile est, à mon gré, un des services les plus importans qu'un citoyen puisse rendre à son pays. Les plantes étrangères nous lient avec les nations d'où elles viennent; elles transportent parmi nous quelque chose de leur bonheur et de leurs soleils. Un olivier me représente l'heureux pays de la Grèce mieux que le livre de Pausanias, et j'y trouve les dons de Minerve bien mieux exprimés que sur des médaillons. Sous un marronier en fleur, je me repose sous les riches ombrages de l'Asie; le parfum d'un citron me transporte en Arabie, et je suis au voluptueux Pérou en flairant l'héliotrope.

Je commencerois donc à ériger les premiers monumens de la reconnoissance publique à ceux qui nous ont apportés des plantes utiles; pour cet effet, je choisirois une des îles de la Seine, dans les environs de Paris, afin d'en faire un Elysée. Par exemple, je prendrois celle qui est au-dessous du hardi pont de Neuilly, et qui ne tardera pas, avant quelques années, de se trouver dans les faubourgs de Paris; j'y ajouterois le bras de la Seine qui ne sert point à la navigation, et une grande portion du continent qui l'avoisine; je planterois autour de ce vaste terrein, et le long de ses rivages, les arbres, les arbrisseaux et les herbes dont la France a été enrichie depuis plusieurs siècles. On y verroit des marroniers d'Inde, des tulipiers, des mûriers, des acacias de l'Amérique et de l'Asie, des pins de la Virginie et de la Sibérie, des oreilles-d'ours des Alpes, des tulipes de Calcédoine, &c. Le sorbier du Canada, avec

ses grappes écarlates, le magnolia grandiflora de
l'Amérique, qui produit la plus grande et la plus
odorante des fleurs, et le thuia de la Chine, toujours
vert, qui n'en porte point d'apparentes, entrelace-
roient leurs rameaux, et formeroient, çà et là, des
bocages enchantés. On placeroit sous leurs ombrages, et au milieu des tapis de plantes de différentes
verdures, les monumens de ceux qui les ont apportés en France. On verroit croître autour du magnifique tombeau de Nicot, ambassadeur de France en
Portugal, qui est à présent dans l'église de Saint-
Paul, la fameuse plante de tabac, appelée d'abord
de son nom Nicotiane, parce que ce fut lui qui, le
premier, la fit connoître dans toute l'Europe. Il
n'y a point de prince européen qui ne lui doive une
statue pour ce service; car il n'y a point de végétal au monde qui ait donné tant d'argent à leurs
trésors, et tant d'illusions agréables à leurs sujets :
le nepenthé d'Homère n'en approche pas. On pourroit graver dans le voisinage, sur un socle de marbre, le nom du flamand Auger de Busbeck, ambassadeur de Ferdinand premier, roi des Romains, à
la Porte, d'ailleurs si recommandable par l'agrément
de ses lettres; et placer ce petit monument à l'ombre des lilas qu'il apporta de Constantinople, et
dont il fit présent à l'Europe (1) en 1562. La luzerne

_____

(1) Voyez Mathiole sur Dioscoride.

de la Médie y entoureroit de ses rameaux le monument dédié à la mémoire du laboureur inconnu qui, le premier, la sema sur nos collines caillouteuses, et qui nous fit présent, dans des lieux arides, de pâturages qui se renouvellent jusqu'à quatre fois par an. A la vue du solanum de l'Amérique, qui produit à sa racine la pomme-de-terre, le petit peuple béniroit le nom de celui qui lui assura un aliment qui ne craint pas, comme le blé, l'inconstance des élémens et les greniers des monopoleurs. Il n'y verroit pas même, sans intérêt, l'urne du voyageur ignoré qui orna, à perpétuité, les humbles fenêtres de ses demeures obscures, des couleurs brillantes de l'aurore, en lui apportant du Pérou la fleur de capucine (1).

En avançant dans ce lieu agréable, on verroit sous des dômes et sous des portiques, les cendres et les bustes de ceux qui, par l'invention des arts, nous apprirent à tirer parti des productions de la nature, et qui, par leur génie, nous épargnèrent de longs et de rudes travaux. Il n'y faudroit point

(1) Pour moi, je verrois le monument de cet homme-là, ne fût-ce qu'une tuile, avec plus de respect que les superbes mausolées qu'on a élevés en plusieurs endroits de l'Europe et de l'Amérique, à la gloire des cruels conquérans du Mexique et du Pérou. Plus d'un historien a fait leur éloge, mais la Providence divine en a fait justice. Ils ont tous péri de mort violente, et la plupart par la main du bourreau.

d'épitaphes. Les figures du métier à faire des bas,
de celui qui sert à organsiner la soie, et du moulin à
vent, seroient des inscriptions aussi augustes et
aussi expressives, sur les tombeaux de leurs inventeurs, que la sphère inscrite au cylindre sur celui
d'Archimède. On y pourroit tracer un jour le globe
aérostatique sur le tombeau de Mongolfier; mais il
faut savoir auparavant si cette étrange machine, qui
transporte des hommes dans les airs au moyen d'un
globe d'air dilaté par le feu ou le gaz, servira au
bonheur des peuples; car le nom de l'inventeur
même de la poudre à canon, s'il étoit connu, ne
seroit point admis dans l'asyle des bienfaiteurs de
l'humanité.

En approchant du centre de cet Elysée, on ren-
contreroit les monumens encore plus vénérables de
ceux qui, par leur vertu, ont laissé à la postérité
des fruits plus doux que ceux des végétaux de l'Asie,
et ont exercé le plus sublime de tous les talens. Là,
seroient les tombeaux et les statues du généreux
Duquesne, qui arma lui-même une escadre à ses
dépens, pour la défense de la Patrie; du sage Catinat, également tranquille dans les montagnes de la
Savoie et dans l'humble retraite de Saint-Gratien, et
de l'héroïque chevalier d'Assas, se sacrifiant la nuit
pour le salut de l'armée française, dans les bois de
Closterkam. Là, seroient les illustres écrivains qui
enflammèrent leurs compatriotes de l'amour des

grandes actions : on y verroit Amyot, appuyé sur
le buste de Plutarque. Et vous, qui avez donné à
la fois le précepte et l'exemple de la vertu, divin
auteur du Télémaque ! nous révérerions vos cendres
et votre image, dans une image de ces Champs-
Elysées que vous avez si bien décrits.

Il y auroit aussi des monumens de femmes vertueuses, car il n'y a point de sexe pour la vertu :
on y verroit les statues de celles qui, avec de la
beauté, préfèrent une vie laborieuse et cachée aux
vaines joie du monde ; des mères de famille qui
rétablirent l'ordre dans une maison dérangée, qui,
fidèles à la mémoire d'un époux, souvent infidèle,
gardèrent encore la foi conjugale après sa mort, et
sacrifièrent leur jeunesse à l'éducation de leurs
chers enfans ; et enfin les effigies vénérables de
celles qui atteignirent au plus haut degré de l'illustration, par l'obscurité même de leurs vertus. On
y transporteroit le tombeau d'une dame de Lamoi-
gnon, de la pauvre église de Saint-Gilles, où il est
ignoré ; sa touchante épitaphe l'en rendroit encore
plus digne que le ciseau de Girardon, dont il est le
chef-d'œuvre : on y lit qu'on avoit dessein d'enterrer
son corps dans un autre endroit; mais les pauvres
de la paroisse, à qui elle avoit fait beaucoup de bien
pendant sa vie, l'enlevèrent par force, et le dépo-
sèrent dans leur église : sans doute ils transporte-
roient eux-mêmes les restes de leur bienfaitrice, et

viendroient les exposer dans ce lieu, à la vénération publique.

Hîc Manus ob patriam pugnando vulnera passi,
Quique sacerdotes casti dùm vita manebat,
Quique pii vates et Phœbo digna locuti,
Inventas aut qui vitam excoluère per artes,
Quique suî memores alios fecere merendo.

*Æneid. lib. 6.*

« Là, seroient les guerriers qui prodiguèrent leur
» sang pour la défense de la patrie, les prêtres qui
» furent chastes pendant le cours de leur vie; les
» poètes pleins de piété, qui chantèrent des vers
» dignes d'Apollon; ceux qui contribuèrent au bon-
» heur de la vie par l'invention des arts; et tous
» ceux qui méritèrent par leurs bienfaits, de vivre
» dans la mémoire des hommes ».

Il y auroit là des monumens de toute espèce,
distribués suivant les différens mérites : des obélisques, des colonnes, des pyramides, des urnes,
des bas-reliefs, des médaillons, des statues, des
socles, des péristyles, des dômes; ils n'y seroient
pas entassés comme dans un magasin, mais dispersés
avec goût; ils ne seroient pas tous de marbre blanc,
comme s'ils sortoient de la même carrière; mais
de marbres et de pierres de toutes les couleurs. Il
ne faudroit dans ce vaste terrein, auquel je suppose
au moins un mille et demi de diamètre, ni aligne-

ment, ni terre béchée, ni boulingrins, ni arbres taillés et émondés, ni rien qui ressemblât à nos jardins. Il n'y auroit de même ni inscriptions latines, ni expressions mythologiques, ni rien qui sentît son académie. Il y auroit encore moins des titres de dignités ou d'honneurs qui rappellent les vaines idées du monde ; on en retrancheroit toutes les qualités que la mort détruit ; on n'y tiendroit compte que des bonnes actions qui survivent aux citoyens, et qui sont les seuls titres dont la postérité se soucie, et que Dieu récompense. Les inscriptions en seroient simples, et naîtroient de chaque sujet. Ce ne seroient pas les vivans qui y parleroient inutilement aux morts et aux objets inanimés, comme dans les nôtres, mais les morts et les objets inanimés qui parleroient aux vivans pour leur instruction, comme chez les anciens. Ces correspondances d'une nature invisible, à la nature visible, d'un temps éloigné au temps présent, donnent à l'ame l'extension céleste de l'infini, et sont les sources du charme que nous font éprouver les inscriptions antiques.

Ainsi, par exemple, sur un rocher planté au milieu d'une touffe de fraisiers du Chily, on liroit ces mots :

J'ÉTOIS INCONNUE A L'EUROPE ; MAIS EN TELLE ANNÉE, UN TEL, NÉ EN TEL LIEU, M'A TRANS-PLANTÉE DES HAUTES MONTAGNES DU CHILY ; ET MAINTENANT JE PORTE DES FLEURS ET DES FRUITS DANS L'HEUREUX CLIMAT DE LA FRANCE.

Au-dessus d'un bas-relief de marbre de couleur, qui représenteroit des petits enfans buvant, mangeant et se réjouissant, on liroit cette inscription :

NOUS ÉTIONS EXPOSÉS DANS LES RUES, AUX CHIENS, A LA FAIM ET AU FROID : UNE TELLE, DE TEL LIEU, NOUS A LOGÉS, NOUS A VÊTUS, ET NOUS A RENDU LE LAIT REFUSÉ PAR NOS MÈRES.

Au pied de la statue de marbre blanc d'une jeune et belle femme assise, et s'essuyant les yeux, avec les symptômes de la douleur et de la joie :

J'ÉTOIS ODIEUSE AU CIEL ET AUX HOMMES; MAIS TOUCHÉE DE REPENTIR, J'AI APPAISÉ LE CIEL PAR MES LARMES, ET J'AI RÉPARÉ LE MAL QUE J'AI FAIT AUX HOMMES, EN SERVANT LES MAL- HEUREUX.

Près de là on liroit, sous celle d'une jeune fille mal vêtue, filant au fuseau, et regardant le ciel avec ravissement :

J'AI MÉPRISÉ LES VAINES JOIES DU MONDE, ET MAINTENANT JE SUIS HEUREUSE.

Il y auroit de ces monumens qui n'auroient pour tout éloge qu'un seul nom : tel seroit, par exemple, le tombeau qui renfermeroit les cendres de l'auteur du Télémaque; à moins qu'on n'y gravât ces mots, si convenables à son caractère aimant et sublime :

IL A ACCOMPLI LES DEUX PRÉCEPTES DE LA LOI ; IL A AIMÉ DIEU ET LES HOMMES.

Je n'ai pas besoin de dire qu'on pourroit faire ces inscriptions d'un meilleur style que le mien ; mais j'insisterois pour que dans ces figures, il n'y eût point d'air insolent ; point de cheveux jetés au vent, comme ceux de l'ange trompette de la résurrection ; point de douleur théatrale et de grands mouvemens de robe, comme à la Magdeleine des Carmélites ; point d'attributs mythologiques, où le peuple n'entend rien. Chaque personne y seroit avec son costume : on y verroit des toques de matelots, des cornettes de bonnes sœurs, des sellettes de Savoyard, des pots au lait, et des pots au bouillon. Ces statues de citoyens vertueux seroient bien aussi respectables que celles des dieux du paganisme, et certainement plus intéressantes que celles du rémouleur ou du gladiateur antiques : mais il faudroit que nos artistes s'étudiassent à rendre, comme les anciens, les caractères de l'ame dans l'attitude du corps et dans les traits du visage, tels que le repentir, l'espérance, la joie, la sensibilité, la naïveté. Voilà les costumes de la nature, qui ne varient jamais, et qui plaisent toujours sous quelque habit qu'on les mette. Plus même les occupations et les

vêtemens de ces personnages seront méprisables ; .
plus l'expression de la charité, de l'humanité, de
l'innocence et de toutes leurs vertus y paroîtra
sublime. Une jeune et belle femme travaillant,
comme Pénélope, à une toile, et vêtue modeste-
ment d'une robe grecque à longs plis, y plairoit
sans doute à tous les yeux : mais je la trouverois
mille fois plus touchante que celle de Pénélope
même, occupée du même travail, sous les lambeaux
de l'infortune et de la misère.

Il n'y auroit sur ces tombeaux, ni squelettes, ni
ailes de chauves-souris, ni faux du Temps, ni aucun
de ces attributs effrayans, avec lesquels nos éducations d'esclaves cherchent à nous faire peur de la
mort, ce dernier bienfait de la nature ; mais on y
verroit les symboles qui annoncent une vie heureuse
et immortelle ; des vaisseaux battus de la tempête
qui arrivent au port, des colombes qui prennent
leur vol vers les cieux, &c.

Les statues saintes des citoyens vertueux, cou-
ronnées de fleurs, avec les caractères de la félicité,
de la paix et de la consolation dans leurs traits,
seroient rangées vers le centre de l'île, autour d'une
vaste pelouse, sous les arbres de la Patrie, tels que
de grands hêtres, de majestueux sapins, des châtaigniers chargés de fruits. On y verroit aussi la vigne
mariée aux ormes, et le pommier de la Normandie
couvert de ses fruits colorés comme des fleurs. Du

milieu de cette pelouse s'éleveroit un grand temple
en forme de rotonde. Il seroit entouré d'un péristyle de colonnes majestueuses, comme étoit jadis à
Rome le *Moles Adriani*. Mais je le voudrois plus
spacieux. Sur sa frise, on liroit ces mots :

A L'AMOUR DU GENRE HUMAIN.

Au centre il y auroit un autel simple et sans ornemens, sur lequel, à certains jours de l'année, on
célébreroit le service divin. Ni la sculpture, ni la
peinture, ni l'or, ni les pierreries ne seroient dignes
de décorer l'intérieur de ce temple ; mais des inscriptions sacrées y annonceroient le genre de mérite
qu'on y couronne. Sans doute tous ceux qui repo-
seroient aux environs ne seroient pas des saints.
Mais au-dessus de la principale porte on liroit,
sur une table de marbre blanc, ces paroles divines :

ON LUI A BEAUCOUP REMIS, PARCE QU'ELLE A
BEAUCOUP AIMÉ.

Sur une autre partie de la frise on graveroit celle-
ci, qui nous éclaire sur la nature de nos devoirs :

LA VERTU EST UN EFFORT FAIT SUR NOUS-MÊMES
POUR LE BIEN DES HOMMES, DANS L'INTENTION
DE PLAIRE A DIEU SEUL.

On y pourroit joindre la suivante, propre à réprimer nos ambitieuses émulations :

LE PLUS PETIT ACTE DE VERTU VAUT MIEUX QUE
L'EXERCICE DES PLUS GRANDS TALENS,

Sur d'autres tables on pourroit écrire des maximes
d'espérance dans la providence divine, tirées des
philosophes de toutes les nations, telle que celle-
ci, qui vient des Perses modernes :

QUAND ON EST LE PLUS AFFLIGÉ, C'EST ALORS
    QU'IL FAUT ESPÉRER LE PLUS DE CONSOLATION.
    LE PLUS ÉTROIT DU DÉFILÉ EST A L'ENTRÉE DE
    LA PLAINE (1).

Et cette autre du même pays :

QUICONQUE A ATTACHÉ FORTEMENT SON CŒUR
    A DIEU, S'EST DÉLIVRÉ HEUREUSEMENT DE
    TOUTES LES AFFLICTIONS QUI LUI PEUVENT
    ARRIVER EN CE MONDE ET EN L'AUTRE.

On y en pourroit mettre de philosophiques sur la
vanité des choses de ce monde, telle que celles-ci :

COMPTEZ CHACUN DE VOS JOURS PAR DES PLAI-
    SIRS, PAR DES AMOURS, PAR DES TRÉSORS ET
    PAR DES GRANDEURS; LE DERNIER LES ACCU-
    SERA TOUS DE VANITÉ.

Ou cette autre qui nous ouvre une perspective dans
l'autre vie :

CELUI QUI A DONNÉ LA LUMIÈRE AUX YEUX DE
    L'HOMME, DES SONS A SON OUÏE, DES PARFUMS

_____

(1) Chardin, palais d'Ispahan.

A SON ODORAT ET DES FRUITS A SON GOUT, SAURA BIEN REMPLIR UN JOUR SON CŒUR, QUE RIEN NE PEUT SATISFAIRE ICI-BAS.

Et cette autre, qui nous porte à la charité envers les hommes par notre propre intérêt :

QUAND ON ÉTUDIE LE MONDE, ON NE FAIT CAS QUE DES HOMMES QUI ONT DE LA SAGACITÉ; MAIS QUAND ON S'ÉTUDIE SOI-MÊME, ON N'ESTIME QUE CEUX QUI ONT DE L'INDULGENCE.

Celle-ci seroit inscrite en lettres de bronze antique, autour de la coupole :

*MANDATUM NOVUM DO VOBIS , UT DILIGATIS INVICEM SICUT DILEXI VOS , UT ET VOS DILIGATIS INVICEM.* Joan. cap. 23. v. 34. JE VOUS DONNE UN DERNIER COMMANDEMENT , QUE VOUS VOUS AIMIEZ LES UNS ET LES AUTRES, COMME JE VOUS AI AIMÉS MOI-MÊME.

Pour décorer ce temple au-dehors avec une dignité convenable, il ne faudroit d'autres ornemens que ceux de la nature. Les premiers rayons du soleil levant et les derniers du soleil couchant doreroient sa coupole élevée au-dessus des forêts; pendant le jour, les feux du midi, et pendant la nuit, la clarté de la lune, traceroient sur la pelouse son ombre majestueuse, la Seine en répéteroit les reflets dans

ses eaux ; les tempêtes frémiroient en vain contre
son énorme voûte, et lorsque le temps l'auroit
bronzée de mousse, les chênes de la Patrie sorti-
roient de ses antiques claveaux, et les aigles du ciel
planant autour, viendroient y faire leurs nids.

Ni les talens, ni la naissance, ni l'or, ne seroient
des titres pour avoir un monument dans cette terre
patriotique et sainte. Mais, dira-t-on, qui décideroit
du mérite de ceux dont on y déposeroit les cendres?
Le roi seul en seroit le juge, et le peuple le rap-
porteur. Il ne suffiroit pas à un citoyen, pour obtenir ce genre d'illustration, de cultiver une plante
dans une serre chaude, ni même dans son jardin ;
mais il faudroit qu'elle fût naturalisée en plein
champ, et qu'on en portât vendre les fruits au marché. Ce ne seroit pas assez que le modèle d'une
machine ingénieuse fût dans le cabinet d'un artiste,
et approuvé par l'académie des sciences; il faudroit
que la machine même fût entre les mains du peuple
et à son usage. Il ne suffiroit pas, pour constater
le succès d'un ouvrage littéraire, qu'il eût été couronné par l'académie française, mais il faudroit
qu'il fût lu de la classe d'hommes à laquelle il est
destiné. Ainsi, par exemple, une ode à la Patrie
seroit réputée ne rien valoir, si elle n'étoit chantée
dans les rues par le peuple. Le mérite d'un homme
de guerre ou de mer ne se décideroit pas d'après
les gazettes, mais d'après la voix des soldats ou des

matelots. A la vérité, le peuple ne connoît guère
dans les citoyens d'autre vertu que la bienfaisance :
il ne consulte que son premier besoin ; mais son
instinct sur ce point est conforme à la loi divine ;
car toutes les vertus aboutissent à celle-là, même
celles qui en paroissent le plus éloignées ; et quand
il y auroit des riches qui chercheroient à le captiver
en lui faisant du bien, c'est précisément là ce que
nous nous proposons de leur inspirer. Ils rempli-
roient leurs devoirs, et les grandes conditions se
rapprocheroient des petites.

Il résulteroit d'une pareille institution le rétablissement d'une des loix de la nature les plus importantes à une nation ; je veux dire une perspective
inépuisable de l'infini, aussi nécessaire au bonheur
d'un peuple qu'à celui d'un particulier. Telle est,
comme nous l'avons entrevu ailleurs, la nature de
l'esprit humain ; s'il ne voit l'infini dans ses vues, il
se reploie sur lui-même, et il se détruit par ses
propres forces. Rome présenta au patriotisme de
ses concitoyens la conquête du monde ; mais ce but
étoit trop borné : sa dernière victoire eût été le
commencement de sa ruine. L'établissement que
je propose n'a point cet inconvénient. Il n'y a point
pour l'homme d'objet plus étendu et plus profond
que celui de sa propre fin. Il n'y a point de monumens plus variés et plus agréables que ceux de la
vertu. Quand on n'éleveroit chaque année dans cet

Elysée qu'un socle de marbre de Bretagne ou de
granit d'Auvergne, il y auroit de quoi tenir toujours
le peuple en haleine par le spectacle de la nouveauté.
Les provinces du royaume plaideroient contre la
capitale, pour y faire placer leurs habitans vertueux.
Quel auguste tribunal on pourroit former d'évêques illustres par leur piété, de magistrats intègres,
de généraux d'armée célèbres, pour examiner leurs
diverses prétentions! Que de mémoires paroîtroient
au jour, propres à intéresser le peuple, qui ne voit
dans sa bibliothèque que des arrêts de mort des
fameux scélérats, ou la vie des saints, qui sont hors
de sa portée? Que de sujets nouveaux pour nos gens
de lettres, qui ne savent plus que rebattre éternellement le siècle de Louis xiv, ou être les facteurs de
la réputation des Grecs et des Romains? Que d'anecdotes curieuses pour nos riches voluptueux! Ils
paient fort chèrement l'histoire d'un insecte de
l'Amérique, gravé de toutes les manières, et étudié
au microscope, minute par minute, dans toutes les
phases de sa vie. Ils n'auroient pas moins de plaisir
à connoître les mœurs d'un pauvre charbonnier,
élevant vertueusement sa famille dans les forêts,
au milieu des contrebandiers et des brigands; ou
celles d'un misérable pêcheur, qui, pour fournir
aux délices de leurs tables, vit comme une mauve
au milieu des tempêtes.

Je ne doute pas que ces monumens, exécutés

avec le goût dont nous sommes capables, n'attiras-
sent à Paris une foule de riches étrangers. Ils y
viennent aujourd'hui pour y vivre, ils y viendroient
encore pour y mourir. Ils chercheroient à bien mériter d'une nation devenue l'arbitre des vertus de
l'Europe, et à acquérir un dernier asyle dans la
terre sainte de cet Elysée, où tous les hommes vertueux et bienfaisans seroient réputés citoyens. Cet
établissement, qu'on peut sans doute former d'une
manière bien supérieure à la foible esquisse que j'en
présente, serviroit à rapprocher les grandes conditions des petites, bien mieux que nos églises même,
où l'avarice et l'ambition mettent souvent, entre les
citoyens, des distinctions plus humiliantes qu'il n'y
en a dans la société. Il attireroit les étrangers à la
capitale, en leur offrant les droits d'une bourgeoisie
illustre et immortelle. Il réuniroit enfin la religion
à la Patrie et la Patrie à la religion, dont les liens
mutuels sont bientôt près de se rompre.

Je n'ai pas besoin de dire que cet établissement
ne coûteroit rien à l'Etat. On en feroit les frais, et
on l'entretiendroit par le revenu de quelque riche
abbaye, puisqu'il seroit consacré à la religion et aux
récompenses de la vertu. Il ne faudroit pas qu'il
devînt, comme les monumens de Rome moderne,
et même comme plusieurs de nos monumens royaux,
un objet de lucre pour des particuliers, qui en vendent la vue aux curieux. On se garderoit bien d'en

bannir le peuple quand il est mal vêtu, et d'en chas-
ser, comme dans nos jardins publics, les pauvres
et honnêtes ouvrières en casaquin, tandis que des
courtisanes bien parées se promènent avec effron-
terie dans leurs grandes allées. Les plus petites gens
du peuple pourroient y entrer en tout temps. C'est
à vous, ô malheureux de toutes les conditions,
qu'appartiendroit la vue de ces amis de l'humanité,
et vos patrons ne sont désormais que parmi les
statues des hommes vertueux ! Là, un militaire, à
la vue de Catinat, apprendroit à supporter la calomnie. Là, une fille du monde, lassée de son misérable métier, baisseroit les yeux en soupirant, en
voyant la statue de la Pudeur honorée; mais à la
vue de celle d'une femme de son état, retournée
vers la vertu, elle les releveroit vers celui qui pré-
féra le repentir à l'innocence.

On pourra m'objecter que notre peuple ne tarderoit pas à porter la destruction dans tous ces monumens. C'est en effet ce qu'il ne manque guère de
faire à l'égard de ceux qui ne l'intéressent point. Il
y auroit sans doute une police dans ce lieu; mais le
peuple respecte les monumens qui sont à son usage.
Il ravage un parc, mais il ne détruit rien dans les
campagnes. Il prendroit bientôt l'Elysée de la Patrie
sous sa protection, et il s'y surveilleroit lui-même
bien mieux que les suisses et les gardes.

Il y auroit encore plus d'un moyen de lui rendre

ce lieu respectable et cher. Il faudroit qu'il fût un asyle inviolable pour tous les infortunés; par exemple, pour les pères endettés de mois de nourrice de leurs enfans, et pour ceux qui ont fait des fautes légères et inconsidérées : il faudroit qu'on n'y pût arrêter un homme que par un ordre exprès du roi, signé de sa main. Ce seroit là aussi où pourroient s'adresser des familles laborieuses qui manquent de travail. Il seroit défendu d'y faire l'aumône, mais permis d'y faire du bien. Des gens vertueux, qui savent connoître et employer les hommes, viendroient y chercher des sujets, en faveur desquels ils pussent employer leur crédit; d'autres, pour honorer la mémoire de quelque homme illustre, donneroient des repas au pied de sa statue, à quelque famille de pauvres gens. L'Etat en donneroit l'exemple à certaines époques chères à la patrie, comme à la fête du roi. Il y feroit donner des vivres au petit peuple, non pas en lui jetant des pains à la tête, comme dans nos réjouissances publiques; mais on les lui distribueroit en le faisant asseoir sur l'herbe, par corps de métiers, autour des statues de ceux qui les ont inventés ou perfectionnés. Ces repas ne ressembleroient point à ceux que nos gens riches donnent quelquefois aux misérables, par cérémonie, où ils les servent respectueusement avec des serviettes sous le bras. Ceux qui les donneroient seroient obligés de se mettre à table et de manger avec eux. Ils ne s'occuperoient point du soin de leur laver les pieds ; mais ils seroient tenus de leur rendre un service plus utile, en leur donnant des bas et des chaussures.

Là, le riche apprendroit à pratiquer réellement la vertu, et le peuple à la connoître. La nation s'y instruiroit de ses devoirs, et s'y formeroit une idée de la véritable grandeur. Elle verroit les offrandes présentées à la mémoire des hommes vertueux et offertes à la Divinité, tourner enfin au profit des misérables.

Ces repas nous rappelleroient les agapes des premiers chrétiens et les saturnales de la mort où chaque jour nous entraîne, et qui, nous rendant bientôt tous égaux, ne mettront entre nous d'autre différence que celle du bien que nous aurons fait pendant la vie.

Autrefois pour honorer la mémoire des hommes vertueux, les fidèles se rassembloient dans les lieux consacrés par leurs actions ou par leurs tombeaux ; sur le bord d'une fontaine ou à l'ombre d'une forêt. Là, ils apportoient des vivres, et invitoient ceux qui n'en avoient pas à venir les partager avec eux. Les mêmes coutumes ont été communes à toutes les religions. Elles subsistent encore dans celles de l'Asie. Vous les retrouvez chez les anciens Grecs. Lorsque Xénophon eut fait cette fameuse retraite où il sauva dix mille de ses compatriotes en rava-

-geant le territoire de la Perse, il destina une partie du butin qu'il y avoit gagné, à fonder dans la Grèce une chapelle à l'honneur de Diane. Il y attacha un revenu, des chasses et des repas pour ceux qui, chaque année, s'y rendroient à certain jour.

## DU CLERGÉ.

Si nos pauvres participent quelquefois à quelque misérable distribution ecclésiastique, les secours qu'ils en reçoivent, loin de les tirer de la misère ne font que les y entretenir. Que de fonds de terre cependant ont été légués en leur faveur à l'église! Pourquoi n'en distribue-t-on pas les revenus en sommes assez fortes pour tirer au moins chaque année de l'indigence un certain nombre de familles? Les gens du clergé disent qu'ils sont les administrateurs des biens des pauvres; mais les pauvres ne sont ni des fous ni des imbéciles, pour avoir besoin d'administrateurs: d'ailleurs, on ne pourroit prouver par aucun passage de l'Ancien ou du Nouveau Testament, que cette charge appartient aux prêtres : si ceux-ci sont les administrateurs des pauvres, ils ont donc actuellement dans le royaume sept millions d'hommes dans leur administration temporelle. Je ne pousserai pas plus loin cette réflexion. Il faut rendre à chacun ce qui lui est dû : les prêtres sont de droit divin les avocats des pauvres; mais c'est le roi seul qui est leur administrateur naturel.

Comme l'indigence est la principale cause des vices du peuple, l'opulence peut comme elle produire à son tour des désordres dans le clergé. Je ne m'appuierai pas ici des répréhensions de S. Jérôme, de S. Bernard, de S. Augustin, et des autres Pères de l'église, au clergé de leur temps et de leur pays, dans lesquelles ils leur prophétisoient la destruction totale de la religion, comme une suite nécessaire de leurs mœurs et de leurs richesses. La prophétie de plusieurs d'entre eux n'a pas tardé à se vérifier en Afrique, en Asie, en Judée, et dans l'empire de la Grèce, où, non-seulement la religion a disparu, mais même les gouvernemens de ces nations. L'avidité de la plupart des ecclésiastiques rend bientôt les fonctions de l'église suspectes : c'est un argument qui frappe tous les hommes. « Je crois, disoit Pascal, à des témoins qui se font égorger ». Il y auroit cependant quelques objections à faire à ce raisonnement; mais il n'y en a point contre celui-ci : « Je me méfie des témoins qu s'enrichissent ». A la vérité, la religion a des preuves naturelles et surnaturelles, bien supérieures à celles que peuvent lui fournir les hommes. Elle ne dépend ni de notre ordre, ni de notre désordre; mais la Patrie en dépend.

Le monde regarde aujourd'hui avec envie et, disons-le, avec haine, la plupart des prêtres. Mais ils sont les enfans de leur siècle comme les autres

hommes. Les vices qu'on leur reproche appartiennent en partie à leur nation, au temps où ils
vivent, à la constitution politique de l'État, et à leur
éducation. Les nôtres sont des Français comme
nous ; ce sont nos pareils, sacrifiés souvent à notre
propre fortune par l'ambition de nos pères. Si nous
étions chargés de leurs devoirs, nous nous en acquit-
terions souvent plus mal. Je n'en connois point de
si pénibles et de si dignes de respect que ceux d'un
bon ecclésiastique. Je ne parle pas de ceux d'un
évêque qui veille sur son diocèse, qui forme de sages
séminaires, qui entretient l'ordre et la paix dans les
communautés, qui résiste aux méchans et supporte
les foibles, qui est toujours prêt à secourir les
malheureux, et qui, dans ce siècle d'erreur, réfute
les objections des ennemis de la foi par ses propres
vertus. Il est récompensé par l'estime publique. On
peut acheter par de pénibles travaux la gloire d'être
un Fénélon ou un François de Paule. Je ne dis rien
de ceux d'un curé, qui attirent quelquefois, par
leur importance, l'attention des rois, ni de ceux
d'un missionnaire qui va au martyre. Souvent les
combats de celui-ci ne durent qu'un jour, et sa
gloire est immortelle. Mais je parle de ceux d'un
simple et obscur habitué de paroisse, auquel personne ne fait attention. Il est obligé d'abord de
sacrifier les plaisirs et la liberté de sa jeunesse à
d'ennuyeuses et pénibles études. Il faut qu'il sup-

porte, tous les jours de sa vie, la continence comme
une lourde cuirasse, dans mille occasions propres
à la faire perdre. Le monde n'honore que des vertus
de théâtre et des victoires d'un moment. Mais combattre chaque jour un ennemi logé au-dedans de
soi, et qui s'approche en ami; repousser sans cesse,
sans témoin, sans gloire, sans éloge, la plus forte
des passions et le plus doux des penchans, voilà ce
qui est difficile. Des combats d'une autre espèce
l'attendent au-dehors. Il est obligé d'exposer jour-
nellement sa vie dans des maladies épidémiques. Il
faut qu'il confesse, la tête sur le même oreiller, des
malades qui ont la petite vérole, la fièvre putride,
le pourpre. Ce courage obscur me paroît fort supérieur au courage militaire. Le soldat combat à la vue
des armées, au bruit du canon et des tambours; il
se présente à la mort en héros. Mais le prêtre s'y
dévoue en victime. Quelle fortune celui-ci se pro-
met-il de ses travaux? une subsistance souvent pré-
caire! D'ailleurs, quand il acquerroit des biens,
il ne peut les faire passer à ses descendans. Il voit
toutes ses espérances temporelles mourir avec lui.
Quel dédommagement reçoit-il des hommes? Avoir
à consoler souvent des gens qui n'ont plus de foi;
être le refuge des pauvres, et n'avoir rien à leur
donner; être persécuté quelquefois pour ses vertus
mêmes; voir tourner ses combats en mépris, ses
démarches en ruses, ses vertus en vices, sa religion

en ridicule : tels sont les devoirs et la récompense que le monde donne à la plupart de ces hommes, dont il envie le sort.

Voilà ce que j'ai osé proposer pour le bonheur du peuple et des principaux ordres de l'État, et ce qu'il m'a été permis de mettre au jour. Assez de philosophes et de politiques ont déclamé contre les vices de la société, sans s'embarrasser d'en rechercher les causes, et encore moins les remèdes. Les plus habiles n'ont vu nos maux qu'en détail, et n'y ont employé que des palliatifs. Les uns ont proscrit le luxe, d'autres les célibataires, et ont voulu forcer à se charger d'une famille, des gens qui n'ont pas de quoi subvenir à leurs propres besoins. D'autres ont voulu qu'on emprisonnât les mendians ; d'autres ont défendu aux filles de joie de paroître dans les rues. Ils agissent comme ces médecins qui, pour guérir les boutons d'un corps malade, s'efforceroient de les répercuter au-dedans. Politiques, vous appliquez le remède à la tête, parce que la douleur est au front ; mais le mal est dans les nerfs : c'est au cœur qu'il faut pourvoir ; c'est le peuple qu'il faut guérir.

Si quelque grand ministre, jaloux de faire notre bonheur au-dedans, et d'étendre notre puissance au-dehors, ose entreprendre de les rétablir, il faut qu'il suive dans ses procédés ceux de la nature. Elle n'agit que lentement et par réactions. Je le répète,

la cause du pouvoir prodigieux de l'or, qui a ôté à
la fois la morale et la subsistance au peuple, est dans
la vénalité des charges. Celle de la mendicité, qui
s'étend aujourd'hui à sept millions de sujets, est
dans les grands propriétaires des terres et des emplois. Celle de la prostitution des filles du monde
vient, d'une part, de leur indigence, et de l'autre,
du célibat de deux millions d'hommes. La surabondance inutile de bourgeois oisifs et médisans dans
nos petites villes, naît de la taille, qui avilit les
habitans de la campagne ; les préjugés des nobles
viennent des ressentimens des roturiers ; et tous ces
maux et une infinité d'autres, physiques et intellectuels, du malheur du peuple. C'est l'indigence du
peuple qui produit des foules de comédiens, de
filles du monde, de brigands, d'incendiaires, de
gens de lettres licencieux, de calomniateurs, de
flatteurs, de superstitieux, de mendians, de filles
entretenues, de charlatans dans tous les états, et
cette multitude infinie d'hommes corrompus, qui,
ne pouvant parvenir à rien par des vertus, cherchent
à se procurer du pain et de la considération par leurs
vices. Vous aurez beau y opposer des plans finan-
ciers, des projets de dixme réelle, des ordonnances
de police, des arrêts du parlement, tous vos travaux
seront inutiles. L'indigence du peuple est un grand
fleuve qui s'accroît chaque année, qui surmonte
toutes les digues, et qui finira par les renverser.

Il se joint encore à cette cause physique de nos maux une cause morale, qui est notre éducation. Je hasarderai quelques réflexions à ce sujet, quoiqu'il soit au-dessus de mes forces ; mais s'il est le plus important de nos abus, il me paroît d'un autre côté le plus aisé à réformer ; et cette réforme me semble si nécessaire, que sans elle toutes les autres sont nulles.

# ÉTUDE XIV.

## De l'Éducation.

« A quoi, dit Plutarque (1), devoit Numa plutôt
» employer son étude qu'à faire bien nourrir les
» enfans et à exercer les jeunes gens, afin qu'ils ne
» fussent différens de mœurs, ni turbulens pour la
» diversité de leur nourriture, mais fussent tous
» accordans ensemble pour avoir été, dans leur
» enfance, acheminés à une même trace, et moulés
» sur une même forme de la vertu ? Cela, outre les
» autres utilités, servit encore à maintenir les loix
» de Lycurgue; car la crainte du serment que les
» Spartiates avoient juré eût eu bien peu d'effi-
» cace, si, par l'institution et la nourriture, il n'eût,
» par manière de dire, teint en laine les mœurs des
» enfans, et ne leur eût, avec le lait de leurs nour-
» rices, presque fait sucer l'amour de ses loix et de
» sa police ».

Voilà un jugement qui condamne toutes nos éducations en faisant l'éloge de celle de Sparte. Je ne
balance pas à attribuer à nos éducations modernes
l'esprit inquiet, ambitieux, haineux, tracassier et

---

(1) Plutarque, comparaison de Numa et de Lycurgue.

intolérant de la plupart des Européens. On en peut
voir des effets dans les malheurs des peuples. Il est
remarquable que ceux qui ont été les plus agités
au-dedans et au-dehors, sont précisément ceux où
notre éducation si vantée a été le plus florissante.
C'est ce qu'on peut vérifier pays par pays, siècle
par siècle. Les politiques ont cru voir la cause des
malheurs publics dans les différentes formes de
gouvernemens. Mais la Turquie est tranquille, et
l'Angleterre est souvent agitée. Toutes formes politiques sont indifférentes au bonheur d'un Etat,
comme nous l'avons dit, pourvu que le peuple y
soit heureux. Nous aurions pu ajouter, et pourvu
que les enfans le soient aussi.

Le philosophe Laloubère, envoyé de Louis xiv
à Siam, dit, dans la relation de son voyage, que les
Asiatiques se moquent de nous quand nous leur
vantons l'excellence de la religion chrétienne pour
le bonheur des Etats. Ils demandent, eu lisant nos
histoires, comment il est possible que notre religion soit si humaine, et que nous fassions la guerre
dix fois plus souvent qu'eux? Que diroient-ils donc
s'ils voyoient parmi nous nos procès perpétuels, les
médisances et les calomnies de nos sociétés, les
jalousies des corps, les batteries du petit peuple,
les duels des gens bien élevés, et nos haines de
tout genre, auxquels on ne voit rien de comparable
en Asie, en Afrique, chez les Tartares ni chez les

Sauvages, au témoignage même des missionnaires ? Pour moi je trouve la cause de tous ces désordres particuliers et généraux dans notre éducation ambitieuse. Quand on a bu dès l'enfance dans la coupe de l'ambition, la soif en reste toute la vie, et elle dégénère en fièvre au pied des autels.

Certainement ce n'est pas la religion qui en est la cause. Je ne sais pas comment des royaumes soi-disant chrétiens ont pu adopter l'ambition pour base de l'éducation publique. Indépendamment de leur constitution politique, qui l'interdit à tous ceux de leurs sujets qui n'ont pas d'argent, c'est-à-dire au plus grand nombre, il n'y a point de passion si constamment proscrite par la religion. Nous avons observé qu'il n'y avoit que deux passions dans le cœur humain, l'amour et l'ambition. Les loix civiles portent de grandes peines contre les excès de la première ; elles en répriment tant qu'elles peuvent les mouvemens. Il y a des peines infamantes contre la prostitution, et même en quelques lieux il y en a de mort contre l'adultère. Mais ces mêmes loix vont au-devant de la seconde ; elles lui proposent par-tout des récompenses et des honneurs. Ces opinions règnent jusque dans les cloîtres. Il y a un grand scandale dans un couvent, si les intrigues amoureuses d'un moine viennent à y éclater : mais que d'éloges y sont donnés à celles qui le font cardinal ! Que de railleries, d'imprécations et de malédictions contre la foiblesse imprudente ! Que de termes doux et honorables pour la ruse audacieuse ! Noble émulation, amour de la gloire, esprit, intelligence, mérite récompensé, de combien de noms glorieux pallie-t-on l'intrigue, la flatterie, la simonie, la perfidie, et tous les vices qui marchent dans tous les états à la suite de l'ambitieux !

Voilà comme juge le monde ; mais la religion, toujours conforme à la nature, porte sur les caractères de ces deux passions un jugement bien différent. Jésus appelle à lui la foible Samaritaine, il pardonne à la femme adultère, il absout la pécheresse qui baigne ses pieds de larmes ; mais écoutez comme il sévit contre les ambitieux : « Malheur à » vous, scribes et pharisiens, qui aimez les pre- » mières places dans les festins, et les premières » chaires dans les synagogues ; qui aimez qu'on vous » salue dans les places publiques, et que les hommes » vous appellent maîtres ! Malheur aussi à vous, » docteurs de la loi, qui chargez les hommes de » fardeaux qu'ils ne sauroient porter, et qui ne » voudriez pas les avoir touchés du bout du doigt ! » Malheur aussi à vous, docteurs de la loi, qui vous » êtes saisis de la clef de la science, et qui, n'y » étant point entrés vous-mêmes, l'avez encore » fermée à ceux qui vouloient y entrer, &c. (1) » !

_____

(1) S. Matthieu, chap. 23 et suiv.

Il leur déclare que, malgré leurs vains honneurs dans ce monde, les prostituées les précéderont au royaume de Dieu. Il nous ordonne en plusieurs endroits de prendre garde à eux, et il nous avertit que nous les reconnoîtrons à leurs fruits. Dans des jugemens si différens des nôtres il juge nos passions suivant leurs convenances naturelles. Il pardonne à la prostitution, qui est en elle-même un vice, mais qui n'est après tout qu'une foiblesse par rapport à l'ordre de la société, et il condamne sans indulgence l'ambition comme un crime, qui est à la fois contre l'ordre de la société et celui de la nature. La première ne fait que le malheur de deux coupables, mais la seconde fait celui du genre humain.

A cela, nos docteurs répondent qu'il ne s'agit, dans l'éducation de nos enfans, que de leur inspirer l'émulation de la vertu. Je ne crois pas qu'il soit question, dans nos colléges, d'exercices de vertu, si ce n'est pour faire, à ce sujet, quelques thêmes ou quelques amplifications. Mais on leur donne une véritable ambition, en leur apprenant à se disputer les premières places dans les classes, et en leur faisant adopter mille systèmes intolérans. Aussi, quand ils ont une fois la clef de la science dans leurs poches, ils sont bien déterminés, comme leurs maîtres, à n'y laisser entrer personne que par leur porte.

La vertu et l'ambition sont incompatibles. La gloire de l'ambition est de monter, et celle de la

vertu de descendre. Voyez comme Jésus repri-
mande ses apôtres, lorsqu'ils lui demandent lequel
d'entre eux doit être le premier. Il prend un enfant,
et le met au milieu d'eux. Sans doute ce n'étoit pas
un enfant de nos écoles. Ah ! lorsqu'il nous recom-
mande l'humilité, si convenable à notre foible et
misérable nature, c'est qu'il n'a pas cru que la puissance, même suprême, pût faire notre bonheur
dans ce monde ; et il est digne de remarque, que ce
ne fut pas au disciple qu'il aimoit le plus qu'il
donna la primauté sur les autres ; mais, pour prix
de son amour qui fut fidelle jusqu'à la mort, il lui
légua en mourant sa propre mère.

Cette prétendue émulation, inspirée aux enfans,
les rend pour toute leur vie intolérans, vains, chan-
geans au moindre blâme ou au plus petit éloge d'un
inconnu. On leur donne, dit-on, de l'ambition pour
leur bonheur, afin qu'ils fassent fortune dans le
monde. Mais la cupidité naturelle suffit au-delà
pour remplir cet objet. Est-ce que les marchands,
les ouvriers, et toutes les professions lucratives,
c'est-à-dire, tous les états de la société, ont besoin
d'un autre stimulant ? Si on n'inspiroit d'ambition
qu'à un seul enfant, destiné à remplir un jour de
grands emplois, cette éducation, qui ne seroit pas
sans inconvénient, seroit au moins convenable à la
carrière qu'il doit parcourir. Mais en l'inspirant à
tous, vous donnez à chacun d'eux autant d'ennemis

qu'il a de compagnons; vous les rendez malheureux
les uns par les autres. Ceux qui ne peuvent s'élever
par leurs talens, cherchent à réussir auprès de leurs
maîtres par des flatteries, et à faire tomber leurs
égaux par leurs médisances. Si ces moyens ne leur
réussissent pas, ils prennent en haine les objets de
leur émulation, qui valent à leurs camarades des
applaudissemens, et qui sont pour eux des sources
perpétuelles d'ennui, de châtimens et de larmes.
Voilà pourquoi tant d'hommes bannissent de leur
mémoire les temps et les objets de leurs premières
études, quoiqu'il soit naturel au cœur humain de
se rappeler avec délices les époques de l'enfance.
Combien voient encore avec une tendre émotion
les berceaux d'osier et les poêlons rustiques qui ont
servi à leurs premières couches et à leurs premières
tables, et ne peuvent voir sans aversion un Turselin
ou un Despautère! Je ne doute pas que ces dégoûts
de l'éducation n'influent beaucoup sur l'amour que
nous devons porter à la religion, parce qu'on ne
nous en montre de même les élémens qu'avec tristesse, orgueil et inhumanité.

La politique de la plupart des maîtres consiste
sur-tout à composer l'extérieur de leurs élèves. Ils
modèlent à la même forme une multitude de caractères que la nature a rendus différens. L'un les veut
graves et posés, comme si c'étoient de petits prési-
dens; les autres, en plus grand nombre, les veulent

prompts et vifs. Un des grands refreins de leurs leçons est de leur crier sans cesse: « Allons, dépê- » chez-vous, ne soyez pas paresseux ». J'attribue à cette seule impulsion l'étourderie générale qui ca- ractérise notre jeunesse, et qu'on reproche à notre nation. C'est l'impatience des maîtres qui produit d'abord l'étourderie des écoliers. Elle s'accroît en- suite dans le monde par l'impatience des femmes. Mais est-ce que, dans le cours de la vie, la réflexion n'est pas plus utile que la promptitude? Combien d'enfans sont destinés à y remplir des états graves ! La réflexion n'est-elle pas la base de la prudence, de la tempérance, de la sagesse et de la plupart des qualités morales ? Pour moi, j'ai toujours vu les honnêtes gens assez tranquilles, mais les fripons toujours alertes.

Il y a à cet égard une différence bien sensible entre deux enfans, dont l'un a été élevé dans la maison paternelle, et l'autre dans une école pu- blique. Le premier est, sans contredit, plus poli, plus honnête, moins jaloux ; par cela seul qu'il a été élevé sans envie de surpasser personne, et encore moins de se surpasser lui-même, suivant notre grande phrase à la mode, vide de sens, comme tant d'autres. Un enfant, rempli d'émulation de collége, n'est-il pas obligé d'y renoncer dès les premiers pas qu'il fait dans le monde, s'il veut être supportable à ses égaux et à lui-même ? S'il ne s'y propose d'autre but que son avancement, n'y sera-t-il pas affligé de la prospérité d'autrui? Ne s'y remplira-t-il pas de haines, de jalousies et de desirs qui le dépraveront au physique et au moral? La philosophie et la religion ne le forcent-elles pas de travailler chaque jour de sa vie à détruire ces vices de l'éducation? Le monde même l'oblige d'en masquer l'aspect hideux. Voilà une belle perspective ouverte à la vie humaine, où il faut employer la moitié de nos jours à détruire avec mille efforts, ce qu'on a élevé dans l'autre avec tant de larmes et d'appareil!

Nous avons pris ces vices des Grecs, sans songer qu'ils avoient contribué à leurs divisions perpétuelles et à leurs ruines finales. Au moins la plupart de leurs exercices avoient pour but l'utilité de la Patrie. S'il y avoit, chez les Grecs, des prix pour la lutte, le pugilat, le disque, la course à pied et en charriot, c'est que ces exercices étoient nécessaires à la guerre. S'ils en avoient établi pour l'éloquence, c'est qu'elle servoit à défendre les intérêts de la Patrie, de ville à ville, ou dans les assemblées générales de la Grèce. Mais à quoi employons-nous les longues études des langues mortes et des coutumes étrangères à notre pays? La plupart de nos institutions, par rapport aux anciens, ressemblent beaucoup au paradis des Sauvages de l'Amérique. Ces bonnes gens disent qu'après la mort, les ames de leurs compatriotes vont dans un certain pays où elles chassent les ames des castors avec les ames des flèches, en marchant sur l'ame de la neige avec l'ame des raquettes, et qu'elles font cuire l'ame de leur gibier dans l'ame des marmites. Nous avons de même des images de colysée, où il ne se donne point de jeux; des images de péristyles et de places publiques, où l'on ne peut point se promener; des images de vases antiques, où l'on ne peut mettre aucune liqueur, mais qui servent beaucoup à nos images de grandeur et de patriotisme. Les vrais Grecs et les vrais Romains se croiroient chez nous dans le pays de leurs ombres. Heureux si nous n'avions emprunté d'eux que de vaines images, et si nous n'avions pas naturalisé chez nous leurs maux réels, en y transportant les jalousies, les haines et les vaines émulations qui les ont rendus malheureux!

C'est Charlemagne, dit-on, qui a institué nos études; quelques-uns disent que ce fut pour diviser ses sujets et leur donner de l'occupation : il y a fort bien réussi. Sept années d'humanités, deux de philosophie, trois de théologie, douze ans d'ennui, d'ambition et de suffisance, sans compter les années que de bons parens font doubler à leurs enfans, pour les renforcer, disent-ils. Je demande si, au sortir de là, un écolier est, suivant la dénomination de ces mêmes études, plus humain, plus philosophe, et croit plus en Dieu qu'un bon paysan qui ne sait pas lire ? A quoi donc tout cela sert-il à la plupart

des hommes? Quelle utilité, le plus grand nombre
en tire-t-il dans le monde pour la perfection de ses
propres lumières et pour la pureté de sa diction?
Nous avons vu que les auteurs classiques eux-mêmes
n'ont puisé leurs connoissances que dans la nature,
et que ceux de notre nation qui se sont le plus distingués dans les sciences et dans les lettres, tels que
Descartes, Michel Montaigne, J. J. Rousseau, &c.
n'ont réussi qu'en s'écartant de la route de leurs
modèles, et en en prenant souvent une opposée.
C'est ainsi que Descartes attaqua et ruina la philosophie d'Aristote : vous diriez que les sciences et
l'éloquence sont précisément hors des barrières de
nos institutions gothiques.

J'avoue cependant qu'il est heureux, pour beaucoup d'enfans qui ont de mauvais parens, qu'il y
ait des colléges; ils y sont moins malheureux que
dans la maison paternelle. Les défauts de leurs maîtres étant exposés à la vue, sont en partie réprimés
par la crainte de la censure publique; mais il n'en
est pas ainsi de ceux de leurs parens. Par exemple,
l'orgueil d'un homme de lettres est babillard, et
quelquefois instructif; celui d'un ecclésiatisque est
dissimulé, mais flatteur; celui d'un gentilhomme est
altier, mais franc; celui d'un paysan est insolent,
mais naïf : mais l'orgueil d'un bourgeois est morne
et stupide; c'est l'orgueil à son aise, l'orgueil en
robe de chambre. Comme un bourgeois n'est jamais

contredit, si ce n'est par sa femme, ils se réunissent l'un et l'autre pour rendre leurs enfans malheureux sans même s'en douter. Peut-on croire que, dans une société où tous les moralistes conviennent que les hommes sont corrompus, où les citoyens ne se maintiennent que par la crainte des loix, ou par la peur qu'ils ont les uns des autres, les enfans foibles et sans défense ne soient pas abandonnés à la discrétion de la tyrannie? Il n'y a rien de si borné et de si vain que la plupart des bourgeois; c'est chez eux que la sottise jette des racines profondes : vous en voyez beaucoup, hommes et femmes, mourir d'apoplexie pour mener une vie trop sédentaire, pour manger du bœuf et prendre du bouillon de viande étant malades, sans se douter un moment que ce régime leur soit nuisible. Il n'y a rien de si sain, disent-ils; ils l'ont toujours vu observer à leurs tantes. C'est-là qu'une foule de faux remèdes et de superstitions conservent les réputations qu'ils perdent dans le monde; c'est dans leurs armoires que le cassis, espèce de poison, passe encore pour une panacée universelle. Le régime de l'éducation de leurs malheureux enfans ressemble à celui de leur santé; ils les forment à de tristes usages; ils leur font apprendre, la verge à la main, jusqu'à l'évangile; ils les tiennent sédentaires tout le long du jour, dans l'âge où la nature les force de se mouvoir pour se développer. Soyez sages, leur disent-ils sans cesse, et cette sagesse consiste à ne pas remuer les jambes. Une femme d'esprit qui aimoit les enfans, vit un jour chez une marchande de la rue Saint-Denis, un petit garçon et une petite fille qui avoient l'air fort sérieux. « Vos enfans sont bien tristes, dit-» elle à la mère. — Ah ! madame, répondit la bour-» geoise, ce n'est pas manque que nous ne les » fouettions bien pour ça ».

Les enfans rendus misérables dans leurs jeux et dans leurs études, deviennent hypocrites et sour-nois devant leurs pères et leurs mères. Enfin ils grandissent. Un soir la fille met son mantelet sous prétexte d'aller au salut, et elle va voir son amant ; bientôt sa grossesse se déclare ; elle s'enfuit de la maison paternelle, elle devient fille du monde. Un beau matin, le fils s'engage. Le père et la mère sont au désespoir. Nous n'avons rien épargné, disent-ils, pour leur éducation ; nous leur avons donné des maîtres de toutes espèces. Insensés ! vous avez oublié le point principal, qui étoit de vous en faire aimer.

Ils justifient leur tyrannie par ce cruel adage : « Il faut corriger les enfans ; la nature humaine est » corrompue ». Ils ne s'aperçoivent pas que ce sont eux-mêmes qui la corrompent par leurs châ-timens (1), et que par-tout pays où les pères sont bons, les enfans leur ressemblent.

(1) J'attribue à ce genre de châtiment, non-seulement la corruption physique et morale des enfans, et de plusieurs

Je pourrois démontrer par une foule d'exemples, que la dépravation de nos plus fameux scélérats a commencé par la cruauté même de leur éducation,

---

ordres de moines, mais même de la nation. Vous ne sauriez faire un pas dans les rues, que vous n'entendiez les bonnes et les mères dire à leurs enfans : *Je vous fouetterai.* Je n'ai point été en Angleterre, mais j'étois persuadé que la férocité qu'on attribue aux Anglais, devoit venir d'une pareille cause. J'ai ouï dire, en effet, que ce genre de punition étoit plus cruel et plus fréquent chez eux que chez nous. Voyez ce que disent à ce sujet les illustres auteurs du *Spectateur ;* ouvrage qui a, sans contredit, contribué à adoucir leurs mœurs et les nôtres. Ils reprochent à la noblesse anglaise de permettre qu'on imprime ce caractère d'infamie à ses enfans. Voyez les lettres 51 et 52 du tome septième. Voici comment se termine la cinquante-unième : « Je ne voudrois » pas qu'on inférât de ce que je viens de dire, que nos savans, » tant d'église que de robe, qui ont été fouettés à l'école, » ne sont pas des hommes d'un caractère noble et généreux, » mais je suis bien sûr que leur caractère seroit plus géné- » reux et plus noble, s'ils n'avoient jamais souffert une » pareille infamie ».

Le gouvernement doit proscrire ce genre de châtiment, non-seulement dans les écoles publiques, comme a fait la Russie, mais dans les couvens, sur les vaisseaux, chez les particuliers, dans les pensions : il corrompt à la fois les pères, les mères, les précepteurs et les enfans. J'en pourrois citer des réactions terribles, si la pudeur me le permettoit. N'est-il pas bien étonnant que des hommes, au demeurant bien composés à l'extérieur, posent pour base d'une éducation chrétienne la douceur, l'humanité, la chasteté, et

depuis Guillery jusqu'à Desrues. Mais, pour sortir
tout-à-fait de cette perspective odieuse, nous ne
ferons plus que cette réflexion : c'est que, si la nature
humaine étoit corrompue, comme le prétendent
ceux qui s'arrogent le pouvoir de la réformer, les
enfans ne manqueroient pas d'ajouter une corruption
nouvelle à celle qu'ils trouvent déja introduite dans
le monde, lorsqu'ils y arrivent. Ainsi, la société
humaine atteindroit bientôt le terme de sa destruction. Ce sont les enfans au contraire qui l'éloignent,
en y apportant des ames neuves et innocentes. Il
faut de longs apprentissages pour leur faire naître le
goût de nos passions et de nos fureurs. Les généra-

---

punissent les timides et innocens enfans du plus cruel et du
plus obscène de tous les supplices ? Nos gens de lettres, qui
ont réformé tant d'abus depuis un siècle, n'ont pas attaqué
celui-ci comme il le mérite ; ils ne s'occupent pas assez des
malheurs de la génération future. Ce seroit une question de
droit intéressante à traiter, savoir si l'État peut laisser le
droit d'infliger l'infamie à des hommes qui n'ont pas droit
de vie et de mort ? Il est certain que l'infamie d'un citoyen
a des réactions plus dangereuses sur la société que sa propre
mort. Ce n'est rien, dit-on ; ce ne sont que des enfans ; mais
c'est parce que ce sont des enfans que toute ame généreuse
doit les protéger, et parce que tout enfant misérable devient
un homme méchant.

Au reste, il s'en faut bien que ce que j'ai dit sur les maîtres en général, ait été dans l'intention de les rendre odieux.
Je veux les avertir seulement que ces châtimens, dont ils

tions nouvelles ressemblent aux rosées et aux pluies
du ciel qui rafraîchissent les eaux des fleuves, ralen-
ties dans leurs cours, et prêtes à se corrompre ;
changez les sources d'un fleuve, vous le changerez
dans tout son cours ; changez l'éducation d'un peuple, vous changerez son caractère et ses mœurs.

Nous hasarderons quelques idées sur un sujet si
important, et nous en chercherons les indications
dans la nature. Lorsqu'on examine le nid d'un oiseau,
on y trouve non-seulement les nourritures qui sont
agréables à ses petits ; mais, à la mollesse des four-
rures qui le tapissent, à sa situation qui l'abrite du
froid, de la pluie et du vent, et à une multitude
d'autres précautions, il est aisé de reconnoître que

ont emprunté l'usage des Grecs corrompus du Bas-Empire,
influent beaucoup plus qu'ils ne pensent sur la haine que
leur porte, ainsi qu'aux autres ministres de la religion, tant
moines qu'ecclésiastiques, le peuple plus éclairé qu'autrefois. Dans le fond, les maîtres traitent leurs élèves comme
ils ont été traités eux-mêmes : ce sont des malheureux qui
forment d'autres malheureux, souvent sans s'en douter.
Tout ce que je prétends établir ici, c'est que l'homme a été
abandonné à sa propre providence ; que tous les maux qu'il
fait à ses semblables rejaillissent sur lui tôt ou tard. Cette
réaction est le seul contrepoids qui puisse le ramener à l'humanité. Toutes les sciences sont encore dans l'enfance ; mais
celle de rendre les hommes heureux n'est pas encore au jour,
même à la Chine, dont la politique est si supérieure à la
nôtre.

ceux qui l'ont construit, ont réuni autour de leurs
petits toute l'intelligence et toute la bienveillance
dont ils étoient capables : leur père même chante à
quelque distance de leur berceau, excité plutôt,
je pense, par les sollicitudes de l'amour paternel que
par celles de l'amour conjugal; car ce dernier sentiment finit, chez la plupart, dès que leur couvée
commence. Si nous examinons sous le même aspect
les écoles des enfans des hommes, nous aurions
une bien mauvaise idée de l'affection de leurs parens.
Des verges, des férules, des fouets, des cris, des
larmes, sont les premières leçons données à la vie
humaine : à la vérité, on démêle quelques récompenses parmi tant de châtimens; mais, symboles
de ce qui les attend dans la société, la douleur y
est en réalité, et le plaisir n'y est qu'en image.

Il est digne de remarque que, de toutes les
espèces d'êtres sensibles, l'espèce humaine est la
seule dont les petits soient élevés à force de coups.
Je ne voudrois pas d'autre preuve dans le genre
humain, d'une dépravation originelle. L'espèce
européenne surpasse à cet égard toutes les nations
du monde, comme aussi en méchanceté. Nous
avons remarqué, d'après les témoignages des missionnaires même, avec quelle douceur les sauvages élèvent leurs enfans, et quelle affection ceux-ci
portent à leurs parens. Les Arabes étendent leur
humanité jusqu'à leurs chevaux; jamais ils ne les

frappent ; ils les dressent à force de caresses , et ils
les rendent si dociles , qu'il n'y en a point dans le
monde qui leur soient comparables en beauté et en
bonté. Ils ne les attachent point dans leur camp; ils
les laissent errer en paissant aux environs , d'où
ils accourent à la voix de leurs maîtres. Ces animaux
dociles viennent la nuit se coucher dans leurs tentes au milieu des enfans , sans jamais les blesser.
Si un cavalier tombe dans une course , son cheval
s'arrête sur le champ , et reste auprès de lui sans
le quitter. Ces peuples sont parvenus, par l'influence
invincible d'une éducation douce , à faire de leurs
chevaux les premiers coursiers de l'univers. On ne
peut lire sans attendrissement ce que rapporte à ce
sujet le vertueux consul d'Arvieux, dans son voyage
du Liban. Un pauvre Arabe du Désert avoit pour
tout bien une magnifique jument : le consul de
France à Seide lui proposa de la lui vendre , dans
l'intention de l'envoyer à Louis xiv. L'Arabe ,
pressé par le besoin , balança long-temps ; enfin il
y consentit et en demanda un prix considérable.
Le consul, n'osant de son chef donner une si grosse
somme , écrivit à sa cour pour en obtenir l'agrément. Louis xiv donna ordre qu'elle fût délivrée.
Le consul sur le champ mande l'Arabe , qui arrive
monté sur sa belle coursière, et il lui compte l'or
qu'il avoit demandé. L'Arabe couvert d'une pauvre
natte, met pied à terre, regarde l'or; il jette ensuite

les yeux sur sa jument, il soupire, et lui dit : « A
» qui vais-je te livrer ? à des Européens qui t'atta-
» cheront, qui te battront, qui te rendront malheu-
» reuse : reviens avec moi, ma belle, ma mignonne,
» ma gazelle ! sois la joie de mes enfans ! » En disant
ces mots, il sauta dessus, et reprit la route du
Désert.

Si les pères battent les enfans chez nous, c'est
qu'ils ne les aiment pas ; s'ils les mettent en nourrice
dès qu'ils sont venus au monde, c'est qu'ils ne les
aiment pas ; s'ils les envoient, dès qu'ils grandissent, dans des pensions et des colléges, c'est qu'ils
ne les aiment pas ; s'ils leur procurent des états hors
de leur état et de leur province, c'est qu'ils ne les
aiment pas : ils les éloignent d'eux à toutes les époques de la vie, sans doute parce qu'ils les regardent
comme leurs héritiers.

J'ai cherché long-temps la cause de ce sentiment
dénaturé, non pas dans nos livres, car leurs auteurs,
pour faire la cour aux pères qui achètent leurs
ouvrages, n'y parlent que des devoirs des enfans ;
et si quelquefois ils s'occupent de ceux des pères,
ceux qu'ils leur prescrivent envers leurs enfans sont
si tristes, qu'ils semblent leur donner de nouveaux
moyens de s'en faire haïr.

Cette apathie paternelle tient au désordre de
nos mœurs, qui a détruit parmi nous tous les sentimens de la nature. Chez les anciens et même chez

les sauvages, la perspective de la vie sociale leur présentoit une suite d'emplois depuis l'enfance jusqu'à la vieillesse, qui étoit parmi eux l'âge des grandes magistratures et du sacerdoce. Les espérances de leur religion venoient alors terminer la fin de leur carrière, et achevoient de rendre le plan de leur vie conforme à celui de la nature. C'est ainsi qu'ils entretenoient toujours dans l'ame de leurs citoyens cette perspective de l'infini, si naturelle au cœur humain. Mais la vénalité et les mauvaises mœurs, ayant renversé parmi nous l'ordre de la nature, le seul âge de la vie qui ait conservé ses droits, est celui de la jeunesse et des amours. C'est là l'époque où tous les citoyens dirigent leurs pensées. Chez les anciens, c'étoient les vieillards qui gouvernoient ; chez nous, ce sont les jeunes gens. On force, dans tous les emplois, les vieillards de se retirer. Leurs chers enfans leur paient alors le fruit de l'éducation qu'ils en ont reçue.

Il arrive donc de-là qu'un père et une mère, fixant chez nous l'époque de leur bonheur vers le milieu de la vie, ne voient qu'avec peine leurs enfans s'en approcher, dans le temps qu'eux-mêmes s'en éloignent. Comme leur foi est à-peu-près détruite, la religion ne leur présente aucune consolation. Ils ne voient plus que la mort au bout de leur perspective. Ce point de vue les rend tristes, durs, et souvent cruels. Voilà pourquoi les pères, chez nous, n'ai-

ment point leurs enfans, et que nos vieilles gens
affectent tant de goût frivoles, pour se rapprocher
d'une génération qui les repousse.

C'est par une suite de ces mêmes mœurs, qu'il
n'y a point de patriotisme chez nous. Il y en avoit
au contraire, beaucoup chez les anciens. Les anciens
se proposoient, non-seulement de grandes récompenses dans le présent, mais de bien plus grandes
pour l'avenir. Les Romains, par exemple, avoient
des oracles qui promettoient à Rome d'être la capitale du monde, et elle le devint. Chaque citoyen,
en particulier, se flattoit d'influer sur ses destins,
et de présider un jour, comme un dieu tutélaire,
sur ceux de sa propre postérité. Ils n'ambitionnoient
rien plus que de voir leur siècle honoré et distingué
par-dessus tous ceux de la république. Ceux qui
parmi nous ont quelque ambition pour l'avenir, la
bornent à être distingués eux-mêmes de leur propre
siècle, par leur savoir ou leur philosophie. Voilà à-
peu-près à quoi se termine notre ambition naturelle,
dirigée par notre éducation.

Les anciens cherchoient à deviner ce que deviendroit leur postérité, et nous, ce qu'ont été nos ancêtres. Ils regardoient en avant, et nous en arrière.
Nous sommes dans l'Etat, comme des passagers em-
barqués de force dans un vaisseau; nous regardons
à la poupe et non à la proue; la terre d'où nous
partons, et non celle où nous devons aborder. Nous

recueillons avec empressement des manuscrits gothiques, des monumens de chevalerie, des médaillons
de Childéric ; nous ramassons avec ardeur toutes
ces pièces usées de l'ancienne manœuvre de notre
vaisseau. Nous les suivons de la vue derrière nous
le plus loin que nous pouvons. Nous étendons même
ce souci de l'antiquité aux monumens qui nous sont
étrangers, à ceux des Grecs et des Romains. Ils sont,
comme les nôtres, des débris de leurs vaisseaux qui
ont péri sur la vaste mer des siècles , sans pouvoir
parvenir jusqu'à nous. Ils nous accompagneroient ,
et nous devanceroient même , s'ils eussent été bien
gouvernés. On peut encore les reconnoître à leurs
débris. A la simplicité de sa construction et à la légé-
reté de sa coupe , voilà le vaisseau de Lacédémone.
Il étoit fait pour voguer éternellement ; mais il n'a-
voit point de carène ; il survint une grande tempête,
et les Ilotes ne purent le ramener à son équilibre.
A la hauteur de ses châteaux de poupe , vous recon-
noissez la superbe Rome. Elle ne put supporter le
poids de ses hautes manœuvres ; ses grands la ren-
versèrent. On pourroit graver ces inscriptions sur
les différens écueils où ils ont échoué :

AMOUR DES CONQUÊTES , GRANDES PROPRIÉTÉS ,
  VÉNALITÉ DES CHARGES , CORRUPTION DES
  MŒURS. Et sur tous : MÉPRIS DU PEUPLE.

Les flots du temps mugissent encore sur leurs vastes

débris, et en détachent des parcelles qu'ils dispersent parmi les nations vivantes pour leur instruction. Ces ruines semblent leur dire : « Nous som-
» mes des restes de l'ancien gouvernement des Tos-
» cans, de Dardanus et des petits-fils de Numitor.
» Les états qu'ils ont transmis à leurs descendans
» nourrissent encore des nations, mais elles n'ont
» plus les mêmes langages, ni les mêmes religions,
» ni les mêmes dynasties de souverains. La Provi-
» dence divine, pour sauver les hommes du nau-
» frage, a noyé les pilotes et brisé les vaisseaux ».

Nous admirons, au contraire, dans nos sciences
frivoles leurs conquêtes, leurs grands et inutiles bâtimens, et tous les monumens de leur luxe, qui sont
les écueils même où ils ont péri. Voilà où nous mènent nos études et notre patriotisme. Si la postérité
s'occupe des anciens, c'est que les anciens ont tra-
vaillé pour elle ; mais si nous ne faisons rien pour
la nôtre, certainement elle ne s'occupera pas de
nous. Elle s'entretiendra, comme nous le faisons
sans cesse, des Grecs et des Romains, sans se soucier en rien de ses pères.

Au lieu de nous extasier sur des médailles
romaines et grecques, à demi rongées par le temps,
ne seroit-il pas aussi agréable et plus utile de
jeter nos vues et nos conjectures sur nos enfans
frais, vifs, potelés, et de chercher à reconnoître
dans leurs inclinations, quels seront les coopéra-

teurs futurs de notre Patrie? Ceux qui dans leurs jeux aiment à bâtir, lui élèveront un jour des monumens. Parmi ceux qui se plaisent à faire entre eux des guerres innocentes, se formeront des Scipions et des Epaminondas. Ceux qui sont assis sur l'herbe, spectateurs tranquilles des jeux de leurs compagnons, lui donneront un jour de graves magistrats et des philosophes maîtres de leurs passions. Ceux qui, dans leurs courses inquiètes aiment à s'écarter des autres, seront d'illustres voyageurs et des fondateurs de colonies, qui porteront les mœurs et la langue de la France parmi les sauvages de l'Amérique, ou dans l'intérieur de l'Afrique même. Si nous sommes bons envers nos enfans, ils béniront notre mémoire; ils transmettront sans altération nos coutumes, nos modes, notre éducation, notre gouvernement et notre souvenir à la postérité la plus reculée. Nous serons pour eux des dieux bienfaisans, qui les auront soustraits à la barbarie gothique. Nous satisferions le goût inné de l'infini, encore mieux en jetant notre vue à deux mille ans dans l'avenir qu'à deux mille ans dans le passé. Cette manière de voir, plus conforme à notre nature divine, fixeroit notre bienveillance sur des objets sensibles, qui existent et qui doivent encore exister (1). Nous nous ménagerions à nous-mêmes pour

_____

(1) Il y a un grand caractère dans les ouvrages de la Divi-

III. E e

nos vieux jours si tristes et si rebutés, la reconnoissance de la génération qui va venir nous remplacer;
et en assurant son bonheur et le nôtre, nous con-
courrions de tous nos moyens à celui de la Patrie.

Pour contribuer à cette heureuse révolution, je
hasarderai encore quelques idées rapides. Je suppose
donc que j'aie à employer utilement une partie des
douze années que perdent nos jeunes gens dans les

---

nité. Non-seulement ils sont parfaits, mais ils vont toujours
en croissant de perfection. Nous avons dit quelque chose
de cette loi, en parlant des harmonies des plantes. Un jeune
plant vaut mieux que la graine qui l'a produit ; un arbre
en fleurs et en fruits, mieux qu'un jeune plant ; enfin un
arbre n'est jamais plus beau que quand, devenu vieux, il
est entouré d'une forêt de jeunes arbres sortis de ses semences.
Il en est de même de l'homme. L'état d'un embryon vaut
mieux que celui du néant ; celui de l'enfance, que l'état
d'embryon ; l'adolescence est préférable à l'enfance ; et la
jeunesse, saison des amours, l'emporte sur l'adolescence.
L'homme dans l'âge viril, chef d'une famille, est préférable
à un jeune homme. La vieillesse qui l'entoure d'une postérité nombreuse, qui, par son expérience, l'admet aux conseils des nations, qui ne suspend en lui l'empire des passions que pour donner plus de pouvoir à celui de sa raison ;
la vieillesse qui semble le mettre au rang des dieux par les
espérances multipliées que lui ont données l'exercice de la
vertu et les loix de la Providence, vaut mieux que tous les
âges de la vie. Je voudrois qu'il en fût ainsi de l'âge de la
France, et que le siècle présent surpassât en bonheur tous
ceux qui l'ont précédé.

collèges. Je réduis le temps de leur éducation à trois époques de trois années chacune. La première aura lieu à sept ans, comme chez les Lacédémoniens, et même auparavant : un enfant est suceptible d'une éducation patriotique dès qu'il sait parler et marcher. La seconde commencera à l'adolescence, et la troisième finira avec elle vers la seizième année, âge où un jeune homme peut être utile à sa Patrie, et embrasser un état.

Je disposerois d'abord, vers le centre de Paris, un grand édifice bâti intérieurement en amphithéâtre circulaire, divisé par gradins. Les maîtres destinés à l'éducation, se tiendroient au centre dans le bas, et il y auroit en haut plusieurs rangs de galeries, afin de multiplier les places pour les auditeurs. Il y auroit au-dehors et tout autour de ce bâtiment, de larges portiques à plusieurs étages, destinés à recevoir le peuple. On liroit ces mots sur le fronton de l'entrée :

### ÉCOLE DE LA PATRIE.

Je n'ai pas besoin de dire que les enfans passant trois années dans chaque époque de leur éducation, il faudroit un de ses édifices pour l'instruction de la génération annuelle, ce qui fixeroit au nombre de neuf celui des monumens destinés à l'éducation générale de la capitale.

Autour de chacun de ces amphithéâtres seroit un

grand parc couvert de plantes et d'arbres du pays, jetés au hasard comme dans la campagne et dans les bois. On y verroit des primevères et des violettes au pied des chênes, des poiriers et des pommiers confondus avec des ormes et des hêtres. Les berceaux de l'innocence ne seroient pas moins intéressans que les tombeaux de la vertu.

Si j'ai desiré qu'on élevât des monumens à la gloire de ceux qui ont enrichi notre climat de plantes exotiques, ce n'est pas que je préfère celles-là à celles de la Patrie; mais c'est pour rendre à la mémoire de ces citoyens une partie de la reconnoissance que nous devons à la nature. D'ailleurs, les plantes les plus communes de nos campagnes, indépendamment de leur utilité, sont celles qui nous rappellent les sensations les plus agréables : elles ne nous jettent pas au-dehors comme les plantes étrangères, mais elles nous ramènent au dedans et à nous-mêmes. La sphère emplumée d'un pissenlit, me fait ressouvenir des lieux où, assis sur l'herbe avec des enfans de mon âge, nous tentions d'enlever d'un seul souffle toutes ces aigrettes sans qu'il en restât une seule. La fortune a soufflé de même sur nous, et a dispersé nos cercles légers dans tous les pays du monde. Je me rappelle, en voyant certains épis de graminées, l'âge heureux où nous conjuguions sur leurs stipules alternatives, les différens temps et les différens modes du verbe AIMER. Nous trem-

blions d'entendre nos compagnons finir à la dernière par : « Je ne vous aime plus ». Ce ne sont pas
les plus belles fleurs que nous affectionnons davantage ; le sentiment moral détermine à la longue tous
nos goûts physiques. Les plantes qui me semblent
les plus malheureuses sont aujourd'hui celles qui
m'inspirent le plus d'intérêt. Souvent je fixe mon
attention sur un brin d'herbe au haut d'un vieux
mur, ou sur une scabieuse battue des vents au milieu d'une plaine. Plus d'une fois, en voyant dans
les pays étrangers un pommier sans fleurs et sans
fruits, je me suis écrié : « Oh! pourquoi la fortune
» vous a-t-elle refusé, comme à moi, un peu de
» terre dans votre terre natale » ?

Les plantes de la Patrie nous en rappellent par-
tout l'idée d'une manière plus touchante que ses
monumens. Je n'épargnerois donc rien pour les
réunir autour des enfans de la Nation. Je ferois
de leur école un lieu charmant comme leur âge,
afin que quand les injustices de leurs patrons, de
leurs amis, de leurs parens, de la fortune, auroient
brisé dans leurs cœurs tous es liens de la Patrie,
le lieu où leur enfance auroit été heureuse fût encore leur capitole.

Je le décorerois de quelques tableaux. Les enfans,
ainsi que le peuple, préfèrent la peinture à la sculpture, parce que cette dernière a pour eux trop de
beautés de convention. Ils n'aiment point les figures

toutes blanches, mais avec des joues rouges et des
yeux bleus, comme leurs images de plâtre. Ils sont
plus frappés des couleurs que des formes. Je voudrois qu'on y vît les portraits de nos rois enfans.
Cyrus, élevé avec des enfans de son âge, en fit des
héros; les nôtres seroient élevés au moins avec les
images de nos rois. Ils prendroient à leur vue les
premiers sentimens de l'attachement qu'ils doivent
aux pères de la Patrie. On y verroit des tableaux de
religion; non pas ceux qui sont effrayans, et qui
sont destinés à rappeler l'homme au repentir; mais
ceux qui sont propres à rassurer l'innocence. Tel
seroit celui de la Vierge tenant Jésus enfant dans ses
bras. Tel seroit Jésus lui-même au milieu des enfans,
portant dans leurs attitudes et leurs traits la naïveté
et la confiance de leur âge, et tels que Le Sueur les
eût peints. On liroit au-dessous ces paroles de Jésus-
Christ même :

*SINITE PARVULOS AD ME VENIRE.*
LAISSEZ LES PETITS VENIR A MOI.

S'il étoit nécessaire de représenter dans cette école
quelque acte de sa justice, on pourroit y peindre le
figuier sans fruit séchant à sa voix. On verroit les
feuilles de cet arbre se crisper, ses branches se
tordre, son écorce se crevasser, et le végétal entier
frappé de terreur, périr sous la malédiction de l'Auteur de la nature.

On pourroit y mettre quelque inscription simple
et courte, tirée de l'évangile, comme celle-ci :

AIMEZ-VOUS LES UNS LES AUTRES.

Et cette autre :

VENEZ A MOI, VOUS QUI ÊTES CHARGÉS, ET
JE VOUS SOULAGERAI.

Et cette maxime, déjà nécessaire à l'enfance :

LA VERTU CONSISTE A PRÉFÉRER LE BIEN PUBLIC
AU NOTRE.

Et cette autre :

POUR ÊTRE VERTUEUX IL FAUT RÉSISTER A SES
PENCHANS, A SES INCLINATIONS, A SES GOUTS,
ET COMBATTRE SANS CESSE CONTRE SOI-MÊME.

Mais il y a des inscriptions auxquelles on ne fait
guère d'attention, et dont le sens importe bien
davantage aux enfans; ce sont leurs propres noms.
Leurs noms sont des inscriptions qu'ils portent par-
tout avec eux. On ne sauroit croire combien ils
influent sur leur caractère naturel. Notre nom est
le premier et le dernier bien qui soit à notre disposition; il détermine dès l'enfance nos inclinations;
il nous occupe pendant la vie et jusqu'après la mort.
Il me reste un nom, dit-on. Ce sont les noms qui
illustrent ou déshonorent la terre. Les rochers de
la Grèce et de l'Italie ne sont ni plus anciens ni
plus beaux que ceux des autres parties du monde;

mais nous les estimons davantage parce qu'ils portent
de plus beaux noms. Une médaille n'est qu'un morceau de cuivre, souvent rouillé, mais qui est décoré
d'un nom illustre. Je voudrois donc qu'on donnât
de beaux noms aux enfans. Un enfant se patrone
sur son nom. S'il porte à quelque vice, ou s'il prête
à quelque ridicule, comme font beaucoup des
nôtres, son ame s'y incline. Bayle remarque qu'un
certain inquisiteur appelé TORRÉ-CRÉMADA, ou de
la Tour-brûlée, avoit fait brûler je ne sais combien
d'hérétiques dans sa vie. Un cordelier appelé FEU-
ARDENT, en fit tout autant. C'est un autre abus de
donner à des enfans, destinés à des occupations
pacifiques, des noms turbulens et ambitieux,
comme ceux d'Alexandre et de César. Il est encore
plus dangereux de leur en donner de ridicules.
J'ai vu à cette occasion de malheureux enfans,
si vexés par leurs compagnons, et même par leurs
propres parens, à l'occasion de leurs noms de
baptême, qui emportoient quelque idée de simplicité et de bonhomie, qu'ils en prenoient insensiblement un caractère opposé de malignité et de
férocité. Les exemples en sont fréquens. Deux de
nos plus fameux écrivains satiriques en théologie et
en poésie, s'appeloient, l'un BLAISE Pascal et l'autre
COLIN Boileau. Colin n'a point de malice, disoit son
père. Ce mot lui en a donné. La scélératesse audacieuse de Jacques CLÉMENT naquit peut-être en lui

de quelque ridicule à l'occasion de son nom. L'administration doit donc veiller sur les noms donnés
aux enfans, puisqu'ils ont de si terribles influences
sur les caractères des citoyens. Je voudrois aussi
qu'à leur nom de baptême on joignît un surnom de
quelque famille célèbre par ses vertus, comme faisoient les Romains : ces espèces d'adoptions atta-
cheroient les petits aux grands, et les grands aux
petits. Il y avoit à Rome je ne sais combien de
Scipions dans les familles plébéiennes. On feroit
revivre de même parmi notre peuple les noms de
nos familles illustres, comme celles des Fénélon,
des Catinat, des Montausier, &c.

On ne se serviroit point dans cette école de
cloches bruyantes pour annoncer les différens exercices, mais du son des flûtes, des hautbois et des
musettes. Tout ce qu'on y apprendroit seroit mis en
vers et en musique. On ne sauroit croire quelle est
l'influence de ces deux arts réunis. J'en citerai quelques exemples pris dans la législation du peuple
qui a peut-être été le mieux policé, je veux dire
celui de Sparte. Voici ce qu'en dit Plutarque dans
la vie de Lycurgue. « Lycurgue étant donc parti de
» son pays (pour fuir les calomnies qui étoient les
» récompenses de sa vertu), il dressa premièrement
» son voyage en Candie, là où il observa et consi-
» déra diligemment la forme de vivre et de gouver-
» ner la chose publique que l'on y gardoit, en

» hantant et conférant avec les plus gens de bien
» et les plus renommés qui y fussent. Si y trouva
» quelques loix qui lui semblèrent bonnes, et en fit
» extrait en délibération de les porter en son pays,
» pour s'en servir à l'avenir; aussi en trouva-t-il
» d'autres dont il ne fit compte. Or y avoit-il un
» personnage entre les autres qui étoit estimé bien
» sage et bien entendu en matière de gouvernement,
» et s'appeloit Thalès, envers lequel Lycurgue fit
» tant par prières et par amitié qu'il avoit prise avec
» lui, qu'il lui persuada de s'en aller à Sparte. Cettui
» Thalès avoit bruit d'être poète lyrique, et prenoit
» le titre de cet art là; mais en effet il faisoit tout
» ce que pouvoient faire les meilleurs et plus suffi-
» sans gouverneurs et réformateurs du monde : car
» tous ses propos étoient belles chansons, èsquelles
» il preschoit et admonestoit le peuple de vivre sous
» l'obéissance des loix en union et concorde les uns
» avec les autres, étant ses paroles accompagnées
» de chants, de gestes et d'accens pleins de douceur
» et de gravité, qui secrettement adoucissoient les
» cœurs felons des écoutans, et les introduisoient
» à aimer les choses honnêtes en les détournant des
» séditions, inimitiés et divisions, qui pour lors
» régnoient entre eux, tellement qu'on peut dire
» que ce fut lui qui prépara la voie à Lycurgue,
» par où il conduisit et rangea depuis les Lacédémo-
» niens à la raison ».

Lycurgue introduisit encore parmi eux la musique dans plusieurs exercices , entre autres dans ceux de la guerre (1). « Quand toute leur armée
» étoit rangée en bataille à la vue de l'ennemi, le
» roi adonc sacrifioit aux dieux une chèvre, et quant
» et quant commandoit aux combattans qu'ils missent
» tous sur leurs têtes des chapeaux de fleurs , et
» aux joueurs de flûtes qu'ils sonnassent l'aubade,
» qu'ils appellent la chanson de Castor , au son et à
» la cadence de laquelle lui-même commençoit à
» marcher le premier; de sorte que c'étoit chose
» plaisante et non moins effroyable de les voir ainsi
» marcher tous ensemble en si bonne ordonnance ,
» au son des flûtes, sans jamais troubler leur ordre
» ni confondre leurs rangs , et sans se perdre ni
» étonner aucunement, ains aller posément et joyeu-
» sement au son des instrumens , se hasarder aux
» périls de la mort ».

Ainsi , à la différence des peuples modernes , la musique servoit à réprimer leur courage plutôt qu'à l'exciter , et il ne leur falloit pour cela ni bonnets de peau d'ours , ni eau-de-vie , ni tambours.

Si la musique et la poésie eurent tant de pouvoir à Sparte pour ramener à la vertu des hommes corrompus , et ensuite pour les gouverner, quelle influence n'auroient-elles pas sur nos enfans dans

_____

(1) Plutarque, Vie de Lycurgue.

l'âge de l'innocence ! Qui pourroit jamais oublier
les saintes loix de la morale, si elles étoient mises
en musique et en vers aussi agréables que ceux du
Devin du Village ? De pareilles institutions feroient
naître parmi nous des poëtes aussi sublimes que le
sage Thalès, ou que Tyrtée, qui composa l'hymne
de Castor.

Ces moyens établis pour nos enfans, la première
chose qu'on leur apprendroit seroit la religion. On
leur parleroit d'abord de Dieu pour le leur faire
aimer et craindre, mais craindre sans leur en faire
peur. La peur de Dieu engendre la superstition, et
donne des frayeurs horribles des prêtres et de la
mort. Le premier commandement de la religion est
d'aimer Dieu. « Aimez et faites ce que vous vou-
» drez », disoit un saint. Notre religion nous ordonne de l'aimer par-dessus toutes choses. Elle
veut que nous nous adressions à lui comme à notre
père. Si elle nous ordonne de le craindre, ce n'est
que relativement à l'amour que nous lui devons,
parce que nous devons craindre d'offenser ce que
nous devons aimer. Au reste je ne pense pas, à
beaucoup près, qu'un enfant ne puisse avoir l'idée
de Dieu avant l'âge de quatorze ans, comme un
écrivain, que j'aime d'ailleurs, l'a mis en avant. Ne
donne-t-on pas aux plus petits enfans des sentimens
de peur et de haine pour des objets métaphy-
siques qui n'existent pas ? Comment ne leur en

inspireroit-on pas de confiance et d'amour pour l'Etre qui remplit toute la nature de sa bienfaisance ? Les enfans n'ont pas l'idée de Dieu à la manière de la théologie ou de la philosophie ; mais ils sont très-capables d'en avoir le sentiment, qui, comme nous l'avons vu, est la raison de la nature. Ce sentiment même a été exalté parmi eux du temps des Croisades, jusqu'à en porter un grand nombre à se croiser pour la conquête de la Terre-Sainte. Plût à Dieu que j'eusse conservé le sentiment de l'existence de Dieu et de ses principaux attributs, aussi pur que je l'avois dans le premier âge ! C'est le cœur, plus encore que l'esprit, que la religion demande. Et quel est, je vous prie, l'être le plus rempli de la Divinité et le plus agréable à ses yeux, de l'enfant qui, plein de son sentiment, lève ses mains innocentes vers le ciel en balbutiant sa prière, ou du scolastique qui en explique la nature ?

Il est fort aisé de donner aux enfans des idées de Dieu et de la vertu. Des marguerites sur l'herbe, des fruits suspendus aux arbres de leur enclos seroient leurs premières leçons de théologie et leurs premiers exercices d'abstinence et d'obéissance aux loix. On les fixeroit sur l'objet principal de la religion par le récit pur et simple de la vie de Jésus-Christ dans l'Evangile. Ils apprendroient dans leur *Credo* tout ce qu'ils peuvent savoir de la nature de Dieu, et dans le *Pater* tout ce qu'ils doivent lui demander.

Il est digne de remarque que de tous les livres saints il n'y en a point que les enfans apprennent avec autant de facilité que l'Évangile. Il faudroit les exercer particulièrement à en exécuter les actes sans vaine gloire et sans respect humain. On les dresseroit donc à se prévenir mutuellement en amitiés, en déférences et en toutes sortes de bons offices. Tous les enfans des citoyens seroient admis dans cette école de la Patrie, sans en excepter aucun. On en exigeroit seulement la plus grande propreté, ne fussent-ils d'ailleurs revêtus que de lambeaux recousus. On y verroit l'enfant de l'homme de qualité conduit par son gouverneur, arriver en équipage et se placer près de l'enfant d'un paysan appuyé sur son bâtonnet, vêtu de toile au milieu même de l'hiver, et portant dans un sac ses livrets et sa tranche de pain noir pour se sustanter toute la journée. Ils apprendroient alors l'un et l'autre à se connoître avant de se séparer pour toujours. L'enfant du riche s'instruiroit à faire part de son superflu à celui qui est souvent destiné à le nourrir toute sa vie de son propre nécessaire. Ces enfans de toutes conditions assisteroient, la tête couronnée de fleurs, et distribués en chœurs, à nos processions publiques : leur âge, leur ordre, leur chant et leur innocence y présenteroient un spectacle plus auguste que les laquais des grands qui y portent les armoiries de leurs maîtres collées à des cierges, et sans contredit plus touchant que les haies de soldats et de baïonnettes dont on y environne un Dieu de paix.

On apprendroit dans cette école, aux enfans à lire, à écrire ét à chiffrer. Des hommes ingénieux ont imaginé à cet effet des bureaux et des méthodes simples, promptes et agréables; mais les maîtres d'écoles ont eu grand soin de les rendre inutiles, parce qu'elles détruisoient leur empire, et que l'éducation alloit trop vîte pour leur profit. Si vous voulez apprendre promptement à lire aux enfans, mettez une dragée sur chacune de vos lettres, ils sauront bientôt leur alphabet par cœur; et si vous en multipliez ou diminuez le nombre, ils ne tarderont pas à savoir l'arithmétique. Au reste, ils auront bien profité dans cette école de la Patrie, s'ils en sortent sans savoir lire, écrire et chiffrer, mais pénétrés seulement de cette vérité, que lire, écrire et chiffrer, et toutes les sciences du monde ne sont rien, mais que d'être sincère, bon, officieux, aimant Dieu et les hommes, est la seule science digne du cœur humain.

A la seconde époque de l'éducation, que je suppose vers l'âge de dix ou douze ans, où leur intelligence s'inquiète et s'empresse d'imiter tout ce qu'elle voit faire, je leur apprendrois comment on pourvoit aux besoins de la société. Je ne leur ferois pas connoître les 530 arts et métiers qu'on exerce dans Paris, mais seulement ceux qui servent aux

premières nécessités de la vie, tels que l'agriculture,
les diverses préparations du pain, les arts appelés
par notre orgueil, mécaniques, tels que ceux de
filer le lin et le chanvre, d'en faire de la toile, et de
bâtir des maisons. J'y joindrois les élémens des
sciences naturelles qui ont fait imaginer ces métiers,
es élemens de géométrie et les expériences de
physique, qui n'ont rien inventé à cet égard, mais
qui expliquent leurs procédés avec beaucoup d'appareil. J'y ajouterois des connoissances des arts libéraux, tels que celles du dessin, de l'architecture,
des fortifications, non pas pour en faire des peintres, des architectes et des ingénieurs, mais pour
leur apprendre comme on se loge et comment on
défend la Patrie. Je leur ferois observer, pour les
préserver de la vanité que les sciences inspirent,
que l'homme, au milieu de tant d'arts et de métiers,
n'a rien imaginé, qu'il a tout imité ou d'après l'industrie des animaux, ou d'après les opérations de
la nature ; que son industrie est un témoignage de
la misère à laquelle il est condamné, qui l'oblige de
combattre sans cesse contre les élémens, contre
la faim et la soif, contre ses semblables, et, ce qu'il
y a de plus difficile, contre lui-même. Je leur ferois
sentir ces relations des vérités de la religion avec
celles de la nature ; et je les disposerois ainsi à aimer
la classe d'hommes utiles qui pourvoient sans cesse
à leurs besoins.

Je tâcherois toujours[1], dans le cours de cette éducation, de faire aller de pair les exercices du corps et ceux de l'ame : ainsi, pendant qu'ils acquerroient des connoissances des arts utiles, je leur apprendrois le latin. Je ne le leur enseignerois pas métaphysiquement et grammaticalement, comme dans nos colléges, où ils l'oublient dès qu'ils en sont sortis, mais par l'usage : c'est ainsi que l'apprennent la plupart des paysans polonais qui le parlent toute leur vie, quoiqu'ils n'aient point été au collége. Ils le parlent d'une manière très-intelligible, comme je l'ai éprouvé en voyageant dans leur pays ; ils ont conservé, je crois, cette langue de quelques bannis du temps des Romains, et peut-être d'Ovide relégué chez les Sarmates leurs ancêtres, pour la mémoire duquel ils ont encore la plus grande vénération. Ce n'est pas, disent nos savans, du latin de Cicéron. Mais qu'importe ? Ce n'est pas parce que ces paysans ne savent pas assez bien le latin, qu'ils ne parlent pas le langage de Cicéron ; c'est parce qu'étant serfs, ils n'entendent pas celui de la liberté. Nos paysans français n'en comprendroient pas les meilleures traductions, fussent-elles de l'université. Mais un sauvage du Canada les entendroit fort bien, et mieux que beaucoup de professeurs d'éloquence. C'est le ton de l'ame de celui qui écoute, qui donne l'intelligence du langage de celui qui parle. On avoit proposé, je crois sous Louis xiv, de bâtir une ville où l'on n'auroit parlé que latin, ce qui eût abrégé infiniment l'étude de cette langue; mais sans doute l'université n'y auroit pas trouvé son compte. Quoi qu'il en soit, je suis bien sûr qu'il ne faudroit pas plus de deux ans pour apprendre le latin par l'usage, aux enfans de l'école de la Patrie, sur-tout si, dans les lectures où ils assisteroient, on leur donnoit des extraits de la vie des grands hommes français et romains, bien écrits en latin, et ensuite bien expliqués.

À la troisième époque de l'éducation, à-peu-près dans l'âge où les passions prennent l'essor, je leur en montrerois le doux et pur langage dans les Eglogues et les Géorgiques de Virgile, la philosophie dans quelques odes d'Horace, et des tableaux de leur corruption dans Tacite et dans Suétone. J'acheverois la peinture des hideux excès où elles plongent l'homme, dans quelque historien du bas-Empire. Je leur ferois remarquer comme les talens, le goût, les lumières et l'éloquence tombèrent à la fois chez les anciens avec les mœurs et la vertu. Je me garderois bien de les fatiguer sur ces lectures; je ne leur en montrerois que les morceaux les plus piquans, afin de leur faire naître le desir d'en connoître le reste. Mon but ne seroit pas de leur faire faire un cours de Virgile, d'Horace ou de Tacite, mais un véritable cours d'humanités, en réunissant dans leurs études ce que les hommes de génie ont pensé de plus propre à perfectionner la nature humaine. Je leur ferois apprendre également, par l'usage, la langue grecque, qui est sur le point d'être bientôt entièrement inconnue chez nous. Je leur ferois connoître Homère, *principium sapientiæ et fons*, dit Horace avec tant de raison ; Hérodote, le père de l'histoire ; quelques maximes du livre sublime de Marc-Aurèle. Je leur ferois sentir comme dans tous les temps, les talens, les vertus, les grands hommes et les républiques fleurirent avec la confiance dans la Providence divine. Mais pour donner plus de poids à ces éternelles vérités, j'y entremêlerois les études ravissantes de la nature, dont ils n'auroient vu que de foibles esquisses dans les plus grands écrivains.

Je leur ferois remarquer la disposition de ce globe suspendu d'une manière incompréhensible sur le néant, parcouru et navigué par une infinité de nations ; je leur ferois observer dans chaque climat les principales plantes qui sont utiles à la vie humaine, les animaux qui se rapportent à ces plantes et à leur territoire, sans s'étendre au-delà ; ensuite les hommes, seuls de tous les êtres sensibles dispersés par-tout pour s'aider mutuellement et pour recueillir à la fois toutes les productions de la nature. Je leur ferois voir que les intérêts des princes ne sont pas autres que ceux du genre humain, et que ceux de chaque peuple ne diffèrent point de ceux de leurs

princes. Je leur parlerois des diverses loix qui gouvernent les nations ; je leur apprendrois celles de
leur propre pays, qui sont ignorées de la plupart
des citoyens. Je leur donnerois une idée des principales religions qui divisent la terre ; et je leur
ferois connoître combien la chrétienne est préférable à toutes nos loix politiques et convenable au bonheur du genre humain. Je leur ferois sentir que
c'est elle qui empêche les divers états de la société
de se briser les uns contre les autres, et qui leur
donne des forces égales sous des poids inégaux. De
ces considérations sublimes, s'allumeroit dans ces
jeunes cœurs, l'amour de la Patrie, qui s'enflamme-
roit par le spectacle de ses malheurs même.

J'entremêlerois ces spéculations touchantes d'exercices utiles, agréables, et convenables à la fougue
de leur âge. Je leur ferois apprendre à nager, non
pas tant pour leur apprendre à se tirer eux-mêmes
du péril, s'ils venoient à faire quelque naufrage,
que pour porter du secours à ceux qui peuvent se
trouver dans le même cas. Quelque utilité particulière qu'ils pussent tirer de leurs études, je ne leur
proposerois jamais d'autre but que le bien d'autrui.
Ils y feroient de grands progrès, quand ils n'en
recueilleroient d'autre fruit que la concorde et
l'amour de la Patrie. Dans la belle saison ; quand la
moisson est faite, vers le commencement de sep-
tembre, je les mènerois à la campagne, divisés sous

plusieurs drapeaux. Je leur donnerois une image de la guerre. Je les ferois coucher sur l'herbe, à l'ombre des forêts : là, ils prépareroient eux-mêmes leurs alimens ; ils apprendroient à défendre et à attaquer un poste, à passer une rivière à la nage. Ils s'exerceroient à faire usage des armes à feu, et à exécuter en même temps des manœuvres prises de la tactique des Grecs, qui sont nos maîtres presque en tout genre. Je ferois tomber, par ces exercices militaires, le goût de l'escrime qui ne rend les soldats redoutables qu'aux citoyens, inutile et nuisible à la guerre, réprouvé par tous les grands capitaines, et dérogeant au courage, disoit Philopémen. « En » mon enfance, dit Michel Montaigne, la noblesse » fuyoit la réputation de bien escrimer comme inju- » rieuse, et se déroboit pour l'apprendre, comme » métier de subtilité, dérogeant à la vraie et naïve » vertu (1) ». Cet art, né dans la même société, de la haine des classes inférieures contre les supérieures qui les oppriment, nous est venu de l'Italie où il a perdu l'art militaire. C'est lui qui nourrit parmi nous l'esprit des duels. Cet esprit n'est pas venu des peuples du Nord, comme l'ont dit tant d'écrivains. Les duels sont très-rares en Prusse et en Russie ; ils sont tout-à-fait inconnus aux sauvages du Nord : leur origine vient de l'Italie, comme on en peut

(1) Essais de Michel Montaigne, liv. 2, chap. 27.

juger par les fameux livres d'escrime et par les termes de cet art, qui sont italiens., comme tierce, quarte : il s'est naturalisé chez nous par la foiblesse et la corruption de beaucoup de femmes qui sont bien aises de trouver un spadassin dans un amant. C'est sans doute à ces causes morales qu'il faut attribuer cette étrange contradiction de notre gouvernement, qui défend le duel, et qui permet en même temps l'exercice public d'un art qui n'apprend rien autre chose qu'à se battre en duel (1). Les élèves de la Patrie auroient une autre idée du courage ; et dans le cours de leurs études, ils feroient un cours de la vie humaine, où ils apprendroient comment ils doivent un jour se comporter envers les citoyens et envers l'ennemi.

Le temps de la jeunesse se passeroit agréablement et utilement dans un si grand nombre d'oc-

---

(1) Les maîtres en fait-d'armes disent que leur art développe le corps, et apprend à marcher. Autant en disent du leur les maîtres à danser. La preuve qu'ils se trompent, c'est qu'on les connoît d'abord les uns et les autres à l'affectation de leur démarche. Un citoyen ne doit avoir ni l'attitude ni les mouvemens d'un gladiateur ou d'un sybarite. Mais si l'art de l'escrime est nécessaire, on devroit permettre le duel publiquement, afin de tirer les honnêtes gens de la cruelle alternative de se déshonorer également en manquant aux loix de l'état et de la religion, ou en les observant. En vérité, les méchans sont parmi nous bien à leur aise.

cupations. Les esprits et les corps se développeroient
à-la-fois. Les talens naturels, souvent inconnus dans
la plupart des hommes, se manifesteroient à la vue
des différens objets qui leur seroient présentés. Plus
d'un Achille sentiroit, à la vue d'une épée, son
sang s'enflammer; plus d'un Vaucanson, à l'aspect
d'une machine, méditeroit d'organiser le bronze ou
le bois. Toutes ces connoissances, dira-t-on, demandent un temps considérable; mais si on songe à celui
qui est perdu dans les colléges, par les répétitions
ennuyeuses des leçons, par des décompositions et
explications grammaticales de la langue latine, qui
ne donnent pas seulement aux écoliers la facilité de
la parler, et par les concours dangereux d'une vaine
ambition, on ne sauroit disconvenir que nous n'en
fassions ici un meilleur usage. Les écoliers y bar-
bouillent chaque jour autant de papier que des procureurs (1), d'autant plus inutilement, que, grâces

_____

(1) Je suis persuadé que si ce plan d'éducation, tout
informe qu'il est, étoit adopté, un des plus grands obstacles
à la refonte universelle de notre savoir et de nos mœurs, ne
seroit ni les régens, ni les institutions collégiales, ni les
priviléges de l'Université, ni les bonnets de docteur. Ce
seroient les marchands de papier, qui verroient tomber par-là
une de leurs plus grandes branches de commerce. Il y auroit
pour les priviléges des maîtres, d'heureuses et de glorieuses
compensations; mais une objection d'argent, dans ce siècle
vénal, me semble sans réponse.

à l'impression des livres dont ils copient les versions ou les thêmes, ils n'ont pas besoin de tout cet ennuyeux travail. Mais à quoi les régens eux-mêmes emploieroient-ils le temps, si les écoliers ne per-doient le leur?

Dans les écoles de la Patrie, tout se passeroit à la manière académique des philosophes grecs. Les élèves y étudieroient tantôt assis, tantôt debout, tantôt à la campagne, tantôt dans l'amphithéâtre ou dans le parc qui l'environneroit. Il n'y seroit besoin ni de plumes, ni de papier, ni d'encre; chacun apporteroit seulement avec lui le livre classique qui seroit le sujet de la leçon. J'ai éprouvé bien des fois que l'on oublie ce qu'on écrit. Ce que je mets sur le papier je l'ôte de ma mémoire, et bientôt de mon souvenir; je m'en suis aperçu à des ouvrages entiers que j'avois mis au net, et qui me paroissoient aussi étrangers que s'ils eussent été faits d'une autre main que de la mienne. Il n'en est pas de même des impressions que nous laisse la conversation d'autrui, sur-tout quand elle est accompagnée d'un grand appareil. Le ton de voix, le geste, le respect dû à l'orateur, les réflexions de nos voisins, concourent à nous graver les paroles d'un discours, bien mieux que l'écriture. Je citerai encore, à cette occasion, l'autorité de Plutarque, ou plutôt celle de Lycurgue.

« Mais il faut bien noter que jamais Lycurgue ne
» voulut pas qu'il y eût une de ses loix mise par

» écrit ; ains est expressément porté par l'une de
» ses ordonnances qu'il appelle rêtres, qu'il ne veut
» pas qu'il y en ait aucune écrite ; car, quant à ce
» qui est de principale force et efficace pour rendre
» une cité heureuse et vertueuse, il estimoit que
» cela devoit être empreint, par la nourriture, ès
» cœurs et ès mœurs des hommes, pour y demeu-
» rer à jamais immuable. C'est la bonne volonté,
» qui est un lien plus fort que toute autre contrainte
» que l'on sauroit donner aux hommes, qui fait que
» chacun d'eux se sert de loi à soi-même (1) ».

Les têtes de nos jeunes gens ne seroient donc pas
fatiguées, dans les écoles de la Patrie, d'une vaine
et babillarde science. Tantôt ils défendroient entre
eux la cause d'un citoyen ; tantôt ils porteroient
leur jugement sur un événement public. Ils sui-
vroient le procédé d'un art dans tout son cours.
Leur éloquence seroit une vraie éloquence, et leur
savoir un vrai savoir. Ils ne s'occuperoient ni de
sciences abstraites, ni de recherches vaines, qui
sont communément des fruits de l'orgueil. Dans les
études que je propose, tout nous ramène à la société, à la concorde, à la religion et à la nature.

Je n'ai pas besoin de dire que ces diverses écoles
seroient décorées convenablement à leur usage, et
que toutes serviroient dans leurs dehors de prome-
noirs et d'asyles au peuple, sur-tout pendant les

_____

(1) Plutarque, Vie de Lycurgue.

jours longs et tristes de l'hiver. Il y verroit chaque
jour des spectacles plus propres à lui inspirer de la
vertu ou de l'amour envers sa Patrie, je ne dis pas
que ceux des boulevards ou que les danses du
Vauxhall, mais même que les tragédies de Corneille.

Il n'y auroit parmi ces jeunes gens ni récompense, ni punition, ni émulation, et partant point
d'envie. La seule punition qu'on y exerceroit seroit
de bannir de l'assemblée celui qui la troubleroit,
seulement pour un temps proportionné à la faute
du coupable; encore seroit-ce plutôt un acte de
police qu'une punition, car on n'attacheroit à cet
exil aucune espèce de honte. Mais si vous voulez
vous former une idée d'une pareille assemblée,
concevez, au lieu de nos jeunes gens de collège,
pâles, méditatifs, jaloux, tremblans sur les succès de leurs infortunées compositions, des jeunes
gens gais, contens, attirés par le plaisir dans de
vastes salles circulaires, où s'élèvent çà et là les
statues des hommes illustres de l'antiquité et de la
Patrie; voyez-les tous attentifs à la leçon du maître;
s'aidant les uns les autres à la concevoir, à la retenir, et à répondre à ses questions imprévues. Celui-ci suggère tacitement une réponse à son voisin,
cet autre excuse la négligence de son camarade
absent. Représentez-vous le progrès rapide des
études éclaircies par des maîtres intelligens, et re-

cueillies par des élèves qui s'entr'aident mutuellement à les retenir. Figurez-vous la science se répan-
dant parmi eux comme une flamme dans un bûcher,
dont toutes les pièces sont bien ordonnées, se com-
muniquant de l'une à l'autre, et les embrasant
toutes à la fois. Voyez naître parmi eux, au lieu
d'une vaine émulation, l'union, la bienveillance,
l'amitié, pour une réponse suggérée à propos, pour
une excuse donnée en faveur d'un absent par des
camarades voisins, et pour d'autres services rendus.
Le souvenir de ces liaisons du premier âge les rap-
procheroit encore dans le monde malgré les préjugés de leurs conditions. C'est dans cet âge tendre
que la reconnoissance et le ressentiment se gravent
pour toute la vie aussi profondément que les élémens des sciences et de la religion. Il n'en est pas
ainsi de nos colléges, où chaque écolier cherche à
supplanter son voisin. Je me souviens qu'un jour
de composition je me trouvai fort embarrassé pour
avoir oublié un auteur latin dont il falloit traduire
une page ; un de mes voisins m'offrit obligeamment
de me dicter la version qu'il en avoit faite. J'accep-
tai son service en le remerciant beaucoup. Je co-
piai donc sa version, à quelques changemens de
mots près, pour ne pas faire voir au régent qu'elle
étoit la même que celle de mon voisin ; mais celle
qu'il m'avoit donnée n'étoit qu'une fausse copie de
la sienne, et remplie de contre-sens si extravagans,

que le régent s'en étonna, et se douta d'abord
qu'elle n'étoit pas mon ouvrage, car j'étois assez
bon écolier. Je n'ai pas perdu le souvenir de cette
perfidie, quoique en vérité j'en aie oublié de plus
cruelles depuis ce temps-là ; mais le premier âge de
la vie humaine est l'âge des ressentimens et des
reconnoissances ineffaçables. Je me rappelle des
époques d'un temps encore plus éloigné. Lorsque
j'allois en fourreau aux écoles, je perdois quelquefois mes livres par étourderie. J'avois une bonne
appelée Marie Talbot, qui m'en achetoit de son
argent de peur que je ne fusse fouetté à l'école.
Certes, le souvenir de ces petits services est resté
si bien et si long-temps empreint dans mon cœur,
que je puis dire que, ma mère exceptée, je n'ai eu
personne dans le monde pour qui j'ai conservé une
si forte et si durable affection. Cette bonne et pauvre
fille est entrée souvent dans mes inutiles projets de
fortune. Je comptois lui rendre avec usure dans sa
vieillesse, où elle étoit pour ainsi dire sans secours,
les tendres soins qu'elle avoit pris de mon enfance ;
mais à peine ai-je pu lui donner quelques marques
bien foibles et bien légères de bonne volonté. Je
rapporte ces ressouvenirs, dont chacun de mes lec-
teurs peut avoir par-devers lui et dans sa propre
enfance des traits plus intéressans, pour prouver
combien le premier âge seroit naturellement la saison de la vertu et de la reconnoissance s'il n'étoit

pas souvent dépravé chez nous par le vice de nos institutions.

Mais avant d'établir ces écoles de la Patrie, on formeroit des hommes pour y présider. On ne les choisiroit pas parmi ceux qui sont les plus recommandés. Plus ils auroient de recommandations, plus ils seroient intrigans, et par conséquent moins ils auroient de vertu. On ne demanderoit pas sur leur compte : est-ce un bel-esprit, un homme brillant, un philosophe ? mais, aime-t-il les enfans ? est-ce un homme qui fréquente plus les malheureux que les grands ? est-ce un homme sensible ? a-t-il de la vertu ? Ce seroit avec des hommes de ce caractère-là qu'on formeroit des maîtres de l'éducation publique; encore je voudrois qu'on changeât cette qualification de maîtres et de docteurs comme dure et orgueilleuse. Je voudrois que leurs titres signifiassent les amis de l'enfance, les pères de la Patrie, et qu'on les exprimât par de beaux noms grecs, afin d'ajouter au respect de leurs fonctions le mystère de leurs titres. Leur état, destiné à former des citoyens à la nation, seroit au moins aussi noble et aussi distingué que celui des écuyers qui dressent des chevaux chez les princes. Un magistrat titré présideroit tous les jours à chaque école. Il seroit bien juste que les magistrats fissent dresser sous leurs yeux, à la justice et aux loix, les enfans qu'ils doivent un jour juger et régir comme hommes. Les enfans sont aussi de petits citoyens.

Un grand seigneur des plus qualifiés auroit l'inspec-
tion générale de ces écoles de la Patrie, sans contredit plus importante que celle des haras du royaume ;
et afin que des gens de lettres, bassement flatteurs,
ne fussent pas tentés d'insérer dans les papiers publics les jours où il DAIGNEROIT y faire sa visite,
ce devoir sublime seroit sans revenu, et ne lui vaudroit que l'honneur d'y présider.

Plût à Dieu que je pusse faire concourir l'éducation des femmes avec celle des hommes, comme
à Sparte ! mais nos mœurs s'y opposent. Je ne crois
pas cependant qu'il y eût aucun inconvénient à rassembler dans le premier âge les enfans des deux
sexes. Leur société se prête des graces mutuelles :
d'ailleurs les premiers élémens de la vie civile, de
la religion et de la vertu sont les mêmes pour les uns
et pour les autres. Cette première époque exceptée ;
les filles n'apprendroient rien de ce que doivent
savoir les hommes, non pas pour l'ignorer toujours, mais afin de s'en instruire avec plus de plaisir, et de trouver un jour leurs maîtres dans leurs
amans. Il y a cette différence morale de l'homme à
la femme, que l'homme se doit à la Patrie ; et la
femme au bonheur d'un seul homme. Une fille ne
parviendra jamais à ce but que par le goût des occupations de son sexe. On a beau la charger de toutes
sortes de sciences, et en faire une philosophe ou
une théologienne, un mari n'aime point à trouver

un rival ni un docteur dans sa femme. Les livres et
les maîtres, chez nous, flétrissent de bonne heure
dans une jeune fille l'ignorance virginale, cette fleur
de l'ame si charmante à cueillir pour un amant. Ils
enlèvent aux époux les plus doux charmes de leur
union, et ces communications d'une science amou-
reuse et d'une ignorance naïve, si propres à remplir les longs jours du mariage. Ils détruisent ces
contrastes de caractère que la nature a établis entre
les deux sexes pour y faire naître la plus aimable
des harmonies.

Ces contrastes naturels sont si nécessaires à
l'amour, qu'il n'y a pas une seule femme célèbre
par l'attachement qu'elle a inspiré à ses amans ou à
son époux, qui ait dû son empire à d'autres attraits
qu'aux amusemens ou aux occupations de son sexe,
depuis le siècle de Pénélope jusqu'au nôtre. Il y en
a de tous les états et de tous les caractères, mais il
n'y en a point de savantes. Celles qui ont été savantes, ont été presque toutes malheureuses en
amours, depuis Sapho jusqu'à Christine, reine de
Suède, et même plus près de nous. Ce seroit donc
auprès de sa mère, de son père, de ses frères et
de ses sœurs, qu'une fille s'instruiroit de ses devoirs
futurs de mère et d'épouse. C'est dans la maison
paternelle qu'elle apprendroit une multitude d'arts
domestiques, ignorés aujourd'hui de nos filles bien
élevées.

J'ai vanté plus d'une fois dans ces écrits, le bonheur de la Hollande; mais comme je n'ai vu ce
pays qu'en passant, j'en connois peu les mœurs
domestiques. Je sais seulement que les femmes y
sont sans cesse occupées du soin de leurs ménages,
et que la plus grande concorde règne dans les mariages. Mais j'ai vu à Berlin une image des charmes
que ces mœurs, si méprisées parmi nous, peuvent
répandre dans une maison. Un ami que la Providence m'avoit ménagé dans cette ville, où je ne con-
noissois personne, m'introduisit dans une société
de demoiselles; car, en Prusse, ce n'est pas chez
les femmes où se tiennent les assemblées, mais chez
leurs filles. Cet usage s'observe dans toutes les familles qui n'ont point été corrompues par les mœurs
de nos officiers français qui y furent prisonniers
dans la dernière guerre. Il y est donc d'usage que
les demoiselles de la même société s'invitent tour
à tour à des assemblées qu'on appelle cafés. Pour
l'ordinaire, c'est le jeudi. Elles se rendent avec
leurs mères chez celle qui les a invitées. Celle-ci
leur sert du café à la crême, avec toutes sortes de
pâtisseries, et de confitures faites de sa main. Elle
leur présente, au milieu de l'hiver, des fruits de
toutes espèces conservés dans le sucre, avec leurs
couleurs, leur verdure et leurs parfums, en apparence aussi frais que s'ils étoient sur les arbres. Elle
reçoit de ses compagnes mille complimens, qu'elle

leur rend avec usure. Mais bientôt elle déploie d'autres talens. Tantôt elle déroule à leurs yeux sur une grande pièce de tapisserie, à laquelle elle travaille jour et nuit, des forêts de saules toujours verts qu'elle a plantés elle-même, et des ruisseaux de moire qu'elle a fait couler avec son aiguille. Tantôt elle marie sa voix aux sons d'un clavecin, et semble réunir dans son appartement tous les oiseaux des bocages. Elle invite ses compagnes à chanter à leur tour. C'est alors que les éloges redoublent. Leurs mères, comblées de joie, s'applaudissent en secret, comme Niobé, des louanges données à leurs filles : *Pertentant gaudia pectus.* Quelques officiers en uniformes et en bottes, échappés furtivement de leurs exercices, viennent jouir parmi elles d'un instant de calme délicieux ; et pendant que chacune d'elles espère trouver dans l'un d'eux son protecteur et son ami, chacun d'eux soupire après la compagne qui doit adoucir un jour, par le charme des talens domestiques, la rigueur des travaux militaires. Je n'ai point vu de pays où la jeunesse des deux sexes ait plus de mœurs, et où les mariages soient plus heureux.

Il n'est pas besoin d'aller chercher chez des étrangers des preuves du pouvoir de l'amour sur l'honnêteté des mœurs. J'attribue l'innocence de celles de nos paysans et la fidélité de leurs mariages, à ce qu'ils peuvent se livrer de très-bonne heure

à cet honnête sentiment. C'est l'amour qui les rend
contens de leur pénible sort ; il suspend même les
maux de l'esclavage. J'ai vu souvent à l'île de France
des noirs, épuisés des fatigues du jour, se mettre
en route à l'entrée de la nuit pour aller voir, à trois
ou quatre lieues de là, leurs maîtresses. Ils leur
donnent rendez-vous au milieu des bois, au pied
de quelque rocher, où ils allument du feu ; ils
dansent avec elles une partie de la nuit, au son de
leur tamtam, et reviennent à leur travail avant le
point du jour, contens, pleins de force, et aussi
frais que ceux qui ont bien dormi : tant les affections morales qui se combinent avec ce sentiment,
ont de puissance sur l'organisation physique ! La
nuit de l'amant charme la journée de l'esclave.

Il y a dans l'Ecriture un exemple très-remarquable à ce sujet ; c'est dans la Genèse : « Jacob, y
» est-il dit, servit donc sept ans pour Rachel, et ce
» temps ne lui paroissoit que peu de jours : tant
» l'affection qu'il avoit pour elle étoit grande (1) » !
Je sais bien que nos politiques, qui ne connoissent
que l'or et les titres, ne conçoivent rien à tout cela ;
mais je suis bien aise de leur dire qu'aucun homme
n'a mieux connu les loix de la nature que les auteurs
des livres saints, et que ce n'est que sur les loix de
la nature qu'on peut établir celles des sociétés heureuses.

_____

(1) Genèse, chap. 29, v. 20.

Je voudrois donc que nos jeunes gens pussent cultiver le sentiment de l'amour au milieu de leurs travaux, ainsi que Jacob. N'importe à quel âge, dès qu'on est capable de sentir, on est capable d'aimer. L'amour honnête suspend les peines, bannit l'ennui, détourne de la prostitution, des erreurs et des inquiétudes du célibat : il remplit la vie de mille perspectives délicieuses, en montrant dans l'avenir la plus fortunée des unions : il redouble, dans le cœur de deux jeunes amans, le goût de l'étude et celui des travaux domestiques. Quel plaisir pour un jeune homme, ravi de la science de ses maîtres, d'en répéter les leçons à la beauté qu'il aime ! Quelle joie pour une fille jeune et timide, de se voir distinguée au milieu de ses compagnes, et d'entendre relever par son amant le prix et les graces de sa propre industrie ! Un jeune homme, destiné à réprimer un jour sur un tribunal l'injustice des hommes, est enchanté, au milieu du dédale des loix, de voir sa maîtresse broder pour lui les fleurs qui doivent décorer l'asyle de leur union, et lui donner une image des beautés de la nature, dont de tristes honneurs doivent le priver toute sa vie. Un autre, qui doit porter le feu de la guerre au bout du monde, s'attache à l'ame sensible de son amie, et se flatte que les maux qu'il fera au genre humain, seront réparés par le bien qu'elle fera aux malheureux. Les amitiés redoublent dans chaque maison :

de l'ami au frère qui l'introduit, et du frère à la sœur. Les familles se rapprochent. Les jeunes gens forment leurs mœurs; et les heureuses perspectives dont ils flattent leur union, les soutiennent dans l'amour de leurs devoirs et de la vertu. Qui sait si ces choix libres, ces liaisons tendres et pures ne fixeroient pas cet esprit volage qu'on croit naturel aux femmes? Elles respecteroient des nœuds qu'elles auroient elles-mêmes formés. Si, étant femmes, elles cherchent à plaire à tous, c'est peut-être parce qu'étant filles il ne leur est pas permis d'en aimer un seul.

Si on peut espérer une révolution heureuse dans la Patrie, ce n'est qu'en rappelant les femmes aux mœurs domestiques. Quelles que soient les satires qu'on ait écrites sur leur compte, elles sont moins coupables que les hommes. Elles n'ont guère de vices que ceux que nous leur donnons, et nous en avons beaucoup qu'elles n'ont pas. Quant à ceux qui leur sont propres, on peut dire qu'ils ont retardé notre ruine, en compensant les vices de notre constitution politique. On n'imagine pas ce que seroit devenue notre société livrée à toutes les inconséquences de notre éducation, à tous les préjugés de nos conditions et aux ambitions de chaque parti, si les femmes ne nous avoient croisés en chemin. Notre histoire ne présente que des débats de moines contre moines, de docteurs contre docteurs, de

grands contre grands, de nobles contre vilains; pendant que des politiques rusés s'emparent peu à peu
de nos possessions. Sans les femmes, tous ces partis
auroient fait à la fin un désert de l'Etat, et mené
jusqu'au dernier du peuple à la boucherie, ou au
marché, comme on le conseilloit il y a quelques
années. Il y a eu des siècles où nous aurions été
tous cordeliers, naissant et mourant avec le cordon
de S. François; d'autres, tous chevaliers errans,
courant les monts et les vaux la lance à la main;
d'autres, tous pénitens, parcourant les villes en processions et en nous flagellant; d'autres, *quisquis* ou
*quamquam* de l'université. Les femmes, jetées hors
de leur état naturel par nos mœurs injustes, renversent tout, se moquent de tout, détruisent tout,
les grandes fortunes, les prétentions de l'orgueil et
les préjugés de l'opinion. Les femmes n'ont qu'une
passion, qui est l'amour, et cette passion n'a qu'un
objet; tandis que les hommes rapportent tout à l'ambition qui en a des milliers. Quels que soient les
désordres des femmes, elles sont toujours plus près
de la nature que nous, parce que leur passion dominante les en rapproche sans cesse, et que la nôtre
au contraire nous en écarte. Un bourgeois de province, et même de Paris, caresse à peine ses enfans
quand ils sont un peu grands; mais il s'incline profondément devant ceux des étrangers s'ils sont riches
ou de qualité. Sa femme, au contraire, les juge

à la figure ; s'ils sont laids, elle n'en tient compte ;
mais elle caressera l'enfant d'un paysan s'il est beau ;
elle portera plus de respect à un homme du peuple
à cheveux blancs et à tête vénérable, qu'à un con-
seiller sans barbe. Les femmes ne voient que les
avantages naturels, et les hommes que ceux de la
fortune. Ainsi, les femmes au milieu de leurs désordres nous ramènent encore à la nature, pendant
qu'au milieu de notre prétendue sagesse nous tendons sans cesse à nous en éloigner.

Je conviens cependant qu'elles n'ont empêché le
malheur général qu'en causant parmi nous une infinité de maux particuliers. Hélas ! ainsi que nous,
elles ne trouveront le bonheur que dans la vertu.
Dans tout pays où la vertu ne règne plus, elles sont
très-malheureuses. Elles étoient autrefois très-heu-
reuses dans les vertueuses républiques de la Grèce
et de l'Italie, elles y décidoient du sort des états :
aujourd'hui, esclaves dans ces mêmes lieux, la plupart d'entre elles sont obligées de se prostituer pour
vivre. Les nôtres ne doivent pas désespérer de nous,
elles ont sur l'homme un empire inaliénable (1).

_____

(1) Il est digne de remarque, que la plupart des noms des
objets de la nature, de la morale et de la métaphysique, sont
féminins, sur-tout dans la langue française. Il seroit assez
curieux de rechercher si les noms masculins ont été donnés
par les femmes, et les noms féminins par les hommes, aux
choses qui servent plus particulièrement aux usages de

Nous ne les connoissons que sous le nom de sexe, auquel nous avons donné le nom de beau par excellence; mais combien d'autres épithètes plus touchantes pourrions-nous y ajouter, telles que celles de nourricier et de consolateur ! Ce sont elles qui nous reçoivent en entrant dans la vie, et qui nous ferment les yeux à la mort. Ce n'est point à la beauté, c'est à la religion que nos femmes doivent leur principale puissance; le même Français qui soupire à Paris aux pieds de sa maîtresse, la tient dans les fers et sous les fouets à Saint-Domingue. Notre religion seule a envisagé l'union conjugale dans l'ordre naturel; elle seule de toutes les religions de la terre présente la femme à l'homme comme une compagne : les autres la lui abandonnent comme une esclave. Ce n'est qu'à la religion que nos femmes doivent la liberté dont elles jouissent en Europe ; et c'est de la liberté des femmes que s'est ensuivie celle des

chaque sexe ; ou si les premiers ont été faits du genre masculin, parce qu'ils présentoient des caractères de force et de puissance, et les seconds du genre féminin, parce qu'ils offroient des caractères de graces et d'agrémens. Je crois que les hommes ayant nommé en général les objets de la nature, leur ont prodigué les noms féminins, par ce penchant secret qui les attire vers le sexe : c'est ce qu'on peut remarquer aux noms que portent les constellations célestes, les quatre parties du monde, la plupart des fleuves, des royaumes, des fruits, des arbres, des vertus, &c.

peuples, et la proscription d'une multitude d'usages inhumains répandus dans toutes les parties du monde, tels que l'esclavage, les sérails et les eunuques. O sexe charmant! c'est dans vos vertus qu'est votre puissance. Sauvez la Patrie, en rappelant par le spectacle de vos doux travaux, vos amans et vos époux à l'amour des mœurs domestiques : vous rendrez toute la société à ses devoirs, si chacune de vous ramène un seul homme à l'ordre naturel. N'enviez point à l'homme son autorité, ses magistratures, ses talens, sa vaine gloire; ma's au milieu de votre foiblesse, entourées de vos laines et de vos soies, bénissez l'Auteur de la Nature, de n'avoir donné qu'à vous de pouvoir être toujours bonnes et bienfaisantes.

## RÉCAPITULATION.

J'ai présenté dès le commencement de cet ouvrage les différentes routes de la nature, que je me proposois de parcourir, pour me former une idée de l'ordre qui gouverne le monde. J'ai exposé d'abord les objections qu'on a faites dans tous les temps contre la Providence; je les ai présentées règne par règne, ce qui m'a donné occasion, en les réfutant, d'exposer des vues nouvelles sur la disposition et l'usage des différentes parties de ce globe : ainsi j'ai rapporté la direction des chaînes de montagnes

sur les continens , aux vents réguliers qui soufflent
sur l'Océan ; la position des îles , au confluent de
ses courans ou de ceux des fleuves ; l'entretien des
volcans, aux dépôts bitumineux de ses rivages ; les
courans de la mer et les mouvemens des marées ,
aux effusions alternatives des glaces polaires. Après
cela j'ai réfuté , par ordre , les autres objections
faites sur le règne végétal et animal, en faisant voir
que ces règnes n'étoient pas plus gouvernés par des
loix mécaniques que le règne fossile. J'ai démontré
ensuite que la plupart des maux du genre humain
naissent du vice de nos institutions politiques , et
non pas de la nature ; que l'homme étoit le seul être
abandonné à sa propre providence , par quelque
punition originelle ; mais que cette même Divinité
qui l'avoit livré à ses lumières veilloit encore sur
ses destinées ; qu'elle faisoit rejaillir sur les chefs des
nations les maux dont ils opprimoient les foibles
et les petits, et j'ai démontré l'action d'une Providence divine , par les malheurs même du genre humain. Tel a été le sujet de mon premier volume.

J'ai commencé le second volume par attaquer les
principes de nos sciences , en faisant voir qu'elles
nous égarent, ou par la hardiesse de ces mêmes
principes par lesquels elles remontent à la nature
des élémens qui leur échappent, ou par la foiblesse
de leurs méthodes, qui ne saisit à-la-fois qu'une loi
de la nature , à cause de l'imbécillité de notre esprit ,

et de la vanité de notre éducation, qui nous fait
prendre pour des routes uniques les petits sentiers
où nous marchons. C'est ainsi que les sciences naturelles, et même les sciences politiques qui en sont
les résultats, s'étant séparées parmi nous les unes
des autres, chacune d'elles a fait, si j'ose dire, un
cul-de-sac du chemin par où elle étoit entrée.
C'est ainsi que les causes physiques nous ont ôté, à
la longue, la vue des fins intellectuelles dans l'ordre
de la nature, comme les causes financières nous
ont enlevé les espérances de la vertu et de la religion dans l'ordre social.

J'ai cherché ensuite une faculté plus propre à
découvrir la vérité, que notre raison, qui n'est
d'ailleurs que notre intérêt personnel. J'ai cru la
trouver dans cet instinct sublime, appelé le *sentiment*,
qui est en nous l'expression des loix naturelles, et
qui est invariable chez toutes les nations. J'ai observé, par son moyen, les loix de la nature, non en
remontant à leurs principes, qui ne sont connus que
de Dieu, mais en descendant à leurs résultats, qui
sont à l'usage des hommes. J'ai eu le bonheur, par
cette route, d'apercevoir quelques principes des convenances et des harmonies qui gouvernent le monde.
Je ne doute pas que ce ne soit par cette même route
que les anciens Egyptiens se rendirent si célèbres
dans les connoissances naturelles, qu'ils ont portées
incomparablement plus loin que nous. Ils étudioient

la nature dans la nature même, et non par parcelles
et avec des machines. Ils en formèrent une science
merveilleuse, et fameuse par toute la terre, sous le
nom de magie. Les élémens de cette science sont
maintenant inconnus, et il n'en est resté que le
nom, qu'on donne aujourd'hui aux opérations les
plus stupides où puissent porter l'erreur et la dépravation du cœur humain. Il n'en étoit pas ainsi de la
magie des anciens Egyptiens, célébrée par les auteurs
les plus respectables de l'antiquité, et même par les
livres saints. Ce furent ces principes de convenance
et d'harmonie, que Pythagore puisa chez eux, qu'il
apporta en Europe, et qui y devinrent les sources
de plusieurs branches de philosophie qui y parurent
après lui, et même celle des arts, qui ne commen-
cèrent qu'alors à y fleurir ; car les arts ne sont que
des imitations des procédés de la nature. Quoique
mon insuffisance soit très-grande, ces principes harmoniques sont si lumineux, qu'ils m'ont présenté,
non-seulement des dispositions du globe tout-à-fait
nouvelles ; mais ils m'ont donné encore les moyens
de reconnoître les caractères des plantes à leur premier aspect, et de dire : Celle-ci est de montagne,
et cette autre est de rivage. J'ai démontré par eux
l'usage des feuilles des plantes, et déterminé par
les formes nautiques ou volatiles de leurs graines,
les rapports qu'elles ont avec les lieux où elles sont
destinées à naître. J'ai observé que les corolles de

leurs fleurs avoient des rapports positifs ou négatifs
avec les rayons du soleil, suivant les latitudes et les
points d'élévation où elles doivent s'épanouir. J'ai
remarqué ensuite les contrastes charmans de leurs
feuilles, de leurs fleurs, de leurs fruits et de leurs
tiges, avec le sol et le ciel où elles naissent, et ceux
qu'elles forment de genre à genre, étant, pour ainsi
dire, groupées deux à deux : enfin j'ai indiqué les
relations qu'elles ont avec les animaux et les hommes, en sorte que j'ose dire avoir démontré qu'il n'y
a pas une seule nuance de couleur jetée au hasard
dans la nature. J'ai donné par ces vues le moyen
de former des chapitres complets d'histoire naturelle, en montrant que chaque plante étoit le centre
de l'existence d'une infinité d'animaux, qui ont avec
elle des convenances qui nous sont encore inconn-
nues. On pourroit étendre sans doute leurs harmonies plus loin, car beaucoup de plantes semblent
avoir des relations, non-seulement avec le soleil,
mais avec diverses constellations. Ce n'est pas toujours telle hauteur du soleil sur l'horizon qui les
met en végétation. Il y a telle plante qui fleurit au
printemps, qui ne développeroit pas la plus petite
feuille en automne, quoiqu'elle éprouve alors le
même degré de chaleur. Il en est de même de leurs
semences, qui germent et poussent dans une saison
et non dans l'autre, quoiqu'elles aient la même température. Ces relations célestes étoient connues de

l'ancienne philosophie des Egyptiens et de Pythagore. On en trouve beaucoup d'observations dans
Pline, lorsqu'il dit, par exemple, que vers le lever
de la Poussinière, les oliviers et les vignes conçoivent leur fruit ; et d'après Virgile, que le froment
doit se semer après la retraite de cette constellation,
et les lentilles à celle du Bouvier ; que les roseaux
et les saussaies doivent se planter lorsque l'étoile
de la Lyre se couche. C'est d'après ces relations ,
dont les causes nous sont inconnues, que Linnæus
avoit formé avec les fleurs des plantes, un almanach
botanique, dont Pline a présenté la première idée
aux laboureurs de son temps (1). Mais nous avons
indiqué des harmonies végétales encore plus touchantes , en faisant voir que le temps du développement de chaque plante, de sa floraison et de la
maturité de ses fruits , étoit lié avec les développemens et les besoins des animaux , et sur-tout avec
ceux de l'homme. Il n'y en a point qui n'ait avec
nous des relations d'utilité directe ou indirecte ;
mais cette immense et mystérieuse partie de l'histoire humaine ne sera peut-être jamais connue que
des anges.

Mon troisième volume présente l'application de
ces principes harmoniques à la nature même de
l'homme. J'y ai fait voir qu'il étoit formé de deux

_____

(1) Voyez Pline, Hist. nat. liv. 18, chap. 28.

puissances, l'une physique et l'autre intellectuelle, qui l'affectent perpétuellement de deux sentimens contraires, dont l'un est celui de sa misère, et l'autre celui de son excellence. J'ai démontré que ces deux puissances étoient très-heureusement satisfaites dans les diverses périodes des passions, des âges et des occupations auxquelles la nature a destiné l'homme; comme l'agriculture, le mariage, l'établissement de la postérité, la religion. Je me suis arrêté principalement sur les affections de la puissance intellectuelle, en faisant voir que tout ce qui nous paroissoit délicieux et ravissant dans nos plaisirs naissoit du sentiment de l'infini, ou de quelque autre attribut de la Divinité, qui se montroit à nous à l'extrémité de nos perspectives. J'ai démontré au contraire que la source de nos maux et de nos erreurs venoit de ce que dans l'état social nous croisons souvent ces sentimens naturels par les préjugés de l'éducation et de la société, en sorte que nous portons souvent le sentiment de l'infini sur les objets passagers de ce monde, et celui de notre misère et de notre foiblesse sur les plans immortels de la nature. Je n'ai fait qu'effleurer cette riche et sublime matière, mais j'ose dire que par cette seule route j'ai prouvé suffisamment la nécessité de la vertu, et que j'en ai indiqué la véritable source, non où nos philosophes modernes la cherchent, c'est-à-dire dans nos institutions politiques, qui lui sont souvent contraires, mais dans l'état naturel de l'homme, et dans son propre cœur.

J'ai appliqué ensuite de mon mieux l'action de ces deux puissances au bonheur de la société, en faisant voir d'abord que la plupart de nos maux ne sont que des réactions sociales, qui ont toutes pour origine principale les grandes propriétés en emplois, en honneurs, en argent et en terre. J'ai prouvé que ces grandes propriétés produisoient l'indigence physique et morale d'une nation ; que cette indigence engendroit à son tour une foule d'hommes corrompus, qui employoient toutes les ressources de la ruse et de l'industrie, pour faire rendre aux riches la portion de leur nécessaire ; que le célibat et les inquiétudes qui l'accompagnent étoient, dans un grand nombre de citoyens, des effets de cet état de pénurie et d'angoisse où ils se trouvoient réduits ; et que leur célibat produisoit par contre-coup la prostitution des filles du monde, parce que tout homme qui se prive du mariage, de gré ou de force, voue une fille au célibat ou à la prostitution. Cet effet résulte nécessairement d'une des loix harmoniques de la nature, puisque chaque homme vient au monde et en sort avec sa femme, ou, ce qui est la même chose, les mâles naissent et meurent en nombre égal aux femelles dans l'espèce humaine. J'ai tiré de ces principes plusieurs conséquences importantes.

J'ai démontré enfin qu'une partie de nos maladies

physiques et morales venoit des châtimens, des récompenses et de la vanité de notre éducation.

J'ai hasardé différentes vues pour fournir au peuple des moyens abondans de subsistance et de population, et pour ranimer chez lui l'esprit de religion et de patriotisme, en lui présentant quelques perspectives de l'infini, sans lesquelles le bonheur d'une nation, comme celui d'un particulier, est nul et bientôt épuisé, quand on le composeroit d'ailleurs des plans les plus avantageux de finance, de commerce et d'agriculture. Il faut pourvoir à la fois à l'homme, comme animal et comme être intellectuel. J'ai terminé ces différens projets par présenter l'esquisse d'une éducation nationale, sans laquelle il ne peut y avoir aucune espèce de législation ni de patriotisme durable. J'ai tâché d'y développer à la fois les deux puissances physique et intellectuelle de l'homme, et de les diriger vers la Patrie et la religion.

Sans doute je me serai souvent égaré dans des routes si nouvelles et si étendues. J'aurai été bien des fois au-dessous de mon sujet par la coupe de mes plans, par mon inexpérience, par l'embarras même de mon style; mais, je le répète, pourvu que mes idées en fassent naître de meilleures à d'autres, je suis content. Cependant si le malheur est le chemin de la vérité, je n'ai pas manqué de moyens pour me diriger vers elle. Les désordres dont j'ai été souvent le témoin et la victime, m'ont fait naître des idées d'ordre. J'ai trouvé quelquefois sur ma route des grands accrédités et des hommes appartenans à des corps respectables, qui avoient toujours à la bouche les mots de patrie et d'humanité. Je me suis approché d'eux pour m'éclairer de leurs lumières, et pour me mettre sous la protection de leurs vertus ; mais je n'ai trouvé que des intrigans, qui n'avoient d'autres objets que leur fortune personnelle, et qui m'ont bientôt persécuté, parce qu'ils ont vu que je n'étois propre à être ni l'agent de leurs plaisirs, ni la trompette de leur ambition. Je me suis alors rangé du côté de leurs ennemis, croyant que j'y trouverois l'amour de la vérité et du bien public, mais quelque variés que soient nos sectes, nos partis et nos corps; j'ai rencontré partout les mêmes hommes, couverts seulement d'habits différens. Quand les uns et les autres ont vu que je refusois d'être leur sectateur, ils m'ont calomnié à la manière perfide de ce siècle, c'est-à-dire en faisant mon éloge. On vante beaucoup le temps où nous vivons; mais si nous avons sur le trône un prince rival de Marc-Aurèle, notre siècle est l'émule de celui de Tibère.

Si je mettois au jour les Mémoires de ma vie (1),

_____

(1) Au fond, ce seroit bien peu de chose sans doute; mais quelque solitaire que soit aujourd'hui ma vie, elle a été

je ne voudrois pas d'autres preuves du mépris que
mérite la gloire de ce monde, que de montrer à
découvert ceux qui en sont les objets. Pendant que,

---

mêlée de grandes révolutions. J'ai donné, à l'occasion de la
Pologne, un Mémoire fort détaillé au bureau des Affaires
étrangères, où je prédisois son partage par ses voisins, plusieurs années avant qu'il ait été effectué. Je me suis trompé
seulement, en ce que j'avois compté que les Puissances
co-partageantés la prendroient toute entière ; et je m'étonne
encore de ce qu'elles ne l'ont pas fait. Au reste, ce Mémoire
n'a été utile ni à ce pays, ni à moi-même, quoique j'y eusse
couru de grands risques, en me jetant, au sortir du service
de Russie, dans le parti des Républicains polonais, que la
France et l'Autriche protégeoient. J'y fus fait prisonnier
en 1765, lorsque j'allois, avec l'agrément de l'ambassadeur
de l'Empire et du ministre de France à Varsovie, me jeter
dans l'armée du prince Radsjivil. Ce malheur m'arriva à
trois milles de Varsovie, par l'indiscrétion de mon guide.
Je fus ramené dans cette ville, mis en prison, et menacé
d'être livré aux Russes, du service desquels je sortois, si
je n'avouois que l'ambassadeur de Vienne et le ministre de
France avoient concouru à me faire faire cette démarche.
Quoique j'eusse tout à redouter de la part des Russes, et
que j'eusse pu envelopper dans ma disgrace deux personnes
illustres par leurs emplois, et la rendre par conséquent plus
éclatante, je persistai à la prendre entièrement sur mon
compte. Je disculpai aussi de mon mieux mon guide, à qui
j'avois donné le temps de brûler les lettres dont il étoit porteur, en m'opposant, le pistolet à la main, aux Houllands
qui vinrent nous surprendre la nuit dans la maison de poste
où nous fîmes notre premier campement, au milieu des

sans nuire à personne, après une infinité de voyages, de services et de travaux infructueux, je préparois dans la solitude ces derniers fruits de mon expé-

---

bois. Je n'ai eu aucune sorte de récompense pour ces deux genres de services, qui m'ont coûté beaucoup de temps et d'argent. Il n'y a pas même long-temps que j'étois encore redevable d'une partie des frais de mon voyage à M. Hennin, mon ami, qui étoit alors ministre de France à Varsovie, qui est aujourd'hui premier commis des Affaires étrangères à Versailles, et qui s'est donné à ce sujet bien des peines inutiles. Sans doute, si M. le comte de Vergennes eût été dans ce temps-là ministre des Affaires étrangères, j'eusse été convenablement récompensé, puisqu'il m'a accordé quelques légères gratifications. Cependant je suis encore redevable, à cette occasion, de plus de quatre mille livres à plusieurs amis en Russie, en Pologne et en Allemagne.

Je n'ai pas été plus heureux à l'île de France, où j'ai été envoyé capitaine-ingénieur de la colonie; car j'ai d'abord été persécuté par les ingénieurs ordinaires qui y étoient, parce que je n'étois pas de leur corps. On m'avoit fait passer dans ce pays pour y faire fortune; et je m'y serois considérablement endetté, si je n'y avois pas vécu d'herbes. Je ne parlerai pas de tous les maux particuliers que j'y ai éprouvés. Je dirai seulement que je cherchai à m'en distraire, en m'occupant de ceux qui affligeoient l'île en général. C'est dans la seule vue d'y remédier que je publiai à mon retour, an 1773, mon Voyage à l'île de France. Je crus d'abord rendre un service essentiel à ma Patrie, en faisant voir que cette île, que l'on remplissoit de troupes, n'étoit propre en aucune manière à être l'entrepôt ni la citadelle de notre commerce des Indes, dont elle est éloignée de quinze cents

rience et de mes veilles, mes ennemis secrets,
c'est-à-dire les hommes dont je n'ai pas voulu être
le partisan, m'ont fait retrancher un bienfait que
je devois chaque année à la bienfaisance du prince.
C'étoit le seul moyen que j'eusse de subsister et
d'aider ma famille. A cette catastrophe se sont joints
des altérations de santé et des maux domestiques
inénarrables. Je me suis donc hâté de cueillir le
fruit encore vert de l'arbre que je cultivois avec
tant de constance, avant qu'il fût renversé par les
tempêtes.

Mais je ne veux de mal à aucun de mes persécu-
teurs. Si je suis forcé un jour à cet égard de parler
de leur conduite secrète envers moi, ce ne sera que

---

lieues. Ce que j'ai prouvé même par les événemens des
guerres précédentes, où Pondichéri nous a été toujours
enlevé, quoique l'île de France fût pleine de soldats. La
guerre dernière a confirmé de nouveau la vérité de mes
observations. Pour ces services, ainsi que pour plusieurs
autres, je n'ai reçu d'autres récompenses que des persécutions indirectes, et des calomnies de la part des habitans de
cette île, à qui j'ai reproché leur barbarie pour leurs
esclaves. Je n'ai pas même été dédommagé suffisamment
d'une espèce de naufrage que j'éprouvai à mon retour à
l'île de Bourbon, ni de la modicité de mes appointemens,
qui n'alloient pas à la moitié de ceux des ingénieurs ordinaires de mon grade. Je suis bien sûr que sous un Ministre
de la Marine équitable, j'aurois recueilli quelques fruits de
mes veilles et de mes services.

pour justifier la mienne. Je leur ai d'ailleurs obligation. Leurs persécutions ont causé mon repos
Je dois à leur ambition dédaigneuse une liberté préférable à leur grandeur. C'est à eux que je dois les
études délicieuses auxquelles je me suis livré. La
providence ne m'a point abandonné comme eux.
Elle m'a suscité des amis qui m'ont servi dans le
temps auprès de mon prince, et elle m'en susci-
tera d'autres auprès de lui lorsqu'il sera nécessaire.
Si j'avois eu en Dieu la confiance que j'ai donnée
aux hommes, j'aurois été toujours tranquille ; les
preuves de sa providence à mon égard dans le passé
devoient me rassurer pour l'avenir. Mais par un vice
de mon éducation, les opinions des hommes ont
encore trop d'empire sur moi. Ce sont leurs craintes
et non les miennes qui me troublent. Cependant je
me dis quelquefois à moi-même : Pourquoi vous
embarrassez-vous de l'avenir ? Avant de venir au
monde, vous êtes-vous inquiété de quelle manière
s'assembleroient vos membres, et se développeroient
vos nerfs et vos os ? Quand vous êtes venu ensuite à
la lumière, avez-vous étudié l'optique pour savoir
comment vous apercevriez les objets, et l'anatomie
pour apprendre à mouvoir votre corps et pour lui
donner de l'accroissement ? Ces opérations de la
nature, bien supérieures à celles des hommes, se
sont faites en vous à votre insu, sans que vous vous
en soyez mêlé. Si vous ne vous êtes pas inquiété du

naître, pourquoi du vivre, et pourquoi du mourir?
N'êtes-vous pas toujours dans la même main?

Cependant, d'autres sentimens naturels m'ont
attristé. Par exemple, de n'avoir pas acquis, après
tant de courses et de services, seulement un petit
lieu agreste où j'eusse pu, au sein du repos, mettre
en ordre mes observations sur la nature, qui sont les
seules qui m'aient paru aimables et intéressantes sous
le soleil. Un autre regret encore plus vif, est de
n'avoir pas attaché à mon sort une compagne simple, douce, sensible et pieuse, qui bien mieux que
la philosophie eût adouci mes peines, et qui, en
me donnant des enfans semblables à elle, m'eût
laissé une postérité plus chère qu'une vaine réputation. J'avois trouvé cet asyle et ce rare bonheur en
Russie, au milieu d'un service honorable; mais j'ai
renoncé à tous ces avantages, pour chercher, à l'instigation de nos ministres, de l'emploi dans ma
Patrie, où je n'avois rien de semblable à prétendre.
Cependant, je puis dire que mes études particulières ont réparé la première privation, en me
donnant de jouir, non-seulement d'un petit coin de
terre, mais de toutes les harmonies répandues dans
le grand jardin de la nature. Une épouse estimable
ne peut pas être aussi aisément remplacée; mais si
je peux me flatter que cet ouvrage contribue à multiplier les mariages, à les rendre plus heureux, et
à adoucir l'éducation des enfans, je croirai perpé-

tuer en eux ma famille, et je considérerai les femmes et les enfans de ma Patrie comme m'appartenant en quelque chose.

Il n'y a de durable que la vertu. La beauté du corps passe vîte ; la fortune inspire de vains desirs ; la grandeur fatigue ; la réputation est inconstante ; le talent et le génie même s'affoiblissent : mais la vertu est toujours belle, toujours variée, toujours égale et toujours forte, parce qu'elle est résignée à tous les événemens, aux privations comme aux jouissances, à la mort comme à la vie.

Heureux donc, et mille fois heureux si j'ai pu contribuer à réparer quelques-uns des maux de ma Patrie, et à lui ouvrir quelque nouvelle perspective de bonheur ! Heureux si j'ai pu, d'une part, essuyer les larmes de quelque infortuné, et ramener, de l'autre, ces hommes égarés par la volupté, à la Divinité vers laquelle la nature, le temps, nos propres misères et nos affections secrètes nous entraînent avec tant de rapidité !

Il me semble qu'il se prépare pour nous quelque révolution favorable. Si elle arrive, on en sera redevable aux lettres : elles ne mènent aujourd'hui à rien ceux qui les cultivent parmi nous ; cependant elles régissent tout. Je ne parle pas de l'influence qu'elles ont par toute la terre, gouvernée par des livres. L'Asie est régie par les maximes de Confucius, les Korans, les Beths, les Védams, &c. Mais, en Europe, ce fut Orphée qui le premier rassembla ses habitans, et qui les tira de la barbarie par ses poésies divines. Ensuite le génie d'Homère fit naître les législations et les religions de la Grèce : il anima Alexandre, et le porta à la conquête de l'Asie. Il influa sur les Romains, qui cherchèrent, dans ses poésies sublimes, la généalogie du fondateur et des souverains de leur empire, comme les Grecs y avoient cherché les origines de leurs républiques et de leurs loix. Son ombre auguste préside encore à la poésie, aux arts libéraux, aux académies et aux monumens de l'Europe : tant ont de pouvoir sur l'esprit humain les perspectives de la Divinité qu'il lui a présentées! Ainsi la parole qui créa le monde, le gouverne encore : mais quand elle fut descendue elle-même du ciel, et qu'elle eut montré aux hommes la route du bonheur dans la seule vertu, une lumière plus pure que celle qui avoit brillé sur les îles de la Grèce, éclaira les forêts des Gaules. Les sauvages qui les habitoient, auroient été les plus heureux des hommes, s'ils eussent été libres ; mais ils avoient des tyrans, et ces tyrans les replongèrent dans une barbarie sacrée, en leur présentant des fantômes d'autant plus effrayans, que les objets de leur confiance étoient devenus ceux de leur terreur. C'en étoit fait du bonheur des peuples, et même de la religion, lorsque deux hommes de lettres, Rabelais et Michel Cervantes, s'élevèrent, l'un en France, et l'autre en Espagne, et ébranlèrent à la fois le pouvoir monacal (1) et celui de la chevalerie. Pour renverser ces deux colosses, ils n'employèrent d'autres armes que le ridicule, ce contraste naturel de la terreur humaine. Semblables aux enfans, les peuples rirent et se rassurèrent : ils n'avoient plus d'autres impulsions vers le bonheur que celles que leurs princes vouloient leur donner, si leurs princes alors avoient été capables d'en avoir. Le Télémaque parut, et ce livre rappela l'Europe aux harmonies de la nature. Il produisit une grande révolution dans la politique. Il ramena les peuples et les rois aux arts utiles, au commerce, à l'agriculture, et sur-tout au sentiment de la Divinité. Cet ouvrage réunit à l'imagination d'Homère la sagesse de Confucius. Il fut traduit dans toutes les langues de l'Europe. Ce n'est pas en France où il

_____

(1) A Dieu ne plaise que je veuille parler des véritables religieux ! Quand ils n'auroient d'autre mérite dans cette vie que de la passer sans faire de mal, ils seroient respectables aux yeux même de l'incrédulité. Il ne s'agit point ici des hommes vraiment pieux, qui ont quitté le monde pour embrasser, sans obstacle, l'esprit de la religion; mais de ceux qui se revêtent d'un habit consacré par la religion, pour se procurer des richesses et des honneurs dans le monde; de ceux contre lesquels S. Jérôme a tant crié en vain, et qui ont vérifié sa prophétie dans la Palestine et dans l'Egypte, en décréditant la religion par leurs mœurs, leur avarice et leur ambition.

a été le plus admiré; il y a des provinces en Angleterre où on y apprend encore à lire aux enfans.
Quand les Anglais entrèrent dans le Cambraisis,
avec l'armée des alliés, ils voulurent en enlever l'auteur qui y vivoit loin de la cour, pour lui donner
dans leur camp une fête militaire; mais sa modestie
se refusa à ce triomphe : il se cacha. Je n'ajouterai
qu'un trait à son éloge; ce fut le seul homme vivant
dont Louis XIV fut jaloux : et il avoit raison de
l'être; car, pendant qu'il cherchoit à se faire craindre et admirer de l'Europe par ses armées, ses conquêtes, ses fêtes, ses bâtimens et son faste, Fénélon s'en faisoit adorer avec un livre (1).

---

(1) On a beau comparer Bossuet et Fénélon : je ne suis
pas capable d'apprécier leur mérite; mais le second me paroît
bien préférable à son rival. Il a rempli, ce me semble, les
deux points de la loi : IL A AIMÉ DIEU ET LES HOMMES.

On ne sera pas fâché de savoir ce que pensoit à son sujet
Jean-Jacques Rousseau. Un jour, étant allé avec lui promener au Mont-Valérien, quand nous fûmes parvenus au
sommet de la montagne, nous formâmes le projet de demander à dîner à ses hermites pour notre argent. Nous arrivâmes
chez eux un peu avant qu'ils se missent à table, et pendant
qu'ils étoient à l'église. J. J. Rousseau me proposa d'y entrer,
et d'y faire notre prière. Les hermites récitoient alors les
litanies de la Providence, qui sont très-belles. Après que
nous eûmes prié Dieu dans une petite chapelle, et que les
hermites se furent acheminés à leur réfectoire, J. J. me dit
avec attendrissement : « Maintenant j'éprouve ce qui est

Plusieurs gens de lettres inspirés par son génie ont changé parmi nous l'esprit du gouvernement et les mœurs. C'est à leurs écrits que nous sommes redevables de la destruction de plusieurs coutumes barbares, telles que de condamner à mort pour crime prétendu de sortilège, d'appliquer indifféremment tous les criminels à la question, l'abolition des restes de l'esclavage féodal, de l'usage de porter des épées dans le sein des villes et de la paix, &c..... C'est à eux qu'on doit le retour des goûts et des devoirs de la nature, ou du moins leurs images. Ils ont rendu à plusieurs enfans les mamelles de leurs mères, et aux riches le goût de la campagne, qui les porte aujourd'hui à quitter le centre des villes pour en

---

» dit dans l'Evangile : *Quand plusieurs d'entre vous seront* » *rassemblés en mon nom, je me trouverai au milieu d'eux.* » Il y a ici un sentiment de paix et de bonheur qui pénètre » l'ame ». Je lui répondis : « Si Fénélon vivoit, vous seriez » catholique ». Il me repartit hors de lui et les larmes aux yeux : « Oh ! si Fénélon vivoit, je chercherois à être son » laquais pour mériter d'être son valet-de-chambre ».

Ayant trouvé, il y a quelque temps, sur le Pont-Neuf une de ces petites urnes de trois ou quatre sous que vendent les Italiens dans les rues, l'idée me vint d'en ériger, dans ma solitude, un monument à la mémoire de J. J. et de Fénélon, à la manière de ceux que les Chinois élèvent à celle de Confucius. Comme il y a deux petits écussons sur cette urne, j'écrivis sur l'un ces mots : J. J. ROUSSEAU; et sur l'autre, F. FÉNÉLON. Je la posai ensuite à six pieds de hauteur dans

habiter les faubourgs. Ils ont inspiré à toute la nation celui de l'agriculture, qui est dégénéré à l'ordinaire en fanatisme, dès qu'il est devenu un esprit
de corps. Ce sont eux qui ont ramené la noblesse
vers le peuple, dont elle s'étoit déjà rapprochée à
la vérité par ses alliances avec la finance; ils l'ont
rappelée à ses devoirs par ceux de l'humanité. Ils
ont dirigé toutes les puissances de l'Etat, et même
les femmes, vers les objets patriotiques, en les cou-
vrant d'agrémens et de fleurs.

O hommes de lettres! sans vous l'homme riche

---

un angle de mon cabinet, et je plaçai auprès d'elle cette
inscription:

### D. M.

A la gloire durable et pure
De ceux dont le génie éclaira les vertus,
Combattit à la fois l'erreur et les abus,
Et tenta d'amener le siècle à la nature.
Aux Jean-Jacques Rousseau, aux François Fénelons,
J'ai dédié ce monument d'argile,
Que j'ai consacré par leurs noms
Plus augustes que ceux de César et d'Achille.
Ils ne sont point fameux par nos malheurs:
Ils n'ont point, pauvres laboureurs,
Ravi vos bœufs ni vos javelles;
Bergères, vos amans; nourrissons, vos mamelles;
Rois, les Etats où vous régnez:
Mais vous les comblerez de gloire,
Si vous donnez à leur mémoire
Les pleurs qu'ils vous ont épargnés.

n'auroit aucune jouissance intellectuelle ; son opulence et ses dignités lui seroient à charge. Vous seuls
nous rappelez les droits de l'homme et de la Divinité. Par-tout où vous paroissez, dans le militaire ,
dans le clergé , dans les loix , dans les arts, l'intelligence divine se montre , et le cœur humain soupire. Vous êtes à la fois les yeux et la lumière des
nations. Nous serions peut-être maintenant bien près
du bonheur , si plusieurs d'entre vous voulant plaire
à la multitude , ne l'eussent égarée en flattant ses
passions et en prenant leurs voix trompeuses pour
celle de la nature humaine.

. Voyez comme ces passions vous ont égarés vous-
mêmes pour vous être trop rapprochés des hommes !
C'est dans la solitude , et réunis entre vous, que
vos talens se communiquent des lumières mutuelles.
Souvenez-vous des temps où les La Fontaine ,. les
Boileau , les Racine , les Molière vivoient entre eux.
Quel est aujourd'hui votre sort ? Ce monde , dont
vous flattez les passions , vous arme les uns contre
les autres. Il vous livre à la gloire comme les Romains livroient des malheureux aux bêtes. Vos lices
saintes sont devenues des arénes de gladiateurs.
Vous êtes , sans vous en douter , les instrumens de
l'ambition des corps. C'est par vos talens que leurs
chefs se procurent des dignités et des richesses ,
tandis que vous restez dans l'obscurité et l'indigence. Songez à la gloire des gens de lettres chez

les peuples qui sortoient de la barbarie : ils présentèrent la vertu aux nations, et ils en furent les
dieux. Songez à leur avilissement chez les peuples
tombés dans la corruption : ils en flattèrent les passions, et ils en furent les victimes. Dans la déca-
dence de l'empire romain les lettres ne devinrent
plus le partage que de quelques Grecs affranchis.
Laissez courir la foule sur les pas des riches et des
voluptueux. Que vous proposez-vous dans la sainte
carrière des lettres, sinon de marcher sous la protection de Minerve ? Quel respect le monde auroit-
il pour vous, si vous n'étiez couverts de son égide
sacrée ? Il vous fouleroit aux pieds. Laissez-le tromper ses adorateurs ; mettez votre confiance dans le
ciel, dont les secours viendront vous chercher par-
tout où vous serez.

Un jour la vigne, en pleurant, se plaignoit au
ciel de l'injustice de son sort. Elle envioit celui du
roseau. « Je suis plantée, disoit-elle, dans des ro-
» chers arides, et je suis obligée de produire des
» fruits pleins de jus, tandis qu'au bas de cette
» vallée le roseau, qui ne porte qu'une bourre
» sèche, croît à son aise sur le bord des eaux ». Une
voix lui répondit du ciel : « O vigne ! ne vous plai-
» gnez pas de votre destinée. L'automne viendra,
» le roseau périra sans honneur sur le bord des
» marais ; mais les pluies du ciel iront vous cher-
» cher dans la montagne, et votre jus mûri dans les

» rochers servira un jour à consoler les hommes et à
» réjouir les dieux ».

Nous avons encore un grand espoir de réforme
dans l'affection que nous portons à nos rois. Chez
nous l'amour de la Patrie n'est que l'amour du prince.
C'est le seul bien qui nous réunisse, et qui plus
d'une fois nous a empêchés de nous séparer. D'un
autre côté, les peuples sont les véritables monumens des rois. Tous ces monumens de pierre dont
tant de princes croient éterniser leur mémoire, ne
servent souvent qu'à la faire détester. Pline dit que
les Egyptiens de son temps maudissoient la mémoire
des rois d'Egypte qui avoient bâti les pyramides,
encore avoient-ils oublié leurs noms. Les Egyptiens de nos jours disent que c'est le diable qui les
a faites, sans doute par le sentiment des peines que
ces travaux ont coûtées aux hommes. Notre peuple
attribue souvent la même origine à nos anciens
ponts et aux grands chemins taillés dans des rochers qui sont à la hauteur des nues. On a beau
frapper pour lui des médailles, il n'entend rien à
leurs emblêmes ni à leurs inscriptions. Mais c'est le
cœur des hommes qu'il faut empreindre par des
bienfaits; le timbre en est ineffaçable. Le peuple a
perdu la mémoire de ses monarques qui ont présidé
à des conciles, mais il chérit encore celle de ceux
qui ont soupé chez des meûniers.

Le peuple n'affectionne dans son prince qu'une

seule qualité, c'est sa popularité ; car c'est d'elle
que découlent toutes les vertus dont il a besoin.
Un acte de justice rendu à l'imprévu et sans faste à
une pauvre veuve, à un charbonnier, le remplit
d'admiration et de joie. Il regarde son prince comme
un dieu, dont la providence veille par-tout ; et il
a raison, car un seul événement de cette nature qui
arrive bien à propos, tient tous les oppresseurs en
crainte, et tous les opprimés en espérance. Aujour-
d'hui la vénalité et l'orgueil ont élevé entre le peuple
et le roi mille murs impénétrables, d'or, de fer et
de plomb. Le peuple ne peut plus aller vers son
prince, mais le prince peut encore descendre vers
son peuple. On a rempli à ce sujet nos rois de
frayeurs et de préjugés. Cependant il est très-remarquable que, dans ce grand nombre de princes de
toutes les nations qui ont été les victimes de diverses factions, pas un seul n'a péri faisant le bien,
allant à pied et *incognito* ; mais tous, ou dans leurs
carrosses, ou à table, au sein des plaisirs ; ou dans
leur cour, au milieu de leurs gardes et au centre de
leur puissance.

Nous voyons de nos jours l'empereur et le roi de
Prusse parcourir en simple voiture, avec un ou deux
domestiques et sans gardes, leurs États dispersés,
quoique remplis en partie d'étrangers et de peuples
conquis. Les grands hommes et les princes les plus
illustres de l'antiquité, tels que Scipion, Germani-

cus, Marc-Aurèle, voyageoient sans suite à cheval, et souvent à pied. Combien de provinces de son royaume n'a pas parcourues ainsi, dans un siècle de troubles et de factions, notre grand Henri IV?

Un roi, dans ses Etats, doit être comme le soleil sur la terre, où il n'y a pas une seule petite plante qui ne reçoive à son tour l'influence de ses rayons. De combien de grandes vérités nos rois sont privés par les préjugés des courtisans! Combien ils perdent de plaisirs par leur vie sédentaire! Je ne parle pas de ceux de la grandeur, lorsqu'ils voient à leur approche les peuples accourir en foule sur les chemins, les remparts des villes s'enflammer du tonnerre de l'artillerie, et les escadres sortant de leurs ports couvrir la mer de pavillons et de feux. Je les crois las des plaisirs de la gloire; mais je les crois sensibles à ceux de l'humanité, dont on les prive perpétuellement. On les force toujours d'être rois, on ne leur permet jamais d'être hommes. Quel plaisir pour eux de voiler leur grandeur comme des dieux, et d'aparoître au milieu d'une famille vertueuse, comme Jupiter chez Philémon et Baucis! Combien peu il leur faudroit pour faire chaque jour des heureux! Souvent ce qu'ils donnent à une seule famille de courtisans suffiroit pour faire le bonheur d'une province. Souvent leur simple apparition y rempliroit d'effroi tous les tyrans, et en consoleroit les malheureux. On les croiroit par-tout quand on

ne les sauroit nulle part. Un ami fidèle, quelques
serviteurs robustes suffiroient pour rapprocher d'eux
tous les agrémens des voyages, et pour en écarter
tous les inconvéniens.

Ils sont les maîtres de varier les saisons à leur
gré, sans sortir du royaume, et d'étendre leurs
plaisirs aussi loin que leur puissance. Au lieu d'habiter des maisons de campagne sur les bords de la
Seine ou au milieu des roches de Fontainebleau, ils
en peuvent avoir sur les bords de l'Océan et au pied
des Pyrénées. Il ne tient qu'à eux de passer les ardeurs brûlantes de l'été au sein des montagnes du
Dauphiné, entourées d'un horizon de neige; l'hiver
en Provence, sous des oliviers et des chênes verts;
l'automne dans les prairies toujours vertes et sous
les pommiers de la riche Normandie. Ils verroient
aborder sur les rivages de la France des gens de
mer de toutes les nations, des Anglais, des Espagnols, des Suédois, des Hollandais, des Italiens,
vivant tous avec les costumes et les mœurs de leur
pays. Nos rois ont, dans leurs palais, des comédies, des bibliothèques, des serres, des cabinets
d'histoire naturelle; mais toutes ces collections ne
sont que de vaines images des hommes et de la
nature. Ils n'ont pas de jardins plus dignes d'eux que
leur royaume, ni de bibliothèques plus instructives
que leur peuple.

Ah ! si un seul homme peut être sur la terre l'es-

poir du genre humain, c'est un roi de France. Il
règne sur son peuple par l'affection, son peuple sur
l'Europe par les mœurs, l'Europe sur le reste du
monde par la puissance. Rien ne l'empêche de faire
le bien quand il lui plaît. Il peut, malgré la vénalité des emplois, humilier le vice superbe, et élever l'humble vertu. Il peut encore descendre vers
ses sujets, ou les faire monter vers lui. Beaucoup
de rois se sont repentis d'avoir mis leur confiance
dans des trésors, dans des alliés, dans des corps et
dans des grands, mais aucun de s'être fié à son
peuple et à Dieu. Ainsi ont régné les populaires
Charles v et les S. Louis. Ainsi vous aurez régné
un jour, ô Louis xvi ! Vous avez, dès vos premiers
pas au trône, donné des loix pour le rétablissement
des mœurs ; et ce qui étoit plus difficile, vous en
avez montré l'exemple au milieu d'une cour française. Vous avez détruit les restes de l'esclavage
féodal, adouci le sort des malheureux prisonniers,
ainsi que les punitions militaires et civiles, donné
aux habitans de quelques provinces la liberté de
répartir entre eux les impositions nationales, remis
à la nation les droits de votre avénement à la couronne, assuré aux pauvres matelots une portion des
fruits de la guerre, et rendu aux gens de lettres le
privilége naturel de recueillir ceux de leurs veilles.
Tandis que d'une main vous aidiez les infortunés de
la nation, de l'autre vous éleviez des statues à ses

hommes célèbres dans les siècles passés, et vous se-
couriez les Américains opprimés. Quelques hommes
sages qui vous environnent, et ce qui est encore
plus puissant que leur sagesse, les charmes et la
sensibilité de votre auguste épouse, vous ont rendu
le chemin de la vertu plus facile. O grand roi ! si
vous marchez avec constance dans les rudes sentiers de la vertu, votre nom sera un jour invoqué
par les malheureux de toutes les nations. Il prési-
dera à leurs destinées pendant la vie même de leurs
propres souverains. Ils le présenteront comme une
barrière à leurs tyrans, et comme un modèle à leurs
bons rois. Il sera révéré du couchant à l'aurore,
comme celui des Titus et des Antonins. Lorsqu'aucun peuple vivant ne subsistera plus, votre nom
vivra encore, et fleurira d'une gloire toujours nouvelle. La majesté des siècles ajoutera à sa vénération, et la postérité la plus reculée nous enviera le
bonheur d'avoir vécu sous vos loix. Je ne suis rien,
sire. J'ai pu être la victime des maux publics, et en
ignorer les causes. J'ai pu parler des moyens d'y
remédier sans connoître la puissance et les ressources des grands rois. Mais si vous nous rendez
meilleurs et plus heureux, les Tacites futurs étu-
dieront d'après vous l'art de réformer et de gouverner les hommes dans un siècle difficile. D'autres
Fénélons parleront un jour de la France sous votre
règne, comme de l'heureuse Egypte sous celui de

Sésostris. Pendant que vous recevrez alors sur la terre les hommages invariables des hommes, vous serez leur médiateur auprès de la Divinité, dont vous aurez été parmi nous la plus vive image. Ah ! s'il étoit possible que nous perdissions le sentiment de son existence par la corruption de ceux qui nous doivent l'exemple, par le désordre de nos passions, par l'égarement de nos propres lumières, par les maux multipliés de l'humanité ! ô roi, il vous seroit encore glorieux de conserver l'amour de l'ordre au milieu du désordre général. Les peuples livrés à des tyrans sans frein se réfugieroient en foule aux pieds de votre trône, et viendroient chercher en vous le Dieu qu'ils n'apercevroient plus dans la nature.

FIN DU TOME TROISIÈME.

# TABLE DES ETUDES

contenues dans ce volume.

FIN DE LA TABLE DU TOME TROISIÈME.

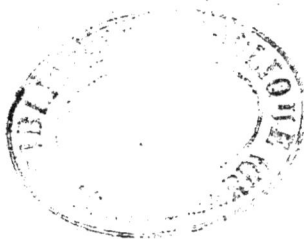

www.ingramcontent.com/pod-product-compliance
Lightning Source LLC
Chambersburg PA
CBHW031606210326
41599CB00021B/3077